PETIT MANUEL

DU

BOTANISTE

ET DE L'HERBORISTE

Accompagné de Planches explicatives

ET SUIVI DE QUELQUES PRINCIPES

DE MÉDECINE, DE PHARMACIE, D'HYGIÈNE
ET D'ÉCONOMIE DOMESTIQUE,

A l'usage des Maisons d'éducation, des Personnes charitables qui s'occupent
du soin des malades et des habitants de la campagne,

PUISÉS AUX MEILLEURES SOURCES
Et avec le concours d'Hommes instruits et expérimentés,

PAR

L. T., F. M. & P. M.,

AUTEURS DU NOUVEAU TRAITÉ DE LITTÉRATURE FRANÇAISE.

> La Botanique ne serait qu'une simple curiosité,
> si elle ne se rapportait à la médecine; et quand on
> veut qu'elle soit utile, c'est la Botanique de son
> pays qu'il faut étudier.   (FONTENELLE.)

DEUXIÈME ÉDITION
REVUE, CORRIGÉE, AUGMENTÉE PAR LES AUTEURS.

---

220 Plantes officinales.

METZ

TYPOGRAPHIE DE GANGEL, ÉDITEUR, PLACE SAINT-LOUIS.

VÉZELISE	BREUX (PRÈS MONTMÉDY)
A la Maison-Mère des Frères	Pensionnat des Sœurs de la
de la Doctrine chrétienne.	Providence de Peltre.

CHEZ LES PRINCIPAUX LIBRAIRES.

PETIT MANUEL

DU

BOTANISTE

ET DE L'HERBORISTE

Accompagné de Planches explicatives

ET SUIVI DE QUELQUES PRINCIPES

DE MÉDECINE, DE PHARMACIE, D'HYGIÈNE
ET D'ÉCONOMIE DOMESTIQUE,

A l'usage des Maisons d'éducation, des Personnes charitables qui s'occupent
du soin des malades et des habitants de la campagne,

PUISÉS AUX MEILLEURES SOURCES

Et avec le concours d'Hommes instruits et expérimentés,

PAR

L. T., F. M. & P. M.,

AUTEURS DU NOUVEAU TRAITÉ DE LITTÉRATURE FRANÇAISE.

> La Botanique ne serait qu'une simple curiosité,
> si elle ne se rapportait à la médecine; et quand on
> veut qu'elle soit utile, c'est la Botanique de son
> pays qu'il faut étudier.　　　(FONTENELLE.)

DEUXIÈME ÉDITION

REVUE, CORRIGÉE, AUGMENTÉE PAR LES AUTEURS.

220 Plantes officinales.

METZ

TYPOGRAPHIE DE GANGEL, ÉDITEUR, PLACE SAINT-LOUIS.

VÉZELISE	BREUX (PRÈS MONTMÉDY)
A la Maison-Mère des Frères	Pensionnat des Sœurs de la
de la Doctrine chrétienne.	Providence de Peltre.

CHEZ LES PRINCIPAUX LIBRAIRES.

Faire connaître au public les sources pures où nous avons puisé, les auteurs distingués qui nous ont servi de guide, c'est à la fois remplir un devoir de conscience et offrir toutes les garanties qu'on doit désirer. Des notes précieuses, des observations sages et judicieuses nous ont encore été adressées par des amis instruits et dévoués au bien; nous devons respecter l'anonyme qu'ils désirent garder [1].

MM.

Baumé, maître apothicaire, à Paris, *Éléments de Pharmacie.*

Doisy, naturaliste de Verdun, *Flore de la Meuse.*

Tissot, médecin. Son nom et ses ouvrages sont européens.

Gilibert, médecin, *le Médecin naturaliste.*

Richard, médecin, professeur de botanique, Paris.

Loiseleur de Longchamps, médecin, *Manuel des Plantes indigènes.*

Gazin, médecin, *Plantes indigènes.* Ouvrage couronné.

Saucerotte, médecin de Lunéville, auteur d'ouvrages couronnés.

Renvillier, médecin, *Médecin de la maison.*

Massé, médecin, *Santé universelle.*

Edwards et Vavasseur, médecins, *Manuel de matière médicale.*

Les abbés Morel, Pinard, Mathieu, etc. [2]

CET OUVRAGE SE TROUVE :

A Metz (Moselle), chez Alcan, libraire, rue de la Cathédrale.
           chez Gangel, éditeur, place St-Louis, et autres.

A Nancy (Meurthe), chez les principaux libraires.

A Vézelise (Meurthe), à la Maison-Mère des Frères de la doctr. chrét.

A Verdun (Meuse), chez Bastien, libraire, près du Pont-Ste-Croix.

A Montmédy (Meuse), chez Henry, imprimeur; — Petré, libraire.

A Breux, près Montmédy, au Pensionnat.

A Stenay (Meuse), chez Pierson, imprimeur.

A Sedan, à *Mouzon*, à *Carignan* (Ardennes), chez les principaux libraires.

Chez les Frères de la doctrine chrétienne : à *Corbigny*, à *Lormes*, à *Moulins-en-Gilbert* (Nièvre); — à *Comines*, à *Loos*, à *Fresnes* (Nord); — à *Maigneley* (Oise); — à *Châteauneuf* (Eure-et-Loir); — à *Trilport* (Seine-et-Marne); — à *Troyes* (Aube); — à *Monclar* (Lot-et-Garonne); — à *Verdun* (Tarn-et-Garonne); — à *Bois-d'Amont* (Jura); — à *Remiremont*, à *Lavelines* (Vosges); — à *Tugny* (Aisne).

---

1 A Metz, dans une des premières pharmacies de cette ville, des notes, des observations sages et judicieuses, des corrections marquées au coin d'une bonne et savante critique, ont été données avec une bienveillance et un désintéressement dignes des plus grands éloges.

2 M. l'abbé Morel, ancien professeur du Séminaire de Verdun, décédé curé à Olisy, prêtre aussi distingué par ses vertus sacerdotales que par des talents incontestables. C'est lui qui a tracé de sa main savante les premiers plans du Traité de Littérature et du Petit Manuel du Botaniste et de l'Herboriste. Trop tôt ravi à la science et à son saint ministère, il a emporté dans la tombe les regrets vifs et sincères de ses paroissiens comme de ses amis, et en particulier du fondateur de l'Établissement de Breux, qui a toujours trouvé en lui un appui et un dévouement à toute épreuve.

Copie d'une lettre que S. M. l'Empereur des Français a fait écrire à Mme la Supérieure du Pensionnat de Breux, le 28 Septembre 1852 [*].

MAISON
du
Prince-Président.

BIBLIOTHÈQUES
Sciences — Beaux-Arts
Littérature.

« MADAME,

« J'ai mis sous les yeux du Prince-Président de
» la République l'intéressant ouvrage dont vous
» avez bien voulu lui faire hommage. Les sympa-
» thies du Prince sont acquises à tous les travaux
» de l'intelligence, surtout quand ils sont consa-
» crés au service de l'humanité. Il a donc vu avec
» satisfaction ce petit traité où la jeunesse et l'âge
» mûr pourront facilement puiser des connais-
» sances qu'on ne saurait trop répandre ; S. A. I.
» me charge de vous en assurer. J'obéis avec joie
» à un ordre qui me permet de vous remercier
» en son nom et d'applaudir sans flatterie aux
» auteurs d'un livre aussi bien fait qu'utile.

« Recevez, Madame, l'assurance de ma consi-
» dération distinguée.

« J. Le Fèvre Deumier. »

[*] Le produit de cet ouvrage et du TRAITÉ DE LITTÉRATURE étant consacré par les auteurs à soutenir l'œuvre fondée en faveur de l'éducation des jeunes personnes, particulièrement des orphelines et des enfants de nos braves, par M. le Curé de Breux, et dotée, en 1845, avec un majorat donné par l'Empereur sur le champ d'honneur d'Austerlitz, Madame la Supérieure de l'Établissement, d'après le vœu du fondateur, s'est fait un devoir d'en faire hommage à S. M. l'Empereur Napoléon III, qui, alors Président de la République, a daigné l'accueillir avec cette bonté que tout le monde lui connaît.

Son Excellence le Ministre de l'Instruction publique vient d'accorder au fondateur, à titre d'encouragement, 1,000 francs qui seront religieusement consacrés à la prospérité de l'œuvre.

Monsieur le Curé,

Le succès du nouveau *Manuel du Botaniste et
de l'Herboriste* a dépassé nos espérances. Nous
nous en réjouissons pour vous, Monsieur le Curé,
et pour votre bonne œuvre. Cet écoulement si
rapide a été puissamment activé par le témoi-
gnage flatteur et honorable de Sa Majesté l'Empereur des Français, qui a bien voulu en agréer
l'hommage. Devant un nom aussi auguste, il vous
sera facile de comprendre, Monsieur le Curé,
que tout autre nom doit disparaître.

Nous aimons à croire que cette deuxième édi-
tion, enrichie de plusieurs plantes nouvelles, de
notes et d'aperçus pleins d'intérêt, dus à la plume
d'un ami dévoué, sera accueillie du public avec
le même empressement et la même faveur.

Plaise au Dieu bon de répandre sur l'œuvre,
sur son fondateur et le but qu'il s'est proposé
d'atteindre, ses plus abondantes bénédictions.

L. T., F. M. et P. M.

MM.

Soyez sans inquiétude, j'ai parfaitement compris
la nouvelle position que vient de vous créer la
lettre que Sa Majesté l'Empereur a fait écrire à
Madame la Supérieure de l'établissement de Breux,
et dans laquelle il lui dit que *ses sympathies sont
acquises à tous les travaux de l'intelligence, surtout
quand ils sont consacrés au service de l'humanité.*

Je m'en suis réjoui avec vous, MM., et mon
bonheur a été d'autant plus grand et plus sincère
que mes sentiments bien connus ne sont ni de la
veille ni du *lendemain.*

C'est sur le champ d'honneur d'Austerlitz que la
première pierre de l'établissement de Breux a été
comme posée, lorsque l'Empereur, en nous donnant un majorat et un nom impérissable comme
sa gloire, a bien voulu nous tenir lieu d'un père
qui mourait pour la défense de la Patrie.

C'est en 1845 que l'acte de fondation et de
dotation a été passé, dans le moment même où les
portes de Ham se fermaient sur un illustre pri-
sonnier, entre les mains duquel la France vient
aujourd'hui de confier ses glorieuses et immor-
telles destinées..... MM., que les jugements de Dieu
sont bien différents des jugements des hommes!!

Réjouissez-vous aussi avec nous, jeunes élèves, orphelines, enfants de nos braves, car la petite maison qui aura abrité votre enfance et où vous serez venues contracter les heureuses habitudes d'ordre, de travail, de religion, de modestie et de simplicité que nous désirons toujours voir en vous ; cette maison fondée au nom et avec les bienfaits de Napoléon Ier, ne peut que prospérer sous Napoléon III.

Enfants, allez souvent dans votre chapelle dédiée à *Marie, protectrice de la France* [1] ; levez les mains vers cette bonne mère pour la conjurer d'éloigner à tout jamais de notre chère et bien aimée Patrie, ces haines, ces divisions, ces guerres intestines et tous les dangers du dedans comme du dehors qui pourraient menacer sa tranquillité et troubler l'union et la concorde qui doivent exister parmi tous les concitoyens de notre beau pays de France.

Enfants, priez cette Vierge débonnaire pour Napoléon Ier, pour l'Empereur Napoléon III et son auguste épouse ; priez pour ces généreux et dévoués amis qui nous ont prêté l'appui de leur zèle et de leurs talents. La reconnaissance est une se-

---

[1] Dans cette chapelle plusieurs messes ont été fondées à perpétuité pour des fins particulières ; en voici quelques-unes :

1° Le 26 août, fête de la Vierge, dans le diocèse de Verdun, pour le bonheur et la prospérité de la France et de celui qu'elle s'est donné pour Chef. — 2° Le 20 octobre, également fête de la Vierge. — 3° Le 2 décembre, anniversaire d'Austerlitz. — 4° Le 5 mai, anniversaire de la mort de l'Empereur Napoléon Ier, père adoptif du fondateur, etc.

conde religion. N'oubliez pas cette brave et fidèle armée qui nous fait porter avec orgueil le nom Français. C'est encore aujourd'hui, sous la sauvegarde de sa vaillante et redoutable épée, que la Patrie peut goûter des jours de repos et de sécurité..... Seigneur, faites que ces jours durent encore longtemps pour le bonheur du monde entier!..... Inspirez à la jeunesse française et à ceux qui la dirigent de nobles et généreux sentiments de *foi* et d'*union*, d'*honneur* et de *fidélité*, et bientôt les autres nations porteront envie à la gloire et à la prospérité de notre Patrie!!

Enfants, puisse l'étude si intéressante de la Botanique vous porter à bénir sans cesse la divine Providence qui pourvoit si généreusement à tous nos besoins, et dont la sollicitude et la puissance se révèle dans l'humble hysope comme dans le cèdre du Liban.

Puisse cette étude, en vous procurant d'aimables et d'innocents loisirs, vous préserver de la corruption des plaisirs d'un monde séducteur.

Si Dieu daigne un jour vous donner des richesses, anges consolateurs, allez visiter J.-C. dans ce pauvre malade; descendez dans cette chaumière, nouvelle crèche de Bethléem, et portez aux malheureux les remèdes bienfaisants et salutaires que votre main généreuse et inconnue aura préparés avec les *simples* cueillies sous l'œil de Celui qui voit tout, connaît tout, récompense tout.

— x —

Souvenez-vous, enfants, que la bénédiction de celui qui souffre et qui est dans la misère porte consolation et bonheur. Croyez à la parole de votre ami,

LOUIS-NAPOLÉON DENY,

Curé de Breux et Fondateur de l'Etablissement.

PROPRIÉTÉ.

Il faut avouer que l'étude de la Botanique est trop négligée dans un grand nombre de nos Maisons d'éducation. Là même où cette science est cultivée, on s'attache plus à la théorie qu'à la pratique, plus à la définition et au classement des végétaux qu'à leurs vertus et à leurs propriétés. Aussi Monseigneur l'Évêque de Taché, vicaire apostolique à la baie d'Hudson, ne craint pas d'avancer *que les sauvages sont meilleurs naturalistes, non-seulement que le peuple de nos campagnes, mais encore que la portion éclairée de nos populations.* Voici un extrait de sa lettre adressée à sa mère :

« En parlant de l'intelligence des Montagnais, je ne puis
» taire une réflexion que j'ai faite bien des fois. Tous les
» Indiens sont meilleurs naturalistes, non-seulement que le
» peuple de nos campagnes, mais encore que la portion
» éclairée de nos populations. Dès l'enfance ils sont initiés à
» ces connaissances . . . .
» Je vous entends, bonne Mère, me faire ici un petit re-
» proche bien mérité. Si, dans mes vacances d'écolier, au
» lieu de me livrer à des amusements frivoles, je m'étais
» rendu à vos sages conseils, si j'avais consenti à profiter
» des leçons de botanique que vous vouliez me donner, je
» n'aurais pas aujourd'hui à rougir de me voir plus ignorant
» qu'un petit sauvage. Pourquoi ne faut-il devenir sage que
» quand les regrets sont les seuls remèdes qu'on puisse ap-
» porter à sa folie? Vous n'auriez pas beaucoup de peine à
» me décider maintenant à devenir votre élève, si j'en avais
» la possibilité. » (*Annales de la Propagation de la Foi.*
Septembre 1852.)

Si cette étude était plus répandue, un grand nombre de nos plantes indigènes, jetées si injustement dans l'oubli, reprendraient le rang et l'empire qu'elles méritent à tant de titres. Mais tel est notre préjugé, qu'il nous arrive souvent de dédaigner une plante précieuse par la seule raison qu'elle est trop commune. Si cette même plante croissait au Japon ou au Thibet, nous nous empresserions de la préconiser et de la faire revenir à grands frais, de ces contrées lointaines, comme un des végétaux les plus salutaires en médecine.

M. le docteur Munaret, dans son ouvrage du *Médecin des villes et du Médecin des campagnes*, n'hésite pas à dire qu'il préfère nos plantes indigènes aux plantes exotiques.

« Sur nos rochers les plus stériles, au fond des nom-
» breuses vallées, aux pieds de nos balsamiques sapins, sur
» le bord du ruisseau qui serpente inconnu dans la prairie,
» comme le long du sentier que je gravissais tous les matins,
» pour visiter mes malades, partout j'ai pu récolter des
» espèces préférables, avec leurs sucs et leur naïve fraîcheur,
» à ces racines équivoques, à ces bois vermoulus que le
» Nouveau-Monde échange contre notre or, et souvent
» contre notre santé. »

Répandre donc, même dans nos campagnes, l'usage de nos plantes médicinales ; faire connaître leurs vertus, leur mode d'administration, c'est tout à la fois faire acte d'*économie*, de *bienfaisance* et de *patriotisme*.

Ce n'est pas seulement à l'esprit, au cœur, à l'imagination que cette étude présente des connaissances utiles, de douces jouissances et d'agréables distractions ; mais elle devient encore une précieuse ressource pour notre conservation et notre bien-être.

En effet, l'exercice est une des lois de notre nature. C'est un moyen d'hygiène des plus puissants et des plus efficaces pour développer nos forces, donner de la souplesse à nos membres et entretenir notre santé. Mais de tous les exercices, même gymnastiques, celui qui offre peut-être le plus d'avantages, parce qu'il est sans danger et qu'il convient à tous les âges comme à toutes les personnes, c'est l'exercice que nous impose la récolte des plantes.

Pour enrichir son herbier, sa petite pharmacie domestique, qui est aussi bien souvent celle du pauvre, il faut aller respirer l'air pur et vivifiant des champs et des bois, suivre le cours du ruisseau limpide qui murmure sous le gazon de la prairie émaillée de fleurs et ne pas craindre de gravir le sentier tortueux et escarpé du coteau qui domine la plaine. Dans ces courses lointaines, dans ces promenades si variées, la poitrine se dilate, on respire à son aise et on se sent comme renaître à la santé et à la vie.

D. N.

PETIT

MANUEL DU BOTANISTE

ET DE L'HERBORISTE.

PREMIÈRE PARTIE.

CHAPITRE PREMIER.

NOTIONS ÉLÉMENTAIRES DE BOTANIQUE.

Si nous promenons nos regards sur la surface du globe, nous le verrons, depuis la cime des plus hautes montagnes, jusqu'au fond des fleuves et de l'Océan, couvert ou rempli de plantes diverses qui lui servent comme de vêtement et de parure, et qui font de la terre un immense jardin, au milieu duquel Dieu nous a placés.

Les secours que les plantes offrent à l'homme sont nombreux et variés, soit en fournissant aux besoins les plus essentiels de la vie, soit en calmant la violence des maladies qui affligent l'espèce humaine, soit en enrichissant de leurs produits les arts les plus nécessaires à la société.

Aussi ces ressources immenses ont dû fixer l'attention de l'homme et le porter à examiner attentivement cette foule innombrable de plantes qui semblent n'avoir été créées que pour son usage, son utilité ou son agrément, et l'étude qu'il en fit donna naissance à la science si vaste, si importante et en même temps si agréable, que nous nommons *botanique*.

> Quand les premiers zéphirs, de leurs tièdes haleines,
> Ont fondu les frimats qui blanchissaient les plaines,
> Quel œil n'est pas sensible au riant appareil
> De l'herbe rajeunie et du bouton vermeil?
> Mais, si l'on songe encor que ces plantes nouvelles,
> Bientôt en s'élevant porteront avec elles
> Le plaisir, la santé, l'aliment des humains,
> Qui pourra sans regret ignorer leurs destins?
> Qui ne verra combien leur étude facile
> Doit embellir la vie et doit nous être utile?

Castel. — Les Plantes, chant 1er.

Qu'est-ce que la botanique ?

La botanique est cette partie de l'histoire naturelle qui a pour objet l'étude des végétaux. Elle nous apprend à les connaître, à les distinguer, à les classer. Elle s'occupe aussi de leur organisation et de leurs fonctions ; de leurs propriétés et de leur emploi dans l'économie domestique, les arts et la médecine.

Qu'entend-on par végétaux ou plantes ?

Les végétaux ou plantes sont des êtres organisés pour vivre, se nourrir et se reproduire. Ils sont privés de sens et de mouvements volontaires.

Combien les végétaux présentent-ils d'ordres d'organes ?

Les végétaux présentent deux ordres d'organes. Le premier se compose des organes nécessaires à l'accroissement et à la conservation de l'individu ; ce sont les *organes de nutrition*. Le second renferme les organes nécessaires à la reproduction : on les appelle *organes de reproduction*.

Première Section.

ORGANES DE NUTRITION.

Les *organes de nutrition* sont ordinairement au nombre de trois : la *racine*, la *tige* et les *feuilles*.

Combien y a-t-il
d'organes
de nutrition ?

ARTICLE 1er.

DE LA RACINE.

La racine est la partie inférieure de la plante qui plonge ordinairement dans la terre.

Qu'est-ce que
la racine ?

La plupart des plantes aquatiques, comme le *trèfle d'eau*, le *nénuphar*, offrent deux espèces de racines ; les unes, enfoncées dans la vase, se fixent au sol ; les autres sont libres ou flottantes au milieu de l'eau.

On distingue trois parties dans la racine : le *collet*, qui est le point de départ d'où le végétal pousse, en sens inverse, la tige et la racine ; on l'appelle aussi *nœud vital*, parce que la plante meurt presque toujours, si on la coupe dans cet endroit ; la *partie moyenne*, ou le *corps* de la racine ; la *partie inférieure*, d'où partent de nombreux filaments qui prennent le nom de radicelles ou de *chevelu*.

Combien
distingue-t-on de
parties,
dans la racine ?

Toutes les racines ont une tendance naturelle et invincible à se diriger vers le centre de la terre et par conséquent à croître de haut en bas. Vainement on a essayé de leur faire changer de direction ; elles résistent, sous ce rapport, à l'éducation qu'on veut leur donner ; leur naturel triomphe de tous les obstacles qu'on leur oppose.

Quelle est la
tendance
des racines ?

On a mis des graines dans des cylindres creux remplis de terre et placés dans une position verticale. Quand ces graines eurent poussé des racines, on renversa les cylindres et chaque fois les racines et les tiges changèrent de position, obéissant ainsi à la loi que Dieu leur a imposée et que les hommes ne sauraient leur faire enfreindre.

Quelques végétaux ne font-ils pas exception à la règle? — Quelques végétaux, néanmoins, semblent se soustraire à cette loi générale; telles sont les plantes parasites, les *lichens*, le *gui* surtout, qui pousse sa racine dans la position où le hasard la met et qui peut aussi bien croître de bas en haut que de haut en bas; sa seule tendance est de fuir la lumière.

Quelles sont les fonctions des racines? — Les racines remplissent une double fonction; elles servent à maintenir la plante dans une position convenable et à puiser la nourriture qui lui est nécessaire. Elles sont, pour cela, munies à leur extrémité, de bouches ou suçoirs qui aspirent les sucs contenus dans la terre, retiennent ceux qui leur conviennent et rejettent les autres.

Comment peut-on considérer les racines? — On peut considérer les racines sous le rapport de leur forme et de leur structure et sous le rapport de leur durée.

Relativement à leur forme, comment divise-t-on les racines? — Sous le rapport de leur forme et structure, la plupart des racines peuvent se réduire aux espèces suivantes : les *pivotantes*, les *fibreuses*, les *bulbeuses*, les *tubéreuses*.

Qu'appelle-t-on racines pivotantes? — Les racines *pivotantes* sont celles dont le corps, assez semblable à un pain de sucre, à un fuseau, à une toupie, s'enfonce perpendiculairement dans le sol comme une sorte de pivot.

Exemple : la *carotte*, la *rave*, le *navet*.

Fibreuses? — Les racines *fibreuses* sont celles qui, ayant le corps ordinairement peu développé à la base, se terminent en une multitude de filets ou de fibres plus ou moins grêles, dont le *chevelu* est ordinairement très-abondant.

Exemple : le *blé*, le *fraisier*.

creux
verti-
cines,
acines
t ainsi
mmes

ent se
nt les
t, qui
ard la
n haut
de fuir

ction ;
e posi-
lui est
à leur
ent les
ux qui

port de
rapport

ure, la
espèces
lbeuses,

corps,
fuseau,
nt dans

yant le
ase, se
e fibres
dinaire-

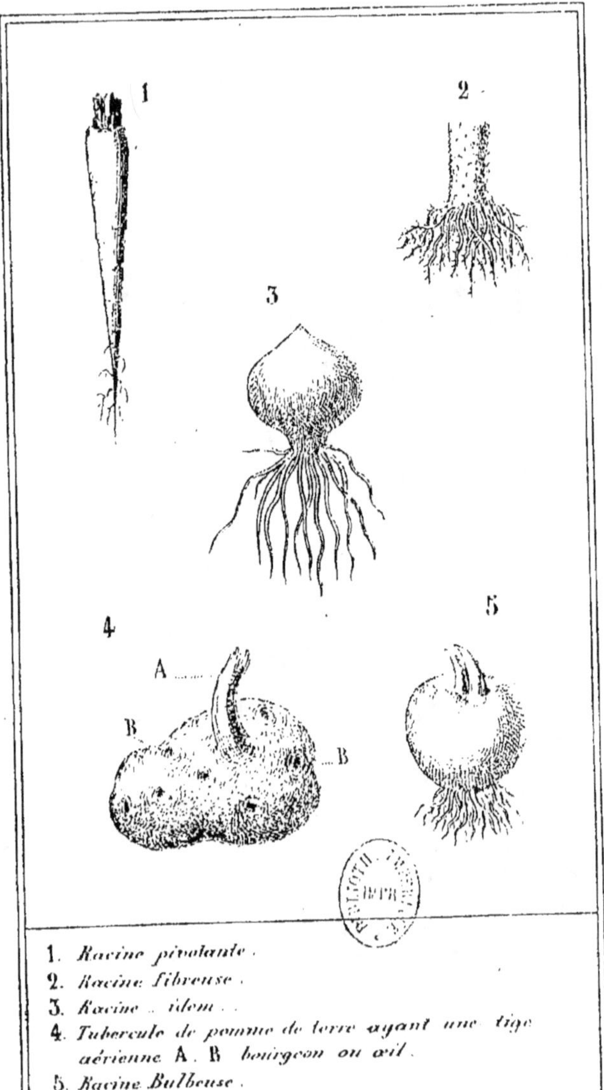

1. Racine pivotante.
2. Racine fibreuse.
3. Racine   idem.
4. Tubercule de pomme de terre ayant une tige
   aérienne A. B bourgeon ou œil.
5. Racine Bulbeuse.

Page, 5.

Les racines *bulbeuses* sont celles qui, à leur partie supérieure, portent un bulbe ou oignon composé d'écailles appliquées les unes sur les autres, desquelles s'élève une tige.

Exemple : l'*ail*, le *lys*, la *jacinthe*. Bulbeuses ?

Les racines *tubéreuses* sont celles qui se composent de bosses ou renflements irréguliers, charnus, solides, appelés tubercules et munis d'yeux ou bourgeons souterrains destinés à produire une nouvelle tige : c'est ce dernier caractère qui est le plus important. Tubéreuses ?

Exemple : la *pomme de terre*, le *dahlia*.

Sous le rapport de la durée, les racines se divisent aussi en plusieurs espèces : elles sont ou annuelles, ou bisannuelles, ou vivaces. Comment divise-t-on les racines sous le rapport de la durée ?

Les racines *annuelles* sont celles qui ne vivent qu'une année et meurent en même temps que la tige qu'elles ont contribué à nourrir. Qu'appelle-t-on racines annuelles ?

Exemple : le *blé*, l'*orge*, le *réséda*, etc.

Les racines *bisannuelles* sont celles qui mettent deux ans pour acquérir leur entier développement. Bisannuelles ?

Exemple : la *carotte*, la *betterave*, etc.

Les racines *vivaces* sont ainsi appelées, parce qu'elles vivent un nombre d'années indéterminé. Vivaces ?

Exemple : les *arbres*, l'*oseille*, etc.

Les avantages que nous retirons des racines sont nombreux. Dans l'économie domestique, un grand nombre de racines servent comme aliments : la carotte, la *pomme de terre*, le *navet*, etc. Quels sont les avantages que nous retirons des racines ?

Plusieurs sont employées avec avantage dans la teinture, la *garance*, l'*orcanette*, etc.

Les racines de *jalap*, de *chiendent*, de *patience*, et beaucoup d'autres, sont en usage en médecine.

Les parfumeurs emploient l'*iris*, l'*angélique*, etc.

Les ébénistes, les charpentiers trouvent dans les variétés de certaines racines, dans leur dureté et leurs formes, des pièces qui donnent aux meubles une grande beauté et aux autres ouvrages une solidité remarquable.

Ainsi la bonté de Dieu pour l'homme se manifeste partout; soit que nous nous élevions sur le sommet des montagnes et jusque dans les nuages, soit que nous fouillions le sol et que nous pénétrions dans ses entrailles, nous retrouvons partout des témoignages de la munificence divine, des preuves irrécusables de sa providence paternelle. Grâces lui en soient rendues.

ARTICLE 2.

DE LA TIGE.

Qu'est-ce que la tige ?

La *tige* est cette partie de la plante qui naît de la racine, s'élève ensuite vers le ciel, ou rampe sur la terre, ou grimpe autour des corps environnants et soutient les rameaux, les feuilles, les fleurs et les fruits.

La tige existe-t-elle constamment ?

La tige existe constamment, mais quelquefois elle est tellement courte, elle prend si peu de développement que les feuilles semblent naître immédiatement du collet. C'est aux plantes qui offrent cette disposition qu'on donnait autrefois le nom de plantes *acaules* ou sans tige ; mais elles en ont une véritable très-courte et en partie cachée dans la terre, comme la *primevère.*

Que considère-t-on dans la tige ?

On considère dans la tige sa direction, sa forme, sa durée, sa consistance, ses divisions, ses accessoires, ses différentes espèces, sa structure et son mode d'accroissement.

Qu'offre la direction des tiges ?

La *direction* des tiges offre une grande variété. Généralement les tiges s'élèvent perpendiculairement au plan de l'horizon, le *sapin;* mais il en est d'autres qui se recourbent vers la terre, le *sceau de Salomon.* Celles-ci rampent sur la terre sans s'y arrêter, le *lierre terrestre.* Celles-là poussent des drageons qui s'enracinent et produisent de nouvelles tiges, tel est le *fraisier.* Plusieurs, comme le *liseron,* le *houblon,* entourent de leurs circonvolutions, de leurs spirales, le tronc des arbres voisins, ou, comme le *lierre*, grimpent au mur qui leur offre un point d'appui dans ses crevasses.

On a observé, par exemple, que le *liseron* et le *haricot* se roulent constamment de droite à gauche, tandis que le *houblon*, le *chèvrefeuille*, s'entortillent de gauche à droite, et si l'on veut changer la direction de ces tiges, elles ne tarderont pas à la reprendre, ou elles périront de langueur : c'est ce que vérifie une foule d'expériences.

La *forme* des tiges n'est pas moins variée que leur direction. Les unes sont cylindriques, le *tilleul*, le *lilas*; les autres sont comprimées, aplaties, le *paturin*. Il en est de forme triangulaire, le *carex*; de tranchantes, creusées de cannelures, le *panais*; d'autres sillonnées de stries, la *carotte*. On en voit qui sont fortifiées par des nœuds, ou qui offrent des articulations, c'est-à-dire qu'elles sont formées de pièces jointes les unes avec les autres, le *blé*, l'*œillet*.

On appelle *herbacées* les tiges tendres et molles dont l'existence est bornée à un an; *demi-ligneuses* celles qui subsistent un certain nombre d'années, tandis que leurs rameaux périssent annuellement, le *thym*, la *sauge*. Ces plantes s'appellent *sous-arbrisseaux*. *Ligneuses*, celles qui se convertissent en bois et durent un nombre d'années indéterminé; tels sont les *arbres*, les *arbrisseaux*.

La tige varie de *consistance* d'après sa composition intérieure; de là lui viennent les qualifications suivantes : elle est dite *solide* ou *pleine* quand elle n'a aucune cavité intérieure et qu'elle ressemble à la plupart des *arbres*; — *creuse*, lorsqu'elle forme un tube, comme dans l'*oignon*; — *médulleuse*, si elle est remplie de moelle, comme dans le *sureau*; — *spongieuse*, si elle ressemble à l'éponge, comme dans le *jonc*; — *charnue*, si elle est bien fournie de sucs, comme dans le *cactus*.

Qu'a-t-on encore observé dans ces dernières ?

Que présente la forme des tiges ?

Comment nomme-t-on les tiges qui ne durent qu'un an, et celles qui durent un certain nombre d'années ?

Quel est le nom des tiges d'après leur consistance ?

Les tiges se divisent-elles ?

Ordinairement les tiges se subdivisent en branches et rameaux, mais ces divisions n'existent pas toujours, alors la tige est dite simple ou fourchue.

Quels noms donne-t-on à la tige d'après sa division et sa position ?

La tige s'appelle *dichotome* lorsque, d'abord divisée en deux branches, elle se subdivise en deux autres branches, qui se partagent de même que les premières, et ainsi de suite, la *mâche*, le *gui*. — Lorsque les rameaux sont disposés l'un après l'autre, à des distances à peu près égales autour de la tige, on les nomme *alternes*, l'*orme*, le *tilleul*; — *opposés*, lorsqu'ils naissent de deux points situés vis-à-vis l'un de l'autre, l'*érable*, le *marronnier d'Inde*; — *verticillés*, ceux qui naissent au nombre de plus de deux en formant un anneau autour de la tige, le *pin*, le *sapin*.

Les tiges présentent-elles des parties accessoires ?

Beaucoup de tiges présentent diverses parties accessoires de différente nature; voici les principales :

Vrilles ?

Les *vrilles*. Ce sont des liens ayant la forme de fils roulés en spirale, au moyen desquels la plante s'attache aux corps voisins et qui servent ainsi à soutenir des plantes faibles et grimpantes, la *vigne*, la *bryone*, les *courges*, etc.

Griffes ?

On appelle *griffes* les racines que les plantes sarmenteuses et grimpantes enfoncent dans les corps sur lesquels elles s'élèvent, le *lierre*.

Épines ?

Les *épines* sont des pointes qui sortent du bois et traversent l'écorce, comme dans l'*aubépine*. Les *aiguillons* diffèrent des épines en ce qu'ils ne tiennent point au bois comme ces dernières, mais naissent seulement de la surface de l'écorce; les *églantiers*, les *rosiers* sont armés d'aiguillons.

Beaucoup de plantes présentent à la surface de la tige une multitude de petits filets semblables ou à des soies, ou au duvet, ou au coton, ou à la laine, et qui sont utiles à certaines fonctions.

Combien distingue-t-on d'espèces de tiges?

On distingue trois espèces principales de tiges : le *tronc*, le *stipe*, le *chaume*.

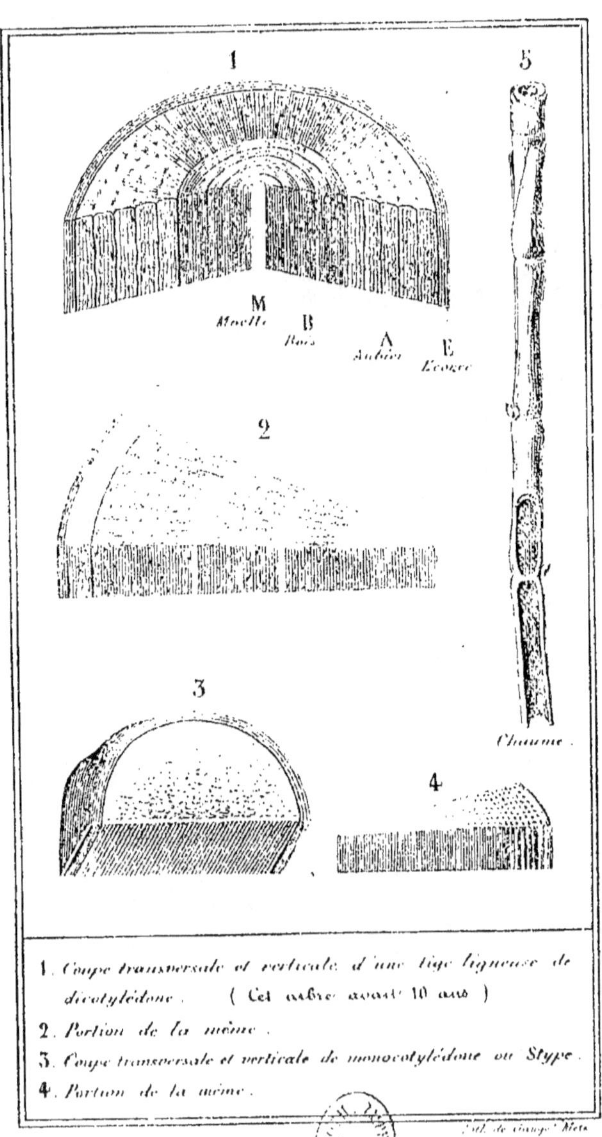

1. Coupe transversale et verticale d'une tige ligneuse de dicotylédone. (Cet arbre avait 10 ans)
2. Portion de la même.
3. Coupe transversale et verticale de monocotylédone ou Stype.
4. Portion de la même.

On nomme *tronc* la tige ligneuse des arbres. Il est ordinairement ramifié et aminci vers le haut.

On appelle *stipe* la tige qui a une forme cylindrique, semblable à une colonne, qui se termine par une touffe de feuilles et de fleurs, qui n'a pas d'écorce ou une écorce à peine distincte de la tige. Le nom de stipe est donné spécialement aux *palmiers*, à l'*aloès*, qui croissent dans les contrées méridionales. Des botanistes donnent encore ce nom au pédicule qui soutient les parties de la fructification des cryptogames, *champignons*, *fougères*, etc.

Le *chaume* est une tige ordinairement creuse et simple, herbacée, offrant de distance en distance des nœuds saillants, desquels naissent des feuilles dont la base forme une espèce de gaine qui embrasse la tige, le *blé*, le *seigle*, presque toutes les graminées.

Chacune de ces espèces de tiges a un mode de structure qui lui est propre. Les végétaux à tige ligneuse ou troncs, les seuls dont nous allons décrire la structure, présentent deux parties bien distinctes, c'est l'*écorce* et le *bois*.

L'*écorce* est la partie extérieure des arbres. Elle se compose de l'*épiderme*, du *tissu cellulaire* et du *liber* ou *livret*.

L'*épiderme* est la partie la plus extérieure de l'écorce qui, continuellement exposée à l'action de l'air et de la lumière, se dessèche, se durcit et se transforme en une membrane mince dont toutes les parties de la plante sont recouvertes.

Dans certains arbres, comme le *groseillier*, l'épiderme s'enlève tous les ans par plaques et se déchire plus facilement en largeur qu'en longueur. Il se détruit avec l'âge dans les vieux troncs. L'épiderme se régénère facilement. On ne connaît pas son organisation intime, on sait seulement qu'il est criblé d'une infinité de petits orifices qui donnent passage à la respiration insensible.

Qu'est-ce que le tronc ?

Stipe ?

Chaume ?

Le mode de structure de ces tiges est-il le même ?

Qu'est-ce que l'écorce ?

L'épiderme ?

Le *tissu cellulaire* est placé immédiatement sous l'épiderme. C'est une substance utriculaire, verte, très-humide dans le temps de la sève, qui enveloppe toute la surface de l'écorce depuis la racine jusqu'aux feuilles.

La mousse de savon, l'écume de la bière, le gâteau de miel produit par les abeilles, peuvent donner une idée de ce tissu.

Le *liber*, qui se trouve placé au-dessous du tissu cellulaire, est une suite de lames minces, posées les unes sur les autres en couches corticales et qu'on peut séparer comme les feuillets d'un livre. Le *liber* est un des organes les plus nécessaires à la végétation. On peut enlever une partie de l'écorce d'un arbre sans le faire périr; il mourrait bientôt si on l'enlevait tout entière. Aussi, quand elle a été enlevée par une déchirure profonde, les jardiniers ont soin d'envelopper la plaie de l'arbre pour la préserver du contact de l'air.

Le *bois* se compose de l'*aubier*, du *bois* proprement dit et de la *moelle*.

L'*aubier*, autrement dit *faux bois* ou *bois blanc*, se trouve au-dessous de l'écorce et diffère du véritable bois en ce qu'il n'a point encore acquis la dureté et la ténacité que présente celui-ci.

C'est pour cela qu'étant sujet à la vermoulure, on a soin de le rejeter dans les arts et de l'enlever des bois de construction par une opération nommée équarrissage.

Le *bois* proprement dit est la partie des troncs la plus dure. Il se compose de couches concentriques qui se forment aux dépens de la couche la plus interne de l'aubier. Chaque année il se forme une nouvelle couche de bois dur qui reste quelquefois assez distincte des autres pour qu'on puisse, en les comptant, connaître quel âge avait l'arbre que l'on a coupé.

La *moelle* est une substance spongieuse, transparente, légère, composée de cellules disposées les unes à côté des autres. Elle communique avec l'enveloppe herbacée au moyen de lignes qu'on a nommées *rayons médullaires*, et qui, partant du centre, se dirigent en rayonnant vers la circonférence, comme les lignes horaires d'un cadran.

La *moelle* varie beaucoup par sa quantité. Le *jonc* en est rempli; le *sureau* en a beaucoup; le *bois* en a très-peu. En général, elle n'existe plus dans les vieux arbres, où elle est remplacée par un tissu ligneux. *(La moelle varie-t-elle ?)*

La *moelle*, le *bois*, l'*aubier*, l'*écorce* sont traversés par de nombreux vaisseaux qui donnent passage à la sève. *(Par quoi sont traversées ces parties ?)*

De même que les trois espèces de tiges dont nous avons parlé ont une structure propre à chacune d'elle, elles ont aussi un mode d'accroissement qui leur est particulier. *(Les diverses espèces de tiges ont-elles le même mode d'accroissement ?)*

Les tiges des arbres nommées *troncs*, les seuls dont nous allons encore nous occuper, croissent en deux sens, en grosseur et en hauteur. *(Comment croissent les tiges d'arbres ?)*

D'abord elles croissent en grosseur par les couches concentriques qui s'étendent de la racine au sommet et que fournit le *cambium*. *(En grosseur ?)*

Le *cambium* n'est autre chose que la sève qui, après être montée à travers les vaisseaux contenus dans le bois, redescend entre le liber et le bois. Le *cambium* s'épaissit peu à peu, se durcit, prend une consistance solide et se sépare en deux couches, dont la plus extérieure forme un feuillet du liber, tandis que la partie la plus intérieure se change en aubier. L'année suivante arrive une nouvelle quantité de *cambium*, qui se sépare encore en deux couches pour former un nouveau feuillet du liber et une nouvelle couche d'aubier. En deux mots, chaque année le liber s'accroît en épaisseur par sa face interne, et l'aubier par sa face externe. *(Qu'est-ce que le cambium ?)*

Comment a lieu l'accroissement en hauteur ?

L'accroissement en hauteur a lieu par des jets qui se succèdent chaque année. Les fibres croissent en hauteur et d'autant plus qu'elles s'approchent du sommet. Qu'on enfonce dans une jeune tige, quelque temps après sa sortie du bourgeon, de petites pointes de métal à des distances égales, on verra, au bout de douze à quinze jours, l'intervalle de ces pointes n'être plus le même. Leur écartement est de plus en plus grand à mesure que l'on s'éloigne de la base pour arriver au sommet. L'accroissement a lieu depuis mars jusqu'en septembre. Dès que les fibres sont devenues bois, elles cessent de croître.

ARTICLE 3.

DES FEUILLES.

Qu'appelle-t-on feuilles ?

Les *feuilles* sont communément des lames vertes, minces, molles, de peu de durée, formées par l'épanouissement des fibres de la tige et remplissant à la fois les fonctions de racines aériennes et de poumons propres aux végétaux.

Où sont renfermées les feuilles avant de naître ?

Avant de naître, les feuilles sont renfermées dans les *bourgeons* qui paraissent en été vers le mois d'août, quand la végétation est dans toute sa force ; alors ils portent le nom d'*yeux*. Ils s'accroissent un peu en automne et constituent les boutons. C'est seulement au printemps quand ils commencent à se développer qu'on les désigne sous le nom de *bourgeons*.

Combien distingue-t-on de sortes de bourgeons ?

On distingue trois sortes de bourgeons : les *bourgeons à fleurs*, qui sont ronds et gonflés ; les *bourgeons à feuilles*, qui sont oblongs, un peu aigus ; les *bourgeons mixtes*, qui renferment des feuilles et des fleurs ; ils tiennent des formes des deux précédents et sont plus difficiles à reconnaître.

C'est en examinant les bourgeons de leurs arbres que les jardiniers peuvent, au milieu de l'hiver,

s jets
issent
chent
tige,
1, de
s, on
rvalle
ement
s'éloi-
crois-
e. Dès
nt de

ertes,
s par
issant
et de

s dans
mois
orce;
nt un
C'est
ent à
m de

bour-
bour-
s; les
et des
dents

rbres
hiver,

1
2
3
4
5
1. Feuille simple.
2. Feuille composée.
3. Feuille sessile.
4. Feuille idem.
5. Feuille pétiolée.
Lith. de Gangel, Metz.

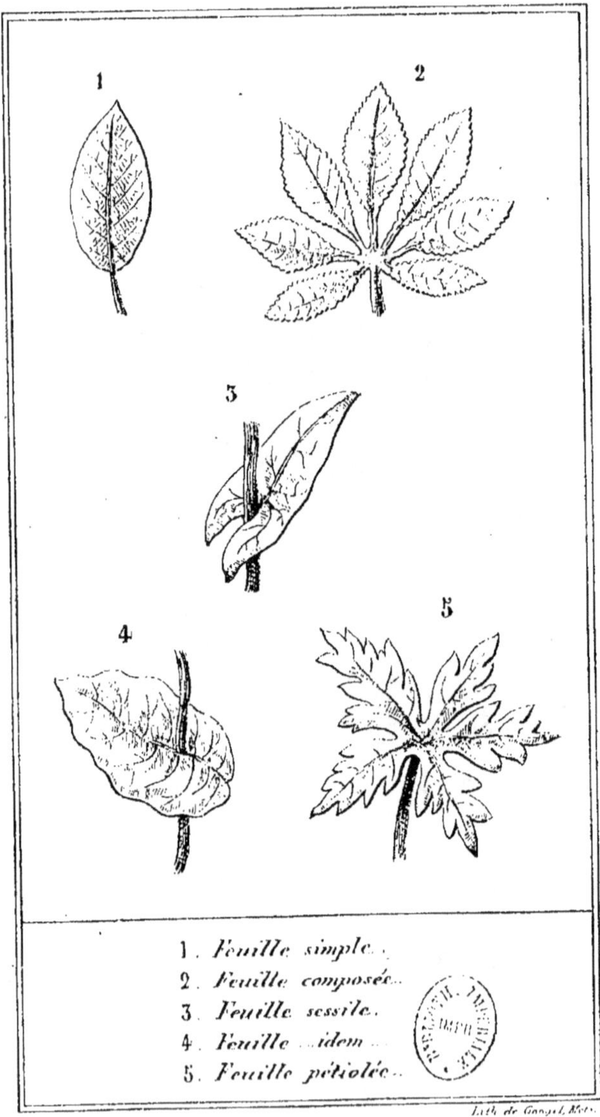

Page, 13.

prédire à coup sûr si la récolte des fruits sera bonne, en supposant toutefois que la grêle, ou la gelée, ne vienne pas la détruire.

Les *feuilles*, avant de sortir du bourgeon, sont diversement arrangées et plissées, mais toujours de la même manière pour la même plante, de telle sorte que les botanistes exercés, en ouvrant leur bourgeon, reconnaissent aisément la plante sur laquelle il a été cueilli.

Comment sont arrangées les feuilles avant de sortir du bourgeon?

On observe communément, dans une feuille : 1º La *queue* que les botanistes appellent *pétiole*, qui est quelquefois accompagné de *stipules*, appendices semblables à de petites feuilles. Il est formé par le resserrement des fibres végétales. 2º Le *limbe*, formé par l'épanouissement du *pétiole*. Il constitue la double surface de la feuille, dans laquelle il faut distinguer les fibres ramifiées que l'on nomme *nervures ou côtes*, et la substance tendre, verdâtre, interposée entre les nervures et que l'on nomme *parenchyme*. On trouve après l'hiver de ces feuilles dont le parenchyme est détruit et qui ressemblent parfaitement à une gaze transparente.

Qu'observe-t-on dans une feuille?

Lorsque les feuilles se développent, leurs deux surfaces sont à peu près les mêmes ; mais en croissant elles prennent leurs caractères particuliers. La supérieure est ordinairement plus lisse, plus ferme, plus vernissée, et l'inférieure plus terne, moins serrée et souvent revêtue de poils et de duvet. C'est par cette dernière face que les feuilles absorbent les vapeurs et les gaz qui s'échappent de la terre. Presque toutes les feuilles recherchent la lumière et tournent vers elle leur partie supérieure.

Qu'arrive-t-il aux feuilles en croissant?

Les feuilles, par leur innombrable diversité, offrent aux botanistes une foule de caractères fondés sur leur *insertion*, leur *forme*, leur *substance*, leur *durée*, qui sont d'un grand secours dans la distinction des espèces.

Quels sont les caractères qu'offrent les feuilles par leur diversité?

2

Que sont les feuilles, considérées quant à leur insertion ?

Les feuilles, considérées quant à leur *insertion*, sont : *pétiolées*, si elles ont un support ou une queue ; — *sessiles*, si elles en manquent ; — *radicales*, si elles partent immédiatement du collet de la racine ; — feuilles *florales* ou *bractées*, si elles naissent près de la fleur et ne paraissent qu'avec elle ; — *alternes*, quand elles sont placées l'une après l'autre aux deux côtés de la tige ; — *opposées*, quand elles naissent l'une vis-à-vis l'autre et à la même hauteur ; — *verticillées*, disposées en anneaux ; — *engaînantes*, lorsqu'elles enveloppent la tige en forme de gaîne.

Sous le rapport de leur forme ?

Sous le rapport de leur *forme*, les feuilles sont : *orbiculaires*, arrondies ; — *cordiformes*, quand elles affectent la forme d'un cœur ; — *cunéiformes*, celles d'un coin ; — *triangulaires*, d'un triangle ; — *lancéolées*, d'un fer de lance ; — *sagittées*, d'un fer de flèche ; — *ligulées*, d'une langue ; — *subulées*, d'une alène ; — *spatulées*, d'une spatule ; — *lyrées*, d'une lyre ; — *laciniées*, celles dont les lobes sont découpés en lanières ; — *lobées*, celles dont les bords ont des échancrures profondes ; — *dentées*, quand elles offrent des dents ; — *épineuses*, quand elles sont garnies de pointes dures, acérées, piquantes, comme dans plusieurs *chardons*. On en voit d'*unies*, de *velues*, de *cotonneuses*, de *glabres*, etc.

Quant à leur substance ?

Quant à leur *substance*, les feuilles sont : *membraneuses*, quand elles sont sèches et transparentes ; — *épaisses*, d'une substance ferme et solide ; — *charnues*, celles qui sont épaisses et aqueuses.

Quant à leur durée ?

Quant à leur *durée*, les feuilles sont : *caduques*, lorsqu'elles tombent vers la fin de l'été ; — *tombantes*, celles de la plupart de nos arbres qui tombent à la fin de l'automne ; — *persistantes*, celles qui passent l'hiver sur la plante, ce qui arrive aux feuilles des arbres qui restent toujours verts.

Qu'il nous soit permis de dire ici avec le poëte Arnault :

De la tige détachée,
Pauvre feuille desséchée,
Où vas-tu ? — Je n'en sais rien ;
L'orage a brisé le chêne
Qui seul était mon soutien.
De son inconstante haleine,
Le zéphyr ou l'aquilon,
Depuis ce jour me promène
De la forêt à la plaine,
De la montagne au vallon.
Je vais où le vent me mène,
Sans me plaindre ou m'effrayer :
Je vais où va toute chose,
Où va la feuille de rose
Et la feuille de laurier.

Belle et fidèle image de la vie de la plupart des hommes sur la terre !

Les feuilles se distinguent encore en feuilles *simples* et en feuilles *composées*.

Comment distingue-t-on encore les feuilles ?

Les feuilles *simples* sont celles dont le pétiole n'offre aucune division et dont le limbe est d'une seule pièce.

Qu'appelez-vous feuilles simples ?

Les feuilles *composées* sont celles qui résultent de la réunion de plusieurs petites feuilles appelées *folioles*, isolées les unes des autres, et toutes attachées sur un *pétiole commun*. Le *lilas*, le *tilleul* nous offrent des exemples de feuilles simples ; l'*acacia*, le *marronnier d'Inde*, nous en offrent de feuilles composées.

Feuilles composées ?

Les feuilles, aussi bien que les racines, contribuent à la nourriture de la plante. Elles absorbent dans l'atmosphère les substances nutritives qui y sont répandues à l'état de gaz ou de vapeurs.

Quelles sont les fonctions des feuilles ?

Durant le jour, sous l'influence des rayons solaires, elles absorbent surtout une certaine vapeur qu'on appelle *gaz acide carbonique*, qui est la même que celle qui se dégage du charbon qu'on brûle et qui est mortelle pour ceux qui la respirent.

Qu'absorbent les feuilles durant le jour ?

Après avoir absorbé ce gaz carbonique, elles le décomposent, en retiennent une partie, le carbone, qui entre dans la composition du bois, et rejettent l'autre partie, l'oxygène, qui entretient la vie de l'homme.

Durant la nuit, au contraire, elles ne versent dans l'atmosphère que de l'acide carbonique. Aussi serait-il très-dangereux de coucher dans une chambre bien close où l'on aurait placé un grand nombre de plantes; mais comme la quantité d'acide carbonique que répandent dans l'air les feuilles durant la nuit, est bien moindre que celle qu'elles absorbent durant le jour, il en résulte que les végétaux qui couvrent la terre et font l'ornement de cette vaste demeure de l'homme, servent encore à la rendre plus saine.

Si tous les végétaux mouraient dans une seule nuit, avant quelques mois nous ne pourrions plus vivre. Les vapeurs qui s'exhalent de tous les endroits où l'on fait du feu empesteraient la terre au point que nous ne respirerions plus sans danger. Les plantes en se nourrissant de ces exhalaisons, assurent donc notre existence.

Les feuilles n'absorbent pas seulement les gaz contenus dans l'air, elles aident encore les racines à pomper les liquides dans le sol ; elles attirent la sève à elles et la font monter à la cime des arbres les plus élevés.

Cette fonction des feuilles est prouvée par un grand nombre de faits ; qu'il suffise d'en citer un seul bien connu : c'est que, quand on coupe une branche d'arbre et qu'on la plonge par son extrémité coupée dans l'eau, les feuilles conservent longtemps leur fraîcheur, tandis qu'elles la perdent promptement quand on abandonne la branche sur le sol. La branche coupée n'ayant pas de racines, il faut donc que ce soit les feuilles elles-mêmes qui élèvent jusqu'à elles l'eau qui entretient leur fraîcheur.

Les feuilles contribuent encore à la transpiration des plantes. Toute la sève qui pénètre dans les plantes n'y reste pas ; la partie plus nutritive, c'est-à-dire les sels, les sucs des engrais, demeure ; l'autre partie est rejetée dehors, et c'est par les feuilles que cette dernière s'échappe. Les feuilles durant la végétation sont comme l'homme qui vient de courir, elles suent ; leur transpiration pour n'être pas toujours apparente n'en est pas moins réelle ; dans certaines plantes elle est même très-considérable.

On avait cru longtemps que les gouttelettes qui se remarquent le matin sur les feuilles de chou provenaient de la rosée ; mais un physicien, ayant couvert la terre au-dessous du chou d'une plaque de plomb et intercepté durant la nuit la communication avec l'air, à l'aide d'une cloche de verre, prouva que ces gouttelettes provenaient de la transpiration de la plante, condensée par la fraîcheur, et non pas de la rosée.

En contemplant les tiges et les feuilles, nous devons penser qu'elles sont pour nous un présent, un bienfait de la Providence, et que nous devons la bénir de nous l'avoir accordé ; l'homme a su tirer parti des feuilles, de l'écorce et des tiges, aussi bien que des racines des végétaux : ainsi le chou, les épinards, le céleri, etc., servent à notre nourriture ; la mauve, la menthe, les écorces de quinquina, etc., servent contre les maladies. Le bois des arbres s'emploie dans nos constructions et pour la plupart des instruments dont l'usage nous est nécessaire.

Déjà les nuits d'hiver, moins tristes et moins sombres,
Par degrés de la terre ont éloigné leurs ombres.
Avril a réveillé l'aurore paresseuse ;
Et les enfants du Nord, dans leur fuite orageuse,
Sur la cime des monts ont porté les frimats.

Le beau soleil de Mai, levé sur nos climats,
Féconde les sillons, rajeunit les bocages,
Et de l'hiver oisif affranchit ces rivages.
La sève, emprisonnée en ses étroits canaux,
S'élève, se déploie et s'allonge en rameaux ;
La colline a repris sa robe de verdure ;
J'y cherche le ruisseau dont j'entends le murmure.
Dans ces buissons épais, sous ces arbres touffus,
J'écoute les oiseaux, mais je ne les vois plus.
Des pâles peupliers la famille nombreuse,
Le saule, ami de l'onde, et la ronce épineuse,
Croissent au bord du fleuve, en longs groupes rangés.
Dans leurs feuillages épais, les zéphirs engagés,
Soulèvent les rameaux ; et leur troupe captive
D'un doux frémissement fait retentir la rive.

MICHAUD. — Le printemps d'un proscrit.

Deuxième Section.

ORGANES DE LA REPRODUCTION.

Quels sont les organes de reproduction ?

Les organes de reproduction sont la fleur et le fruit dont on va parler successivement, après quoi on indiquera les différents modes de reproduction des plantes.

ARTICLE 1er.

DE LA FLEUR.

Puis-je oublier les fleurs, luxe de la nature ;
Les fleurs, son plus doux soin ; les fleurs, berceau du fruit,
Quelle forme élégante et quel frais coloris !
C'est l'azur, le rubis, l'opale, la topaze,
Tournés en globe, en frange, en diadème, en vase ;
Les fleurs charment le goût, l'odorat et les yeux.
Dans le palais des rois, dans les temples des dieux,
Souvent l'or fastueux le cède à leurs guirlandes.

DELILLE.

t.

le
oi
n

it,

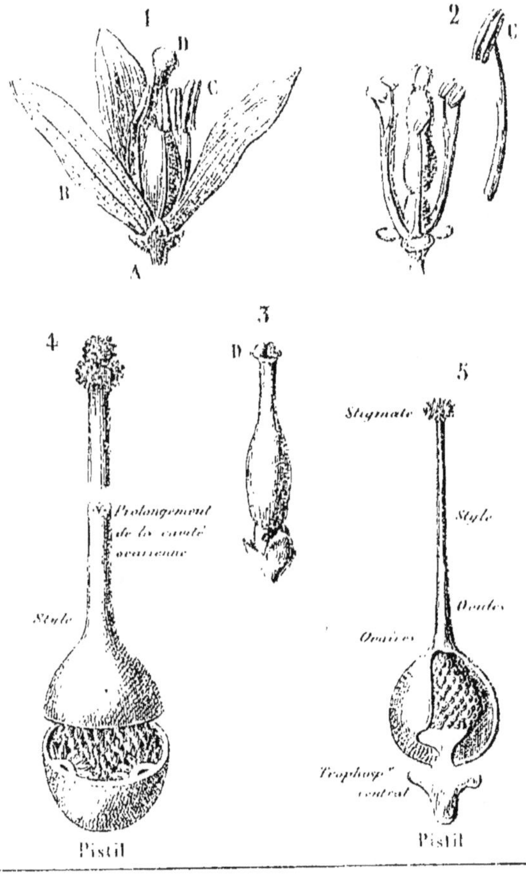

1 Fleur d'Oranger décomposée.
  A Calice, B Corolle, C Étamine.
  D Pistil.
2 C Étamine
5 D Pistil

Page, 19.

Pendant longtemps l'homme n'a vu dans les fleurs qu'une parure pour les plantes et un objet d'agrément pour lui-même; mais, dans la suite, des observateurs attentifs ont aperçu et confirmé par des expériences ingénieuses que le mérite des fleurs ne se borne pas au don de plaire; que les différentes parties dont elles se composent forment autant d'organes nécessaires à la reproduction de l'individu.

Que doit-on entendre aujourd'hui par une fleur?

La fleur est cette partie de la plante qui contient les organes essentiels à la formation du fruit, que ces organes soient réunis, ou qu'ils se trouvent séparés.

Qu'est-ce que la fleur?

L'un de ces organes s'appelle *étamine*, l'autre *pistil*.

Comment nomme-t-on les organes qui constituent la fleur?

Ce sont toujours ces organes et non pas les enveloppes plus ou moins brillantes qui fixent l'attention du vulgaire, qui constituent véritablement la fleur.

Quand la fleur ne se compose que d'une ou plusieurs *étamines* sans *pistils*, on l'appelle *fleur mâle;* quand elle se compose d'un ou plusieurs *pistils* sans *étamines*, on l'appelle *fleur femelle;* ainsi, les fleurs en chaton du noisetier sont des fleurs mâles : celles qui, sur le même arbre, viennent dans des boutons sessiles séparés des chatons, sont des fleurs femelles.

Quel nom donne-t-on à la fleur quand elle n'a que des étamines ou seulement des pistils?

Les plantes n'ont pas toujours les deux sexes réunis sur le même individu. Dans le houblon et le chanvre, par exemple, les fleurs mâles ne naissent pas sur le même individu que les fleurs femelles. Quand elles sont disposées sur des individus différents, on les nomme fleurs *dioïques;* lorsqu'au contraire, les fleurs mâles et femelles naissent séparées les unes des autres, mais sur le même individu, comme dans le *chêne*, le *noisetier*, on les nomme fleurs *monoïques*.

Les plantes ont-elles toujours les deux sexes réunis sur le même individu?

Quel nom donne-t-on à la plante qui réunit dans la même fleur les étamines et le pistil?

Le plus souvent, les étamines et le pistil, au lieu de former des fleurs séparées, sont réunis dans la même fleur qui, dans ce cas, est dite *hermaphrodite*. Le pistil occupe alors le centre et les étamines l'environnent, le *lis*, la *tulipe*, etc.

Lorsque les deux organes reproducteurs, l'étamine et le pistil, se trouvent réunis dans une même fleur, et que ces organes sont entourés de plusieurs enveloppes destinées à les protéger, la fleur est dite *complète*; mais si quelqu'une de ces parties manque, alors la fleur est dite *incomplète*.

Quand la fleur est-elle dite complète ou incomplète?

Cinq parties entrent ordinairement dans la composition d'une fleur ; le *réceptacle*, le *calice*, la *corolle*, les *étamines*, le *pistil*.

Combien de parties entrent dans la composition d'une fleur?

§ Ier.

Réceptacle.

Qu'est-ce que le réceptacle?

On appelle *réceptacle* la sommité évasée du pédoncule sur laquelle reposent immédiatement la fleur et le fruit.

Comment divise-t-on le réceptacle?

Le réceptacle se divise en réceptacle *propre* et en réceptacle *commun*. Le réceptacle *propre* ne porte qu'une fleur; le réceptacle *commun* porte plusieurs fleurs dont l'assemblage forme une fleur *agrégée*, si chacune d'elles est pourvue d'un calice particulier, comme dans la *scabieuse*, ou une fleur *composée*, si elles en manquent, comme dans le *soleil des jardins*.

Dans les fleurs qui n'ont point de pétales, qu'est le réceptacle?

Dans les fleurs qui n'ont point de *pétales*, et appelées, par ce motif, *amentacées*, le réceptacle est une sorte de filet ou d'axe imitant, lorsqu'il est couvert de fleurs, la queue d'un petit chat, d'où l'on dit fleurs en *chaton*, le *noisetier*, le *noyer*, etc.

Quels sont les divers noms donnés au réceptacle?

Le réceptacle est dit *nu*, quand il n'est couvert que par des fleurs, comme dans le *pissenlit*, la *laitue*; — *garni de soies*, lorsque de petits filaments grêles sont interposés entre les fleurs : c'est ce qu'on appelle le *foin* dans l'*artichaut*, le *chardon*; — *garni de paillettes*, quand au lieu de soies, il est muni de petites lames aplaties, placées dans l'intervalle des fleurs, comme dans la *camomille*, le *grand soleil des jardins*; — *alvéolé*, quand il est creusé de cellules plus ou moins profondes, imitant les alvéoles des abeilles, comme dans le *pas-d'âne*.

§ II.

Du Calice.

Le *calice* est l'enveloppe la plus extérieure de la fleur; c'est un prolongement de l'écorce. Le calice est plus général que la corolle; son emploi est d'envelopper, de défendre, de protéger avec la corolle les parties faibles et délicates de la fructification; il est ordinairement vert, mais quelquefois coloré. Qu'est-ce que le calice ?

On compte plusieurs espèces de calices qui ne sont souvent que des parties accessoires; voici les noms des principaux : Combien compte-t-on d'espèces de calices ?

Périgone, lorsque l'enveloppe est unique, comme dans la *tulipe*; Périgone ?

Bractées, ou feuilles florales, qui sont de petites feuilles dont les fleurs sont souvent accompagnées, et qui diffèrent des autres feuilles par leur forme, leur couleur; la petite feuille blanchâtre et en languette attachée au-dessous des fleurs du *tilleul*, est une bractée; Bractées ?

Involucre, lorsque la réunion de plusieurs folioles ou bractées forme une espèce de collerette qui entoure la fleur, la *marguerite*; Involucre ?

Balle, le calice des graminées, *blé*, *millet*; ce sont ces balles qu'on nomme vulgairement *menue-paille*; Balle ?

Spathe, espèce de foliole sèche, membraneuse, roulée en cornet, qui embrasse la base de certaines fleurs, comme cela se voit dans le *pied de veau*, le *narcisse*, l'*ail*. Spathe ?

Combien de sortes de calices proprement dits ?

Les calices proprements dits sont de deux sortes : le calice *monosépale* (monophylle), c'est-à-dire dont les sépales sont soudées ensemble, de manière à ne former qu'une seule pièce, comme dans la *pomme de terre*, la *sauge*, etc., et le calice *polysépale* (polyphylle), c'est-à-dire dont les sépales ou folioles sont distinctes les unes des autres, comme dans le *pavot*, la *giroflée*, etc.

Combien de parties distingue-t-on dans le calice monosépale ?

Dans le calice monosépale on distingue : le *tube*, qui est la partie inférieure ordinairement allongée et rétrécie ; le *limbe*, qui est la partie supérieure plus ou moins ouverte et étalée ; la *gorge*, ou ligne qui sépare le tube du limbe.

Quels noms prend le calice monosépale d'après les diverses divisions du limbe ?

Le limbe du calice monosépale peut être plus ou moins profondément divisé. On dit qu'il est *denté* quand il offre des dentures aiguës ; *fendu*, lorsque les divisions atteignent la moitié de la hauteur du calice ; et quand enfin les divisions parviennent jusqu'à la base, on les considère comme autant de parties de calice, et, suivant leur nombre, on dit que le limbe est *bifide*, *trifide*, etc.

Quand le calice polysépale est-il dit bisépale, trisépale ?

Le calice *polysépale* est dit *bisépale*, *trisépale*, *tétrasépale*, suivant qu'il a deux, trois, quatre sépales, etc.

Quels autres noms donne-t-on encore au calice ?

On donne encore divers noms au calice ; il est appelé *simple*, quand il n'a qu'un rang de folioles, la *rose*, la *pâquerette* ; *double*, quand il a deux rangées de folioles, la *mauve*, le *pissenlit* ; *imbriqué*, lorsqu'il est formé de pièces qui se recouvrent à leur base et sont disposées comme les tuiles d'un toit, le *bluet*, le *chardon*, etc.

§ III.

De la Corolle.

Qu'est-ce que la corolle ?

La *corolle* est l'enveloppe la plus intérieure qui entoure immédiatement les organes de la fructification et qui est ordinairement peinte des plus vives couleurs et souvent odorante.

La corolle n'existe que lorsqu'il y a un calice, c'est-à-dire lorsque le périanthe ou périgone est double, comme dans la *bourrache ;* car, dans plusieurs plantes, telles que la *tulipe*, le *lis*, où le périgone n'est point double, cette partie si belle et si riche qui enveloppe les étamines et les pistils, et qui a l'apparence de la corolle, est appelée par les botanistes *périgone*.

Quand la corolle existe-t-elle ?

Ce sol, sans luxe vain, mais non pas sans parure,
Au doux trésor des fruits mêle l'éclat des fleurs.
Là, croît l'œillet, si fier de ses mille couleurs ;
Là, naissent au hasard le muguet, la jonquille,
Et des roses de mai la brillante famille,
Le riche bouton d'or et l'odorant jasmin,
Le lis tout éclatant des feux purs du matin,
Le tournesol, géant de l'empire de Flore,
Et le tendre souci qu'un or pâle colore ;
Souci simple et modeste, à la cour de Cypris,
En vain sur toi la rose obtient toujours le prix ;
Ta fleur, moins célébrée, a pour moi plus de charmes ;
L'aurore te forma de ses plus douces larmes ;
Dédaignant des cités les jardins fastueux,
Tu te plais dans les champs ; ami des malheureux,
Tu portes dans les cœurs ta douce rêverie ;
Ton éclat plaît toujours à la mélancolie ;
Et le sage Indien pleurant sur un cercueil,
De tes fraîches couleurs peint ses habits de deuil.

Michaud. — *Le printemps d'un proscrit.*

Quand la corolle est formée d'une seule pièce, on lui donne le nom de corolle *monopétale*, et celui de *polypétale*, quand elle est formée de plusieurs pièces.

Quel nom donne-t-on à la corolle composée d'une ou plusieurs pièces ?

La corolle, comme le calice, offre à considérer un *tube*, un *limbe*, une *gorge*.

Qu'offre la corolle ?

La corolle est dite *régulière*, lorsque les divisions du limbe sont toutes égales, de même grandeur et de même forme ; dans le cas contraire, on dit qu'elle est monopétale *irrégulière*.

Quand est-elle dite régulière et irrégulière ?

Quelles sont les formes de la corolle régulière ?

La corolle monopétale *régulière* présente différentes formes : elle est dite *tubulée*, quand son tube est très-allongé, le *lilas*; — *campanulée*, lorsque n'ayant pas de tube apparent, elle s'évase dès sa base en forme de cloche, le *liseron*; — *infundibuliforme*, quand son tube, d'abord étroit, s'élargit en forme d'entonnoir, le *tabac*, la *belle-de-nuit*; — *rotacée*, lorsque le tube est court et le limbe plat et arrondi comme une roue, la *bourrache*.

Quels sont les noms de la corolle monopétale irrégulière ?

La corolle monopétale *irrégulière* prend le nom de *labiée* quand le limbe présente deux divisions, l'une supérieure, l'autre inférieure, qu'on a comparées à deux lèvres, comme dans le *thym*; de *personnée*, quand la lèvre inférieure présente un renflement qui forme la gorge, et que l'ensemble de ces deux lèvres ressemble grossièrement au mufle d'un animal ou à un masque antique, comme dans la *linaire*.

Qu'offre la corolle polypétale ?

La corolle polypétale offre à considérer dans chacun de ses pétales un *onglet*, ou partie inférieure rétrécie, plus ou moins allongée, et une *lame*, partie élargie, étalée, qui surmonte l'onglet.

La corolle polypétale peut être aussi régulière ou irrégulière.

Quels noms prend la corolle polypétale régulière ?

La corolle polypétale régulière est dite *cruciforme* quand elle présente quatre pétales disposés en croix, comme dans le *chou*; *rotacée*, quand elle est composée de trois à cinq pétales étalés et disposés en forme de roue, le *pommier*, le *prunier*; *caryophillée*, quand les onglets des pétales sont très-longs et cachés dans le calice, l'*œillet*, etc.

La corolle polypétale irrégulière ?

La corolle polypétale irrégulière est dite *papilionacée* lorsqu'elle est composée de cinq pétales irréguliers, l'un supérieur, ordinairement dressé, qui est nommé *étendard*; deux inférieurs, presque toujours soudés ensemble et formant la *carène* qui ressemble au fond d'un navire ou à une petite barque; enfin, les deux opposés nommés *ailes*, le *pois*, la *fève*.

1   Fleurs de Saule
2   Fleur de primevère avec son Calice monopétale.
3   Fleur de Vipérine   idem
4   Fleur de Girollée polypétale
5   Fleur monopétale. (Liseron.)

Page. 24.

La corolle sert d'enveloppe immédiate aux organes de la fructification ; souvent embellie des
plus vives couleurs, elle semble être une tente, un
pavillon dressé de la main de Dieu pour abriter,
protéger les étamines et le pistil. On la prendrait
pour une robe d'un tissu merveilleux et l'on ne
peut se défendre, en la regardant, de répéter cette
parole du Sauveur : Non, jamais, dans toute sa
gloire, Salomon n'a été vêtu avec autant de ma-
gnificence qu'une seule de ces fleurs des champs.

Qu'elle est la fonction de la corolle ?

Oh ! comme chaque fleur, en ce riant dédale,
Prodigue aux sens charmés sa grâce végétale !
Noble fils du soleil, le lis majestueux,
Vers l'astre paternel, dont il brave les feux,
Élève avec orgueil sa tête souveraine ;
Il est le roi des fleurs dont la rose est la reine.
L'obscure violette, amante des gazons,
Aux pleurs de la rosée entremêlant ses dons,
Semble vouloir cacher, sous leurs voiles propices,
D'un pudique parfum les discrètes délices.
Vois l'hyacinthe ouvrir sa corolle d'azur,
Le riche œillet, ami d'un air tranquille et pur,
Varier ses couleurs d'une teinte inégale ;
Le muguet arrondir l'argent de son pétale,
Et l'épais chèvrefeuille errer en longs festons ;
La rose te sourit à travers ses boutons ;
Fleur chère à tous les cœurs ! elle pare à la fois
Et le chaume du pauvre et le marbre des rois ;
Elle orne tous les ans la beauté la plus sage ;
Le prix de l'innocence en est aussi l'image.

Boisjolin, botanique.

Il y a des corolles qui s'ouvrent et qui se ferment à des heures fixes ; c'est ce que le célèbre
Linnée, botaniste suédois, appelait l'horloge de
Flore. Cette remarque est utile, parce qu'on pourrait, dans chaque climat, composer une horloge
de Flore réglée sur les veillées des plantes, de
manière à avoir, sans montre, l'heure positive du

N'y a-t-il pas des corolles qui s'ouvrent et se ferment à des heures fixes ?

jour. Ainsi le *pissenlit* s'ouvre à six heures; la *scorsonère* s'ouvre à sept; le *mouron* des champs, à huit, etc.

§ IV.

De l'Étamine.

Qu'appelle-t-on étamine ?

L'*étamine* est cette partie de la fleur qui renferme et prépare la substance fécondante des germes. C'est un petit corps extrêmement variable dans sa forme et dans son mode d'insertion. Ordinairement l'étamine est près du pistil et se compose d'un *filet* et d'une *anthère.*

A quoi sert le filet ?

Le *filet* est la partie qui sert à supporter l'*anthère.* Il est le plus souvent libre de toute adhérence, étroit et allongé.

Quel nom donne-t-on au filet quand il s'élargit et se soude avec les filets des étamines voisines?

Quand le filet s'élargit et se soude avec les filets des étamines voisines, pour ne former avec eux qu'un seul corps, comme dans la *mauve*, les étamines ainsi réunies sont dites *monadelphes;* lorsque les filets forment deux corps, comme dans le *haricot*, les étamines sont dites *diadelphes;* quand ils forment plusieurs faisceaux, les étamines sont dites *polyadelphes*, comme dans l'*oranger*, le *millepertuis.*

Qu'est-ce que l'anthère ?

L'*anthère* est la partie supérieure de l'étamine. C'est un petit sac membraneux, presque toujours formé de deux lobes accolés l'un à l'autre, qui contiennent la poussière fécondante et s'ouvrent au moment de la maturité, pour laisser échapper une poussière qui est ordinairement très-fine, le plus souvent jaune, mais cependant quelquefois brune ou verte et que l'on nomme le *pollen.*

L'anthère est-il un organe nécessaire ?

L'*anthère* est un des organes les plus importants de la fleur, puisque, sans lui, la fructification ne peut avoir lieu. Quoique la plupart des *anthères* soient situées à la partie supérieure du filament des étamines, il s'en trouve néanmoins qui reposent immédiatement sur *l'ovaire* ou autour de *l'ovaire*, et on les a nommées, pour cette raison, *sessiles*.

§ V.

Du Pistil.

Le *pistil* est un petit corps diversement conformé qui existe au centre de la fleur; il se compose habituellement de trois parties : d'un *ovaire*, d'un *style*, d'un *stigmate*. Ordinairement on ne rencontre qu'un seul pistil dans les fleurs, comme dans le *lis;* mais cependant, dans certaines fleurs, comme la *rose*, la *renoncule*, on en trouve plusieurs. *(Qu'est-ce que le pistil ?)*

L'*ovaire* est la partie la plus inférieure du *pistil*. Il est divisé en plusieurs cavités nommées *loges*, dans lesquelles sont contenus les rudiments des graines ou *ovules :* sa forme la plus ordinaire est celle d'un œuf. *(Qu'est-ce que l'ovaire ?)*

L'*ovaire* est dit *supère* quand on l'aperçoit au fond de la corolle et du calice, au milieu des étamines, sans cependant contracter avec elles aucune adhérence, la *tulipe*. *(Quand l'ovaire est-il dit supère ?)*

L'*ovaire* est dit *adhérent* ou *infère*, lorsqu'on ne le trouve pas au fond de la fleur et qu'il est caché au-dessous du point d'insertion des étamines et de la corolle, dans la base du calice avec lequel il est adhérent, comme dans le *narcisse*, l'*iris*. *(Infère ?)*

Il est très-important de connaître cette position de l'*ovaire* dans la fleur pour bien distinguer les familles les unes des autres et les caractériser. *(Est-il important de connaître cette position ?)*

Le *style* est un prolongement, une espèce de filet qui part de l'ovaire et soutient le *stigmate;* quelquefois il n'existe pas; alors le *stigmate* est dit *sessile;* exemple : le *pavot*. *(Qu'est-ce que le style ?)*

Le *style* présente souvent à son sommet plusieurs divisions : on dit alors qu'il est *bifide*, *trifide*, etc. ; *(Que présente le style ?)*

quelquefois il est large, aplati, coloré à la manière des pétales, comme dans l'*iris*, et se nomme *pétaloïde*.

Qu'est-ce que le stigmate ?

Le *stigmate* forme le sommet du pistil ; sa surface est, en général, inégale et gluante. Il est destiné à recevoir la poussière fécondante des étamines ; si on l'enlève, la fleur devient stérile.

Il varie beaucoup dans ses formes et de même que le style qu'il surmonte, il présente assez souvent une ou plusieurs divisions.

§ VI.

De l'Inflorescence.

Qu'appelle-t-on inflorescence ?

On appelle *inflorescence* la disposition que prennent les fleurs sur le végétal qui les porte, et, selon le mode qu'elles affectent, on leur donne des noms différents. Outre ceux que nous avons déjà eu occasion d'indiquer, il en est encore plusieurs que nous allons énumérer.

Épi ?

Elles sont : *en épi* quand, étant sessiles, l'axe qui les porte est allongé, mais simple et non ramifié, le *froment*, l'orge ;

Grappe ?

En grappe, quand le pédoncule qui les supporte se ramifie d'une manière irrégulière, le *marronnier* ;

Thyrse ?

En thyrse, lorsque l'ensemble des fleurs a une forme pyramidale, la *vigne*, le *lilas* ;

Ombelle ?

En ombelle, lorsque tous les pédoncules, égaux entr'eux et partant d'un même point de la tige, se ramifient en petits rameaux ou pédicelles, de sorte que leur ensemble offre pour l'ordinaire une surface large et bombée comme un parasol, la *carotte* ;

Corymbe ?

En corymbe, lorsque les pédoncules et leurs subdivisions, sans partir du même point, arrivent cependant à la même hauteur, la *millefeuille*.

Les fleurs sont encore dites : *verticillées*, quand elles forment comme une couronne autour de la tige, la *sauge;* — *géminées*, si elles paraissent deux à deux, le *sceau de Salomon;* — *solitaires*, si elles naissent çà et là, une à une, la *pervenche;* — *axillaires*, quand elles apparaissent à l'aisselle des feuilles.

Quels autres noms donne-t-on encore aux fleurs?

A la vue de tant de merveilles de la nature nous devons louer et admirer la puissance de Dieu qui produit tant de richesses, et les laisse échapper de ses mains sans effort et sans travail, comme les eaux du fleuve s'échappent de sa source.

Quels doivent-être nos sentiments à la vue de tant de merveilles de la nature ?

Au pied du chêne altier dont la tête se perd dans les nues, il fait croître l'humble bruyère, le chèvrefeuille qui grimpe et s'arrondit en berceau ; le tendre gazon, qui forme un tapis de verdure ; il recouvre de lierre la pierre aride du rocher, fait sortir le roseau des vases du marécage, sème de nénuphar la surface du lac tranquille, peuple la terre et l'onde d'une infinité de fleurs qui diffèrent toutes entre elles par leur taille, leur forme et la variété de leurs couleurs.

Ecoutons le poëte Michaud, dans le *Printemps du proscrit*, lorsqu'il chante les fleurs ; sa suave poésie est bien en harmonie avec leurs beautés qui se déroulent sous nos yeux :

Le serpolet fleurit sur les monts odorants ;
Le jardin voit blanchir le lis, roi du printemps ;
L'or brillant du genêt couvre l'humble bruyère ;
Le pavot, dans les champs, lève sa tête altière ;
L'épi cher à Cérès, sur sa tige élancé,
Cache l'or des moissons dans son sein hérissé ;
Et l'aimable espérance, à la terre rendue,
Sur un trône de fleurs du ciel est descendue.
Dans un humble tissu longtemps emprisonné,
Insecte parvenu, de lui-même étonné,
L'agile papillon, de son aile brillante,
Courtise chaque fleur, caresse chaque plante.

De jardin en jardin , de verger en verger,
L'abeille, en bourdonnant, poursuit son vol léger.
Zéphir, pour ranimer la fleur qui vient d'éclore,
Va dérober au ciel les larmes de l'aurore;
Il vole vers la rose, et dépose en son sein,
La fraîcheur de la nuit, les parfums du matin.
Le soleil, élevant sa tête radieuse,
Jette un regard d'amour sur la terre amoureuse;
Et du fond des bosquets un hymne universel
S'élève dans les airs, et monte jusqu'au ciel.

ARTICLE 2.

DU FRUIT.

Que deviennent après un certain temps les diverses parties de la fleur ? — Après un certain temps les diverses parties de la fleur, comme calice, pétales, étamines, styles, se dessèchent et tombent, mais l'ovaire reste et continue à se développer. Alors, selon l'expression des jardiniers, le fruit se noue, et lorsqu'il est parfait il renferme le gage d'un ou de plusieurs individus parfaits.

Qu'est-ce que le fruit ? — Le fruit n'est donc que l'ovaire même qui a survécu à la plupart des autres organes de la fleur, et que la maturité grossit, développe, pour se séparer ensuite du végétal qui l'a produit et donner, par la germination de ses graines, naissance à de nouveaux individus semblables à celui dont il provient.

Que distingue-t-on dans le fruit ? — On distingue dans le fruit une *base* et un *sommet*. La *base* est la partie par laquelle il était fixé au réceptacle ou au pédoncule qui lui servait de soutien. Le *sommet* est la partie où se voient ordinairement les vestiges du style et du stigmate. Quelquefois même le style et le stigmate persistent et on les retrouve encore sur le sommet du fruit parvenu à sa maturité, le *pavot*.

De quoi se compose le fruit? — Le fruit se compose ordinairement de deux parties, le *péricarpe* et la *graine*.

§ 1er

Du Péricarpe.

Le *péricarpe* est cette partie du fruit qui renferme la graine; c'est l'ovaire qui a changé de volume, de consistance, souvent même de forme en mûrissant. Il existe constamment, bien quelquefois qu'il soit si minime et tellement soudé avec la graine qu'on ne puisse que très-difficilement le distinguer, comme dans la *capucine*.

Les péricarpes ou fruits reçoivent, selon leur forme et leur consistance, différents noms; aussi on les partage en deux classes : dans la première classe sont renfermés les *péricarpes secs;* dans la seconde ceux qui sont *mous* ou *charnus.*

Voici les principaux noms des péricarpes secs :

Capsule : c'est une sorte de boîte mince, creuse, très-variable dans sa forme, laissant, quand elle est mûre, échapper la semence par des trous, ou s'ouvrant en plusieurs valves ou panneaux. La capsule a une ou plusieurs loges et contient une ou plusieurs graines. On l'appelle *monosperme,* si elle ne contient qu'une semence; *polysperme,* si elle en contient plusieurs, le *pavot,* la *violette,* l'*œillet.*

Follicule : c'est une petite enveloppe ressemblant assez à deux petites feuilles collées l'une sur l'autre, et présentant dans le centre un renflement où la semence est renfermée, la *pivoine,* le *laurier-rose.*

La *silique* est une capsule allongée en forme d'étui, formée de deux panneaux et partagée en deux loges par une cloison membraneuse, le *chou,* la *giroflée.*

La *silicule* est une silique beaucoup plus courte, le *cochléaria,* la *passerage.*

La *gousse* ou *cosse* n'a qu'un rang de semences rangées alternativement sur l'une ou sur l'autre valve le long de la ligne qui sert de charnière. Au reste la gousse a beaucoup de ressemblance avec la silique, le *pois,* la *fève.*

Qu'appelle-t-on péricarpe ?

Les péricarpes ne reçoivent-ils pas différents noms ?

Faites connaître les principaux noms des péricarpes secs ?

Capsule ?

Follicule ?

Silique ?

Silicule ?

Gousse ?

Cône ?

Le *cône* est composé d'écailles imbriquées, raides, serrées et recouvrant chacune une ou deux semences, le *sapin*, le *mélèze*.

Noms des péricarpes charnus :

Baie ?

La *baie* est composée d'une chair pulpeuse, succulente, au milieu de laquelle existent une ou plusieurs semences, le *raisin*, la *groseille*.

Drupe ?

Le *drupe* ou *fruit à noyau :* péricarpe charnu, renfermant un noyau qui est la vraie graine, la *cerise*, l'*abricot*.

Pomme ?

La *pomme* ou *fruit à pépins*, est un péricarpe charnu, solide, renfermant une capsule membraneuse ou sont logés les pépins ou graines, la *pomme*, le *coing*.

§ II.

De la Graine.

Qu'est-ce que la graine ?

La *graine* ou semence est cette partie du fruit qui renferme les principes ou rudiments d'une nouvelle plante ; c'est l'œuf végétal fécondé par la poussière des étamines, couvé pour ainsi dire et animé par la chaleur du globe, et qui doit reproduire constamment une espèce semblable à celle dont il est issu. Le point de la graine par lequel elle est fixée au péricarpe se nomme le *hile*. Il est toujours marqué par une espèce de cicatrice et représente le centre de la graine.

De combien de parties la graine est-elle formée ?

La graine est formée de deux parties : le *tégument* et l'*amande*.

Qu'est-ce que le tégument ?

Le *tégument* est une membrane plus ou moins épaisse, ordinairement sans adhérence avec l'amande, quelquefois cependant n'en pouvant être séparée, le *haricot*, la *fève*.

De quoi est composée l'amande ?

L'*amande* est composée de deux lobes, ou d'un seul, qui sont parfois portés hors de terre par la germination, comme dans le *haricot*. L'*amande* est la partie essentielle de la graine.

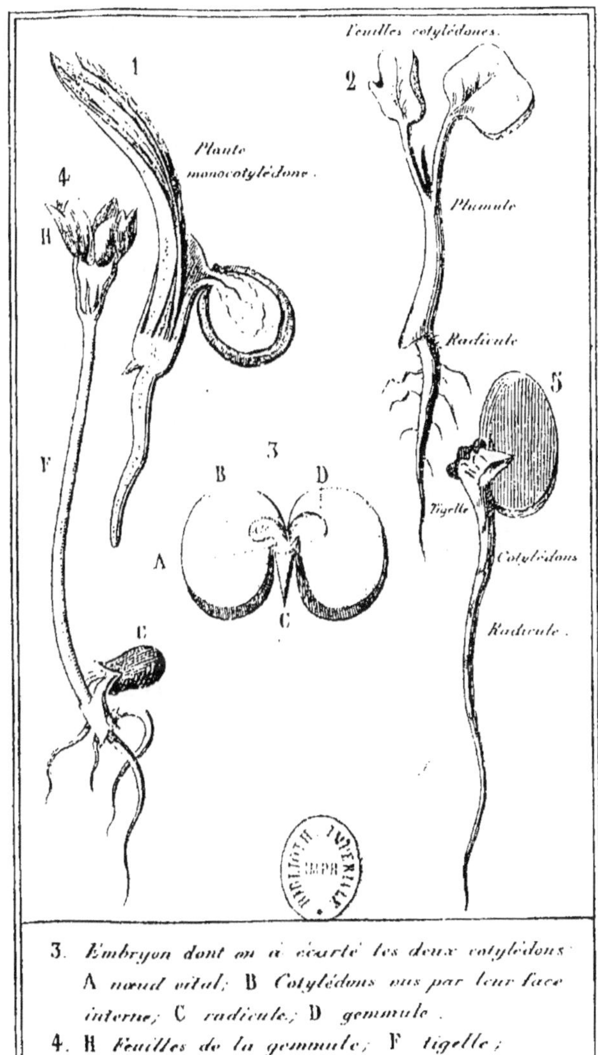

3. Embryon dont on a écarté les deux cotylédons
   A nœud vital; B Cotylédons vus par leur face
   interne; C radicule; D gemmule.
4. H Feuilles de la gemmule; F tigelle;
   C partie de la graine renfermant les cotylédons.

Page, 32.

On distingue dans l'amande le *périsperme* et l'*embryon*.

Le *périsperme* est une sorte de pulpe desséchée, farineuse, ligneuse et cornée, qui dans un grand nombre de plantes, enveloppe l'embryon et lui sert d'aliment au temps de la germination.

L'*embryon*, c'est l'abrégé de la plante, le rudiment, le principe organisé qui reproduira par la germination un végétal analogue à celui qui l'a formé. Il renferme trois parties distinctes : les *cotylédons*, la *radicule*, la *plantule*.

Les *cotylédons* sont presque toujours deux corps charnus, spongieux, qui paraissent destinés, par la Providence, à fournir à la jeune plante de la nourriture pendant le temps de la germination, à protéger son extrême délicatesse et à l'aider à soulever la terre qui la recouvre. Les cotylédons manquent dans un certain nombre de plantes ; beaucoup n'en ont qu'un, la plupart en ont deux.

Jussieu, célèbre naturaliste français, a basé sa savante méthode botanique sur l'absence, la présence ou sur le nombre des *cotylédons*. Il a divisé d'abord en trois grandes classes les plantes : les *acotylédones* ou *cryptogames*, c'est-à-dire plantes dont les organes de reproduction sont cachés ou invisibles, les *mousses*, les *lichens*, les *champignons*.

Les *monocotylédones*, celles qui n'ont qu'un seul cotylédon, le *blé*, le *lys*.

Les *dicotylédones*, les plantes qui contiennent deux cotylédons ou deux feuilles séminales, le *pois*, le *haricot*, les *arbres de nos forêts*.

Ces deux dernières classes sont encore appelées *phanérogames*, c'est-à-dire plantes dont les organes de reproduction sont apparents et visibles.

La *radicule* est le rudiment de la racine ; elle pousse avant la plantule et sort ou du milieu, ou de la base, ou du sommet de la graine. Dans quelque position qu'on mette celle-ci, une fois que la radicule est sortie de la graine, elle se dirige constamment vers la terre.

Plumule ?

La *plumule* est l'abrégé de la tige et de toutes les parties qui doivent se développer à l'air.

Que faut-il pour qu'une plante puisse germer ?

Pour qu'une plante puisse germer, trois choses sont indispensables : l'humidité, la chaleur, l'air.

Dès qu'une graine se trouve placée dans les conditions convenables pour la germination, elle absorbe l'humidité et se gonfle ; ses enveloppes se ramollissent, se brisent et donnent passage à la *radicule* et à la *plumule* de la plante.

La germination s'opère-t-elle toujours de la même manière ?

La germination ne s'opère pas absolument de la même manière dans toutes les plantes, mais les différences ne sont pas telles qu'il soit nécessaire de nous en occuper.

Les graines conservent-elles longtemps leur puissance germinative ?

Les graines perdent avec le temps leur puissance germinative. Les graines huileuses, en général, la perdent facilement ; cependant d'autres la conservent très-longtemps. On a vu à Paris, au Jardin des Plantes, des haricots tirés de l'herbier du célèbre botaniste Tournefort, où ils étaient depuis près de cent ans, se développer et produire.

Quel temps faut-il aux plantes pour germer ?

La germination, dans certaines plantes, est très-prompte, dans d'autres très-lente. Par exemple, le *cresson*, le *haricot*, le *navet*, germent au bout de deux ou trois jours ; le *blé*, l'*orge*, le *millet* de sept à huit jours ; le *chou* de dix ; le *persil* de quarante à cinquante ; le *rosier*, le *noisetier*, au bout de deux ans.

Quelle est la conduite de la Providence dans la multiplication des graines ?

Comme la multiplication des graines serait trop prodigieuse si toutes réussissaient, la Providence, toujours sage, toujours prévoyante, a mis des bornes à l'énorme multiplication des végétaux. Une partie de leurs graines, seulement, est employée à la conservation des espèces, dont le nombre est à peu près toujours le même. Une autre partie sert à nourrir les hommes et les animaux, ou à divers usages d'économie; enfin une grande quantité périt sans reproduction, faute de circonstances favorables.

Plusieurs causes tendent à favoriser la dissémination; les unes sont inhérentes à la plante, les autres dépendent de causes extérieures telles que le vent, les eaux, les animaux qui avalent les graines sans les digérer et les dispersent au loin.

Les graines de *pissenlit*, de *chardon* sont placées au milieu d'un léger globe de duvet que le vent soulève et porte à de grandes distances.

Les *bluets*, les *chicorées* ont des semences surmontées d'aigrettes ou de panaches qui les transportent aussi dans des pays lointains. La semence de *fenouil* a la forme d'un petit bateau et peut voguer sur l'eau. La *balsamine* projette ses semences fort loin; quelques-unes sont munies de crochets, comme celles de la *bardane*, de la *carotte*, et à l'aide de ces crochets, elles s'attachent à la fourrure des animaux ou aux vêtements de l'homme et se transportent à des distances considérables.

L'existence de tant de végétaux ne prouve pas seulement la puissance de Dieu qui les a créés; elle prouve aussi sa prévoyance et sa bonté infinie.

Les fruits, comme les autres parties de la plante, présentent à l'homme les mêmes avantages, et à un plus haut degré, car ce sont les graines qui font sa principale nourriture.

Nous avons cru devoir renvoyer au Dictionnaire qui se trouve à la fin, les mots, les noms consacrés par la science pour exprimer les divers modes, positions, grandeurs, grosseurs et autres caractères des *racines*, *tiges*, *feuilles*, *fleurs*, *fruits*, etc., notions souvent nécessaires pour bien connaître, distinguer, classer les végétaux.

CHAPITRE DEUXIÈME.

CLASSIFICATION DES VÉGÉTAUX.

ARTICLE 1er.

DES DIVERSES MÉTHODES.

Quels moyens ont été employés pour reconnaître tant de végétaux ?

Pour se reconnaître au milieu de cette foule de végétaux qui couvrent la surface du globe et pour en faciliter l'étude, les botanistes ont cherché à les disposer dans un ordre tel, que l'on pût, sans trop de difficultés, découvrir le nom d'une plante que l'on ne connaîtrait pas et ils ont proposé diverses classifications appelées *méthodes* ou *systèmes*.

Combien de classifications principales ?

Il existe trois classifications principales de végétaux, dues à de célèbres botanistes, Tournefort, Linné, Jussieu.

Tournefort ?

Tournefort reçut le jour à Aix, en Provence. Fondant son système sur la partie la plus apparente des plantes, il choisit pour base de ses divisions les différentes formes qu'affecte la fleur. Ce botaniste partagea d'abord le règne végétal en deux grandes divisions, savoir : en *herbes* et en *arbres*. Jetant ensuite les yeux sur la corolle, comme la partie de la plante la plus apparente, il fit deux autres divisions comprenant les plantes à *fleurs pétalées*, c'est-à-dire fleurs avec des pétales, et à *fleurs apétalées*, ou manquant de corolle.

Les fleurs pétalées ?

Les *fleurs pétalées* de la première division qui comprend les herbes, sont *simples* ou *composées*.

Les *fleurs simples* ont été divisées en *fleurs mono-*
pétales régulières et irrégulières et en *fleurs polypé-*
tales, également régulières et irrégulières. Fleurs simples?

Les *fleurs composées* ont été divisées en trois Fleurs composées?
classes : les *flosculeuses*, les *semi-flosculeuses* et les
radiées.

Les *fleurs apétalées* ou fleurs manquant de corolle, Fleurs apétalées?
forment aussi trois classes, les *plantes à étamines*,
les *plantes sans fleurs*, celles *sans fleurs ni fruits*.

Les *arbres* et *arbrisseaux* sont aussi partagés en
apétalés ou pétalés; mais comme cette méthode
est abandonnée, nous n'entrerons pas dans de plus
grands détails.

Linné, l'un des plus grands naturalistes du dix- Linné?
huitième siècle, naquit en Suède l'an 1707. Il apprit
de bonne heure, à l'école de son père, à aimer et
à cultiver l'étude des plantes; cette éducation, qui
était conforme à ses goûts et penchants, fut cou-
ronnée du plus grand succès.

Son système diffère de la méthode de Tournefort,
en ce qu'il n'admet pas, comme dans la sienne, de
distinction entre les herbes et les arbres; tous s'y
confondent ensemble et marchent de compagnie.

Cet ingénieux système est basé sur plusieurs Sur quoi est basé
ce système?
considérations qu'il est de la plus haute importance
de bien connaître, et qu'il n'est nullement difficile
de se graver dans la mémoire.

Tous les végétaux sont d'abord partagés en deux Comment sont
divisés
les végétaux?
coupes. Dans la première, se trouvent les plantes
dont les *fleurs sont visibles;* dans la seconde, les
plantes dont les *fleurs sont invisibles.*

Parmi les *fleurs visibles*, les unes renferment dans Fleurs visibles?
un seul et même réceptacle, qui est la corolle ou
le calice, les *étamines* et les *pistils*, qui varient par
leur nombre, par leur situation, par leur proportion
et leur réunion, ce qui forme autant de classes;
les autres, au contraire, renferment sur des fleurs

différentes et séparées les pistils et les étamines.
Quand les corolles, qui ne renferment, les unes
que les pistils et les autres les étamines, sont
placées sur un même pied, on les appelle fleurs
monoïques, le *melon;* — quand les mêmes corolles,
les unes avec les pistils seuls et les autres avec
les étamines, se trouvent sur des pieds différents,
on les nomme *dioïques*. Il se trouve cependant
des fleurs qu'on a nommées *polygames*, parce que
quelquefois on rencontre sur un seul et même
pied des fleurs dont les corolles contiennent à la
fois les *pistils* et les *étamines* et d'autres qui ne
renferment ou que des *pistils seuls* ou que des *étamines seules :* le *frêne* est un exemple de ce mélange
bizarre.

Fleurs invisibles ? Les *fleurs invisibles* sont celles dont les étamines
et les pistils sont cachés et que l'œil ne peut dé-
couvrir.

Telles sont les premières bases, les bases fonda-
mentales du système de Linné. Il importe de s'en
bien pénétrer avant que de passer plus loin.

Comme cette méthode, malgré les difficultés
qu'elle présente, et quelle méthode n'en offre pas !
est la plus facile, c'est aussi celle que nous allons
développer et que nous suivons dans nos études
botaniques.

ARTICLE 2.

CLEF DU SYSTÈME DE LINNÉ.

Divisions.	Sous-Divisions.		Classes.
		D'une	1. *Monandrie.*
		De deux	2. *Diandrie.*
		De trois	5. *Triandrie.*
		De quatre	4. *Tétrandrie.*
	1. Les ÉTAMINES n'étant unies par aucune de leurs parties; égales et au nombre	De cinq	5. *Pentandrie.*
		De six	6. *Hexandrie.*
		De sept	7. *Heptandrie.*
		De huit	8. *Octandrie.*
		De neuf	9. *Ennéandrie.*
		De dix	10. *Décandrie.*
		De douze	11. *Dodécandrie.*
		Plus de 20 adhérant au calice	12. *Icosandrie.*
I. ÉTAMINES et PISTILS sur la même fleur.		Plus de 20 jusqu'à 100 n'adhérant pas au calice.	15. *Polyandrie.*
	2. Les ÉTAMINES étant inégales; deux toujours plus courtes.	Ayant deux filets plus longs	14. *Didynamie.*
		Ayant quatre filets plus longs	15. *Tétradynamie.*
	5. Les ÉTAMINES étant réunies par quelques-unes de leurs parties ou avec le pistil.	1° Par les filets : En un corps	16. *Monadelphie.*
		En deux corps . . .	17. *Diadelphie.*
		En plusieurs corps. .	18. *Polyadelphie.*
		2° Par les anthères : En forme de cylindre.	19. *Syngénésie.*
		Attachées au pistil. .	20. *Gynandrie.*
II. ÉTAMINES et PISTILS dans des fleurs différentes.	1. Sur le même pied		21. *Monoécie.*
	2. Sur des pieds différents		22. *Dioécie.*
	3. Sur des pieds différents ou sur le même pied, avec des pistils et étamines dans les mêmes corolles		23. *Polygamie.*

II. FLEURS à peine visibles ou renfermées dans le fruit. . 24. *Cryptogamie.*

ARTICLE 3.

DÉVELOPPEMENT DE LA CLEF DU SYSTÈME DE LINNÉ.

✝ Ce signe indique les plantes étrangères qu'on a dû citer.

CLASSE I.

Monandrie. (1 étamine.)

Monogynie.	1 pistil.	Le *pesse d'eau.*
Digynie.	2	Le *callitric.*

CLASSE II.

Diandrie. (2 étamines.)

Monogynie.	1 pistil.	La *véronique.*
Digynie.	2	La *flouve.*
Trigynie.	3	✝ Le *poivre.*

CLASSE III.

Triandrie. (3 étamines.)

Monogynie.	1 pistil.	La *valériane.*
Digynie.	2	Le *millet.*
Trigynie.	3	La *montie des fontaines.*

CLASSE IV.

Tétrandrie. (4 étamines.)

Monogynie.	1 pistil.	La *scabieuse.*
Digynie.	2	La *cuscute.*
Tétragynie.	4	Le *houx.*

CLASSE V.

Pentandrie. (5 étamines.)

Monogynie.	1 pistil.	La *primevère.*
Digynie.	2	La *gentiane.*
Trigynie.	3	Le *sureau.*
Tétragynie.	4	La *parnassie.*
Pentagynie.	5	Le *lin.*
Polygynie.	Nombre indéterminé.	La *ratoncule.*

CLASSE VI.

Hexandrie. (6 étamines.)

Monogynie.	1 pistil.	Le *muguet.*
Digynie.	2	✝ Le *riz.*
Trigynie.	3	La *colchique.*
Tétragynie.	4	✝ Le *pétivère.*
Polygynie.	Nombre indéterminé.	Le *plantain d'eau.*

CLASSE VII.

Heptandrie. (7 étamines.)

Monogynie.	1 pistil.	Le *marronnier d'Inde*.
Digynie.	2	† Le *limeum*.
Tétragynie.	4	† La *queue de lézard*.
Heptagynie.	7	† La *septade*.

CLASSE VIII.

Octandrie. (8 étamines.)

Monogynie.	1 pistil.	L'*épilobe*.
Digynie.	2	† La *galiène*.
Trigynie.	3	Le *sarrasin*.
Tétragynie.	4	La *parisette*.

CLASSE IX.

Ennéandrie. (9 étamines.)

Monogynie.	1 pistil.	† Le *laurier*.
Trigynie.	3	† La *rhubarbe*.
Hexagynie.	6	Le *butome jonc fleuri*.

CLASSE X.

Décandrie. (10 étamines.)

Monogynie.	1 pistil.	La *rue*.
Digynie.	2	Le *saxifrage*.
Trigynie.	3	La *silene*.
Pentagynie.	5	La *joubarbe*.
Décagynie.	10	† Le *raisin d'Amérique*.

CLASSE XI.

Dodécandrie. (12 étamines et plus.)

Monogynie.	1 pistil.	Le *cabaret*.
Digynie.	2	L'*aigremoine*.
Trigynie.	3	L'*euphorbe*.
Pentagynie.	5	† La *glinote*.
Dodécagynie.	12	La *joubarbe*.

CLASSE XII.

Icosandrie. (20 étamines et plus, adhérentes au calice.)

Monogynie.	1 pistil.	Le *prunier*.
Digynie.	2	L'*alisier*.
Trigynie.	3	Le *sorbier*.
Pentagynie.	5	Le *pommier*.
Polygynie.	Nombre indéterminé.	La *rose*.

CLASSE XIII.

Polyandrie. (20 et 100 étamines, insérées sur le réceptacle.)

Monogynie.	1 pistil.	Le *pavot.*
Digynie.	2	La *pivoine.*
Trigynie.	3	Le *pied d'alouette.*
Tétragynie.	4	† La *cimicaire.*
Pentagynie.	5	L'*ancolie.*
Hexagynie.	6	† Le *stratiote.*
Polygynie.	Nombre indéterminé.	L'*anémone.*

CLASSE XIV.

Didynamie. (4 étamines, 2 longues, 2 courtes.)

Gymnospermie. Semences nues au fond du calice. Le *thym.*
Angiospermie. — renfermées dans un péricarpe. La *bétoine.*

CLASSE XV.

Tétradynamie. (6 étamines, 4 longues, 2 courtes.)

Siliculeuse. Silique courte. Le *cresson*, la *cameline.*
Siliqueuse. Silique longue. La *rave*, le *chou*, la *moutarde.*

CLASSE XVI.

Monadelphie. (Etamines réunies en un corps par leurs filets.)

Triandrie.	3 étamines.	† La *galaxie.*
Pentandrie.	5	Le *géranium.*
Octandrie.	8	† L'*aitoine.*
Ennéandrie.	9	† La *driandre.*
Décandrie.	10	Le *bec de grue.*
Dodécandrie.	12	† La *broune.*
Icosandrie.	20	† Le *pentapète.*
Polyandrie.	De 20 à 100	La *mauve.*

CLASSE XVII.

Diadelphie. (Etamines réunies en deux corps par leurs filets.)

Pentandrie.	5 étamines.	La *monnière.*
Hexandrie.	6	La *fumeterre.*
Octandrie.	8	Le *polygala.*
Décandrie.	10	Le *genêt.*

CLASSE XVIII.

Polyadelphie. (Etamines réunies en trois ou plusieurs corps.)

Décandrie.	10 étamines.	† Le *cacaoyer.*
Dodécandrie.	12	† L'*abroma.*
Icosandrie.	20	L'*oranger.*
Polyandrie.	De 20 à 100	Le *millepertuis.*

— 43 —

CLASSE XIX.

Syngénésie. (Étamines réunies par les anthères en forme de cylindre.)

Polygamie égale.   Tous les fleurons hermaphrodites. La *laitue.*

Polygamie superflue. Fleurons hermaphrodites au centre, femelles fertiles à la circonférence.   *L'armoise.*

Polygamie frustranée. Fleurons hermaphrodites au centre, stériles à la circonférence   La *centaurée.*

Polygamie nécessaire. Fleurons avec étamines au centre, fleurons avec pistils à la circonférence. Le *souci.*

Polygamie séparée. Fleurons séparés dans autant de petits calices particuliers.   † La *boulette.*

Monogamie.   Filets nuls, 5 anthères réunies. La *balsamine.*

CLASSE XX.

Gynandrie. (Étamines insérées sur le pistil.)

Diandrie.	2 étamines.	L'*orchis.*
Triandrie.	3	† La *bermudiène.*
Tétrandrie.	4	† La *népeuthe.*
Pentandrie.	5	† La *grenadille.*
Hexandrie.	6	L'*aristoloche.*
Octandrie.	8	† La *scopolie.*
Décandrie.	10	† L'*hélictère.*
Dodécandrie.	12	† L'*hippociste.*
Polyandrie.	20 à 100	Le *pied de veau.*

CLASSE XXI.

Monoécie. (Étamines et pistils séparés sur le même pied.)

Monandrie.	1 étamine.	La *charagne.*
Diandrie.	2	La *lentille d'eau.*
Triandrie.	3	Le *carex.*
Tétrandrie.	4	L'*ortie,* le *buis.*
Pentandrie.	5	L'*amaranthe.*
Hexandrie.	6	† La *zizane.*
Heptandrie.	7	† La *guettarde.*
Polyandrie.	20 à 100	La *pimprenelle.*
Monadelphie.	Étamines réunies en un corps.	Le *pin.*
Syngénésie.	Étamines réunies par les anthères.	La *bryone.*
Gynandrie.	Étamines insérées sur le pistil.	† L'*andrachné.*

CLASSE XXII.

Dioécie. (Étamines et pistils séparés sur deux pieds.)

Monandrie.	1 étamine.	† La *naïade.*
Diandrie.	2	Le *saule.*

Triandrie.	5 étamines.	† La *camarine*.
Tétrandrie.	4	Le *gui*.
Pentandrie.	5	Le *houblon*.
Hexandrie.	6	Le *tamier*.
Octandrie.	8	Le *peuplier*.
Ennéandrie.	9	La *mercuriale*
Décandrie.	10	† La *corroyère*.
Dodécandrie.	12	† Le *ménisperme*.
Polyandrie.	20 à 100	† Le *cliffort*.
Monadelphie.	Étamines réunies en un corps.	Le *genévrier*.
Syngénésie.	Et^nes réunies p^r les anthères.	Le *fragon* ou *petit houx*.
Gynandrie.	Étamines insérées sur le pistil.	† La *clutelle*.

CLASSE XXIII.

Polygamie. (Fleurs mâles, fleurs femelles, fleurs hermaphrodites séparées sur un ou sur plusieurs pieds.)

Monoécie.	Sur le même pied.	La *pariétaire*.
Dioécie.	Sur deux pieds.	Le *frêne*.
Trioécie.	Fleurs mâles sur un pied, fleurs femelles sur un autre, fleurs hermaphrodites sur un troisième.	Le *figuier*.

CLASSE XXIV.

Cryptogamie. (Étamines et pistils non visibles à l'œil nu.)

Filicée. Les *fougères*, qui ont leurs feuilles roulées en dedans sur elles-mêmes avant leur développement; la fructification en épis, ou sur les feuilles, ou radicales.

Mousseuse. Les *mousses*, les *prêles*, qui ont leurs feuilles radicales ou des tiges filiformes garnies de petites feuilles membraneuses, sessiles; fructifications logées dans des urnes recouvertes d'une coiffe.

Alguée. Les *algues*, qui ont une substance coriace et qui s'étendent en lames ou tiges filiformes nues; fructification en forme de globules, de cônes, de cornes.

Fongueuse. Les *champignons*, substances spongieuses, sans feuilles, lisses ou garnies de lames, de plis, de pointes réunies en masse.

APPENDICE. (Palmiers.)

Dernière classe formée par Linné sous le nom d'APPENDICE, où il range les *palmiers* et les autres plantes dont il n'avait pu encore déterminer les caractères essentiels.

NOTA. Les parties de la fructification étant connues aujourd'hui dans les *mousses* et dans les *fougères*, ces deux ordres doivent être rejetés de la CRYPTOGAMIE.

ARTICLE 4.

MÉTHODE POUR LA RECHERCHE DU NOM D'UNE PLANTE

D'APRÈS LINNÉ.

Pour parvenir à bien connaître et déterminer une plante, il faut commencer par celles dont les fleurs sont les plus grandes, parce que l'examen des parties en est plus facile. On cherchera d'abord à quelle classe appartient la plante, ensuite l'ordre, puis le genre, et, avec un peu de soin et d'attention, on parviendra à trouver le nom d'une plante qu'on ne connaissait pas un instant avant, ce qui cause au botaniste une joie inexprimable.

Que doit-on faire pour parvenir à bien connaître une plante ?

EXEMPLE.

Je suppose que je veuille analyser le genre *lin*. Je cueille plusieurs pieds de la plante, bien pourvus de fleurs et de fruits. L'apparence des parties de la fructification m'annonce que la plante n'appartient pas à la classe 24ᵉ.

Donnez un exemple.

Je découvre des *étamines* et des *pistils* réunis dans la même enveloppe, par conséquent cette plante n'appartient pas aux classes 21, 22, 23.

J'examine les *étamines* en particulier. Comme elles ne sont point attachées au pistil, qu'elles occupent la place du réceptacle qui leur est destinée, la fleur n'est pas de la 20ᵉ classe, ni des 19ᵉ, 18ᵉ, 17ᵉ, 16ᵉ classes, parce que les étamines ne sont réunies par aucune de leurs parties, ni par les filets, ni par les anthères.

Comparant ensuite leurs grandeurs respectives et reconnaissant qu'elles sont à peu près égales entre elles, je conclus que la plante ne doit pas entrer dans les classes 14 et 15. Ainsi elle ne peut entrer que dans une des treize premières classes. J'examine et je compte les étamines; j'en trouve cinq : alors je conclus qu'elle appartient à la cinquième classe appelée *pentandrie*.

Pour connaître l'*ordre*, je porte mes regards sur le *pistil*, parce que je sais que dans la *pentandrie* le nombre des *pistils* fixe les ordres; comme j'en trouve cinq, elle appartient à l'ordre de la *pentandrie pentagynie*. Maintenant me voici réduit à la comparaison des dix genres, décrit par Linné, pour découvrir celui que je cherche à connaître.

Je parcours les caractères de ces dix genres; je les compare à ceux de la plante, et bientôt le *calice* à cinq folioles, la *corolle* à cinq pétales, dix *capsules* à une loge monosperme, univalve, signes constants dans ces plantes, apprennent avec certitude qu'elle est du genre *lin*.

Par le même moyen, avec de la réflexion, de l'expérience, on déterminera facilement toutes les plantes en fleurs que l'on rencontrera sur ses pas.

Quel est le motif qui a engagé à donner la préférence au système de Linné?

La facilité avec laquelle on peut faire ces applications aux végétaux et observer leur nature, leur nombre, leur position, leur proportion, fait que le système de Linné devient, pour ainsi dire, un jeu, une récréation et qu'en moins de vingt-quatre heures une personne un peu intelligente peut l'apprendre. Cependant il est sujet à quelques aberrations qui offrent parfois de grandes difficultés pour plusieurs ordres et pour plusieurs classes. Il ne faut donc pas oublier : 1° que le nombre des étamines varie quelquefois; 2° que les plantes d'un genre de classes autres que les 21e, 22e et 23e peuvent avoir des fleurs *dioïques*, comme on le voit assez souvent dans la *syngénésie*.

Au surplus, il n'est aucune méthode sans difficulté, et, avec un peu d'étude, elles disparaissent bientôt.

Le système de Jussieu est le plus parfait, le plus naturel que l'on connaisse. Cet illustre et savant naturaliste est Français, comme Tournefort. Il naquit à Lyon en 1748. Il fut appelé à Paris par son oncle, Bernard de Jussieu, alors professeur de botanique au Jardin du Roi. Héritier des talents comme des vertus de ses ancêtres, adonné comme eux, dès sa jeunesse, à l'étude de la médecine et de la botanique, formé par les soins de son oncle, il fit faire à cette science d'immenses progrès.

Il serait difficile de présenter, dans un simple aperçu, tous les développements nécessaires pour l'intelligence de cette savante méthode, qu'il est presqu'impossible d'étudier ailleurs que dans l'ouvrage même qu'il publia en 1778, sous le titre de *Genera Plantarum* (*Genres des Plantes*). Mais cette belle méthode est trop savante, trop compliquée, pour les personnes ordinaires qui désirent trouver, dans l'étude de la botanique, l'agréable et l'utile, et qui ne peuvent lui consacrer beaucoup de loisirs.

ARTICLE 5.

DE L'HERBIER.

On donne le nom d'herbier à toute collection de plantes, ou de parties de plantes desséchées et aplaties par le moyen de la presse, et conservées entre deux feuilles de papier ou autrement, pour les classer et les ranger dans l'ordre que l'on juge le plus convenable.

Un herbier est absolument nécessaire à un botaniste, car, sans le secours d'un herbier, est-il possible d'étudier les végétaux, lorsque les frimats les ont presque entièrement anéantis, ou du moins dérobés à notre vue?

La récolte des plantes que l'on est obligé de faire pour composer un herbier, se nomme herborisation; cette opération est, sans contredit, ce qu'il y a de plus agréable pour un botaniste qui, dans ses promenades charmantes, a toujours un but intéressé, celui de rencontrer des fleurs, et la nature en est prodigue. Les lieux les plus incultes, les bois, les montagnes, les rochers inaccessibles, les marécages, les abîmes les plus profonds, offrent à l'homme des plantes, non-seulement belles à la vue, mais encore précieuses par leurs vertus.

Quelle règle doit-on suivre ? — La première règle à suivre lorsqu'on récolte un échantillon pour un herbier, est que cet échantillon soit d'une grandeur convenable. Cette grandeur ne doit pas ordinairement être moindre que celle du papier qui doit le recevoir et dont le format porte presque toujours 35 à 40 centimètres de longueur.

Comment doit-on se conduire en herborisant ? — Il faut tâcher, quand la plante est petite, de la prendre tout entière avec sa racine, et, quand elle est grande, de la partager en deux parties, que l'on dessèche, avant de les placer dans le papier, à la suite l'une de l'autre. Pour les arbres et les arbrisseaux, on ne peut prendre que des branches qu'on coupe de la grandeur de l'herbier, autant que possible. Comme plusieurs ne sont garnis de fleurs que dans un temps où les feuilles ne sont pas encore développées, il convient de prendre des rameaux de ces arbres à des époques différentes.

On doit recueillir, autant que possible, les plantes par un temps sec ; cependant, quand on ne peut faire autrement, avec la précaution de changer souvent de papier, lorsqu'elles sont en presse, on réussit également.

Comment faut-il s'y prendre pour mettre la plante sous presse ? — Quand on est sur le point de mettre la plante sous presse, on étend d'abord trois feuilles de papier gris sans colle ou peu collé, qu'on place l'une sur l'autre ; ensuite on pose sur la feuille supérieure la plante que l'on veut dessécher. On la dispose convenablement, de manière que ses

parties soient bien étendues et qu'elles ne se recouvrent point les unes les autres avec confusion,
qu'elles soient bien apparentes et reconnaissables,
et, surtout, qu'on leur conserve leur port naturel.
Pour contenir ainsi la plante, on pose, à mesure
qu'on arrange chaque partie, quelque chose de
pesant, comme des jetons en plomb ou des gros
sous, qu'on a soin de retirer par les côtés, lorsque
la plante est bien arrangée et recouverte par des
feuilles de papier.

Les fleurs demandent un soin tout particulier.
On doit mettre leurs parties bien à découvert,
étendre les pétales et empêcher qu'ils ne soient
meurtris par des rameaux ou des feuilles qui pè-
seraient dessus. Il est bon de mettre entre les rameaux et les pétales, et, quelquefois même entre
les pétales d'une même fleur, de petits morceaux
de papier qui les préserveront pendant la pression. On doit prendre les mêmes précautions pour
les feuilles.

On pose sur la plante qu'on vient d'arranger
ainsi, trois autres feuilles de papier gris, comme
les premières; on étend sur ces feuilles une autre
plante, avec les mêmes précautions, que l'on recouvre ensuite de papier, et l'on continue d'en arranger ainsi plusieurs l'une sur l'autre, en formant
une pile d'une certaine épaisseur.

Les plantes, ainsi arrangées, doivent être posées
entre deux cartons ou planches minces que l'on
place dans une presse, ou qu'on charge d'un corps
assez pesant pour les comprimer. La première
fois, il ne faut pas serrer ou comprimer trop fortement.

Si les plantes ont été cueillies par un temps bien
sec, on peut les laisser en presse pendant dix à
douze heures; il faudrait les laisser moins si elles
avaient été ramassées pendant la pluie. On défait
ensuite les piles en enlevant doucement et avec
précaution le papier qui recouvre les plantes, car

elles peuvent y être attachées par la pression. On doit alors les détacher légèrement, au moyen d'une lame de couteau ou de tout autre instrument analogue.

Afin d'accélérer la dessiccation, chose si importante pour la conservation des couleurs, il est bon de les changer de papier et de les exposer à l'air une demi-heure et plus, tant qu'on ne remarque pas que les parties de ces plantes se crispent.

Lorsque les plantes ont ainsi été exposées à l'air, on en forme une nouvelle pile, en recouvrant chaque plante de deux ou trois feuilles de papier gris, bien sec. On remet le tout à la presse, en serrant ou en chargeant plus que la première fois; on laisse les plantes pendant vingt-quatre heures ou trente-six heures, après quoi on les retire de la presse, on les change de papier, on les expose de nouveau à l'air, et ainsi de suite, pendant cinq, six ou huit presses différentes, jusqu'à parfaite dessiccation.

Plantes grasses? Les plantes grasses, succulentes, charnues, exigent plus de soins et plus de temps. On peut cependant accélérer leur dessiccation en piquant avec une aiguille les parties tendres de ces plantes, le suc s'évapore plus promptement. Quelques botanistes font tremper pendant vingt-quatre heures ces plantes grasses et charnues dans de l'eau-de-vie, ils les retirent ensuite, les essuient avec soin avec un linge fin, ayant soin de les changer très-souvent de papier, pendant les deux ou trois premiers jours de pression principalement. Quelques-uns, pour conserver la couleur des fleurs, font dessécher les plantes dans du papier fortement imprégné d'une dissolution d'alun.

Que fait-on ensuite? Lorsque la plante est propre à être placée dans l'herbier on la met entre deux feuilles d'un papier propre et collé, l'on joint à la plante une étiquette contenant son nom botanique, son nom vulgaire, si elle en a un, le précis même des remarques qu'on a pu faire sur ses propriétés, le temps et le lieu où on l'a recueillie, et autres semblables détails.

Quand toutes les plantes sont étiquetées, il faut les classer dans un cahier par ordre alphabétique ou suivant la méthode qu'on a adoptée.

On conserve généralement les herbiers dans des boîtes de carton. Ces plantes bien séchées peuvent se conserver très-longtemps, si elles sont placées dans un lieu sec; car l'humidité les fait moisir, surtout peu de temps après leur dessiccation.

Un botaniste de la Lorraine se servait d'un moyen plus expéditif dont l'expérience a confirmé les avantages. On prend une planche de la grandeur d'une feuille de papier ordinaire, percée de beaucoup de trous, et recouverte d'une grosse toile forte et claire, fixée par quelques boucles et des courroies. L'essentiel c'est que la toile puisse être bien tendue sur la planche, et l'on y parvient facilement en attachant des boucles à la planche dans ses longueurs et en fixant deux petites tringles en fer sur les bords de la toile pour y attacher les courroies, qu'on pourra serrer à volonté.

La manière de s'en servir est extrêmement facile : on enlève la toile, et l'on pose sur la planche sept ou huit feuilles de papier contenant des plantes qui ont été comprimées pendant douze heures environ, opération préliminaire dont on peut même se dispenser; on place la toile par-dessus, on serre les courroies au moyen des boucles, et l'on expose l'appareil au soleil ou devant le feu. Les plantes étant fortement comprimées par la toile ne se crispent pas, et l'humidité pouvant sans peine traverser ses mailles, les plantes sont promptement desséchées : douze ou quinze heures peuvent souvent suffire. Lorsqu'on voyage en voiture, ou dans ses promenades, on peut, avec cet appareil, dessécher les plantes sitôt cueillies.

Comment conserve-t-on les herbiers?

Existe-t-il une autre méthode ?

Quelle est la manière de s'en servir ?

Quelle que soit la méthode que l'on prenne, il ne faut pas espérer conserver aux plantes toute leur fraîcheur ; leurs couleurs sont plus ou moins altérées ; mais elles sont toujours reconnaissables.

Quels sont les meubles et outils nécessaires pour herboriser ? Quand on se dispose à herboriser, on doit se munir de petits meubles qui ne sont ni nombreux ni embarrassants, mais indispensables. Voici les principaux :

1° Une *Flore* autant que possible du pays où l'on herborise, s'il en existe une, ou à son défaut un abrégé général des plantes avec leurs descriptions, leurs genres, leurs classes.

2° Une *boîte de fer-blanc* s'ouvrant dans sa longueur par un couvercle à charnière, propre à contenir un certain nombre de plantes, qu'on y maintient dans leur fraîcheur.

3° Une *bonne loupe* à plusieurs lentilles de différents foyers, pour bien examiner principalement les étamines et les pistils.

4° Un *stylet* et une petite *lame tranchante*, comme celle d'un canif, pour disséquer la fleur.

5° Un fort *couteau* ou une espèce de *houlette* ou de *bêche* étroite, pour enlever les racines qu'on voudra ou connaître ou laisser aux plantes.

6° Une *canne* à laquelle on pourra fixer indifféremment un crochet pour abaisser les branches et attirer à soi les plantes aquatiques, ou une serpette pour couper les rameaux fleuris ou chargés de fruits des arbres que l'on veut étudier.

7° Un *crayon*, ou une petite écritoire pour noter immédiatement sur son carnet les observations qu'on aura faites.

8° Si on en a la facilité, emporter avec soi *l'appareil à dessécher* que nous venons de décrire.

Maintenant, pour rompre un peu la monotonie de toutes ces définitions, de toutes ces règles et préceptes, terminons ce chapitre par une charmante pièce de vers de notre illustre poëte Delille.

Et les humbles tribus, le peuple immense d'herbes
Qu'effleure l'ignorant de ses regards superbes,
N'ont-ils pas leurs beautés et leurs bienfaits divers?
Le même Dieu créa la mousse et l'univers.
De leurs secrets pouvoirs connaissez les mystères,
Leurs utiles vertus, leurs poisons salutaires :
Par eux autour de vous rien n'est inhabité,
.Et même le désert n'est jamais sans beauté ;
Souvent, pour visiter leurs riantes peuplades
Vous dirigez vers eux vos douces promenades.
Mais voulez-vous encore embellir le voyage ?
Qu'une troupe d'amis avec vous le partage ;
La peine est plus légère et le plaisir plus doux :
Le jour vient, et la troupe arrive au rendez-vous.
Ce ne sont point ici de ces guerres barbares
Où les accents du cor et le bruit des fanfares
Epouvantent de loin les hôtes des forêts.
Paissez, jeunes chevreuils, sous vos ombrages frais ;
Oiseaux, ne craignez rien, ces chasses innocentes
Ont pour objet les fleurs, les arbres et les plantes ;
Et des prés et des bois, et des champs et des monts,
Le portefeuille avide attend déjà les dons.
On part, l'air du matin, la fraîcheur de l'aurore,
Appellent à l'envi le disciple de Flore.
Jussieu marche à leur tête, il parcourt avec eux
Du règne végétal les nourrissons nombreux.
Pour tenter son savoir, quelquefois leur malice
De plusieurs végétaux compose un tout factice ;
Le sage l'aperçoit, sourit avec bonté,
Et rend à chaque plant son débris emprunté.
Chacun dans sa recherche à l'envi se signale :
Etamine, pistil, et corolle, et pétale
On interroge tout. Parmi ces végétaux
Les uns vous sont connus, d'autres vous sont nouveaux :
Vous voyez les premiers avec reconnaissance,
Vous voyez les seconds des yeux de l'espérance ;
L'un est un vieil ami qu'on aime à retrouver,
L'autre est un inconnu que l'on doit éprouver.
Et quel plaisir encor lorsque des objets rares,
Dont le sol, le climat et le ciel sont avares,
Rendus par votre attente encore plus précieux,
Par un heureux hasard se montrent à vos yeux.

CHAPITRE TROISIÈME.

RÉCOLTE ET CONSERVATION DES VÉGÉTAUX.

ARTICLE 1er

DU CHOIX ET DE LA RÉCOLTE.

Qu'appelle-t-on élection ou choix des plantes ?

L'élection ou choix des plantes est cette partie essentielle de l'herborisation qui consiste à bien choisir, à bien discerner les plantes qui doivent servir en médecine, car un mauvais choix, ou une erreur sur les plantes pourrait avoir des suites très-fâcheuses.

A quoi faut-il encore avoir égard ?

Il faut encore avoir égard, dans le choix des plantes, au voisinage et à la proximité des autres plantes. Car il est des végétaux, dont les tiges sont tellement faibles, qu'elles ne peuvent se soutenir, alors elles rampent sur la terre ou s'attachent et grimpent sur les plantes qui les avoisinent, et comme elles peuvent puiser de la nourriture sur ces plantes et participer à leurs propriétés, si elles sont vénéneuses, ou si elles ont des vertus contraires, on sent bien que ces plantes doivent être rejetées.

De quoi dépendent les propriétés médicales des végétaux ?

Les propriétés médicales des végétaux dépendent aussi beaucoup de l'âge, de la saison dans laquelle on les a cueillis : les herbes émollientes ont plus de vertu quand elles sont jeunes et tendres ; les plantes aromatiques ont plus de parfum lorsqu'elles ont acquis toute leur vigueur ; certaines plantes étant jeunes sont salubres, et dans leur maturité elles sont vénéneuses ; d'autres offrent le contraire ; certains fruits sont astringents avant leur maturité, et deviennent laxatifs en mûrissant.

Parfois les parties de la même plante, loin d'avoir toutes les mêmes vertus, en ont de diamétralement opposées.

Lorsqu'on cueille les plantes et les parties des plantes à dessein de la faire sécher pour les conserver, il faut le faire par un beau temps sec et serein, après le lever du soleil, et lorsqu'il a fait dissiper la rosée. On choisit celles qui sont en meilleur état et dans leur plus grande vigueur; bien colorées et bien odorantes quand elles doivent avoir ces deux qualités. Pour les plantes chétives, étiolées, dévorées par des insectes ou malades, elles conservent très-peu de vertus. Afin de rendre encore plus sensible ce qui vient d'être dit, nous allons examiner successivement et en particulier ce qu'il convient de faire dans le choix de chacune des parties de la plante.

Quelle est la marche qu'on doit suivre pour les plantes que l'on veut conserver ?

§ Ier

De la Racine.

Il est bien difficile d'établir des règles précises sur le temps où l'on doit faire la récolte des racines, puisque dans le nombre des racines que nous offre la Providence, on en recueille de bonnes dans presque toutes les saisons, et les auteurs, sur cette matière, ne sont pas eux-mêmes d'accord. Voici ce qu'on peut dire de plus général sur cet objet et d'après des observations multipliées : 1° Les *racines*, autant qu'on le peut, doivent être entières, bien nourries, sans qu'elles le soient trop; 2° les *racines annuelles* sont bonnes en toute saison, pourvu qu'elles aient été semées en temps convenable, qu'elles ne soient pas venues forcément et n'aient pas été épuisées par un trop grand développement de la plante; 3° les *racines bulbeuses* sont bonnes en toutes saisons, parce qu'elles sont si succulentes, qu'elles se conservent à peu près d'un bout de l'année à

Quand doit-on recueillir les racines ?

l'autre ; 4° les *racines tuberculeuses* ont acquis toute leur maturité lorsque la plante est en pleine floraison ; 5° les *racines charnues*, telles que la *patience*, la *guimauve*, deviennent ligneuses et perdent beaucoup de leur qualité lorsqu'on les laisse trop longtemps en terre ; 6° les *racines fibreuses* et *sèches* sont préférables à la fin de l'automne.

Il faut du reste, quelle que soit la saison, ne pas attendre, pour cueillir les racines, qu'elles aient poussé une trop grande quantité de feuilles, et éviter surtout de les retirer de la terre par un temps de pluie.

§ II.

Des Herbes et des Plantes.

A quoi doit-on faire attention dans le choix des herbes et des plantes ?

Pour le choix des herbes et des plantes, on doit faire attention à la nature de la plante et au but qu'on se propose. Les *herbes succulentes* dont on se propose surtout d'extraire le jus doivent être cueillies très-jeunes. — Les *plantes âcres*, telles que les antiscorbutiques, ont plus de vertus lorsqu'elles ont acquis tout leur accroissement ; mais il ne leur faut pas donner le temps de monter. — Les *plantes* et les *herbes odorantes*, que l'on emploie entières, n'ont acquis tout leur parfum que lorsque les boutons commencent à s'entr'ouvrir. On cueille les *fleurs des capillaires* et d'autres plantes semblables lorsqu'elles sont dans leur plus grande vigueur. En général, les végétaux que l'on récolte trop tôt n'ont pas acquis toutes leurs vertus ; ceux que l'on récolte trop tard, n'en retiennent qu'une faible portion.

§ III.

Des Fleurs.

Quand doit-on cueillir les fleurs ?

Le temps de cueillir les fleurs est lorsqu'elles commencent à s'épanouir ; celles qui sont trop épanouies ont ordinairement moins de vertus, et elles en ont encore moins lorsqu'elles tombent d'elles-mêmes.

Il y a beaucoup de fleurs dont le principe odorant réside dans le calice et non dans les pétales : le *romarin*, la *lavande*, la *sauge*, etc., aussi il faut attendre qu'elles soient bien épanouies et conserver leur calice.

Quant aux fleurs qui sont trop petites pour être conservées séparément, on cueille ces plantes avec une partie de la tige, et c'est ce qu'on appelle *sommités fleuries* : le *thym*, la *fumeterre*, la *marjolaine*, l'*absynthe*, l'*hysope*, la *petite centaurée*, etc.

Sommités fleuries

§ IV.

Des Fruits et Semences.

Les fruits doivent être cueillis à leur maturité parfaite, si l'on doit les employer de suite, et un peu avant cette époque si l'on veut les conserver. On doit choisir un temps sec et serein.

Les fruits et les semences quand doit-on les cueillir ?

On divise les semences, sous le rapport de leurs usages en médecine, en *huileuses*, en *farineuses*, en *sèches*, en *aromatiques*. Toutes doivent être cueillies dans leur parfaite maturité et autant que possible par un beau temps. On choisit dans chaque espèce celles qui sont grosses, bien nourries, bien pleines, bien odorantes et de saveur forte, lorsqu'elles doivent avoir de l'odeur et de la saveur. Les semences perdent beaucoup en vieillissant ; les vers et autres insectes les attaquent, et on s'en aperçoit lorsqu'elles jettent de la poussière en les secouant.

Comment divise-t-on les semences ?

§ V.

Des Écorces et des Bois.

Le temps le plus convenable pour se procurer les écorces non résineuses, est l'automne ; mais pour

Quel est le temps favorable pour les écorces et le bois ?

celles qui le sont, il convient de les amasser au printemps, lorsque la sève est prête à se mettre en mouvement; si l'on attendait que la végétation fût dans sa force, elles contiendraient une trop grande quantité de résine.

La récolte des bois est la même que celle des écorces. On doit, pour le bois comme pour les écorces, choisir autant que possible des arbres jeunes, vigoureux, et bien formés.

Bourgeons?

Les bourgeons doivent être récoltés avant le développement des feuilles, et ces dernières avant l'épanouissement des fleurs.

§ VI.

De la Dessiccation.

Suffit-il d'avoir amassé des plantes?

Il ne suffit pas d'avoir amassé des plantes dans les temps les plus favorables, il faut encore apporter une grande attention dans la manière de les dessécher et de les conserver. C'est de cette première préparation que dépend, pour ainsi dire, toute leur vertu.

Quelle est la première opération pour sécher et conserver les plantes?

Quand on veut sécher et conserver des plantes, la première opération est de les monder des herbes étrangères, des feuilles mortes ou fanées, de leurs racines, à moins qu'elles ne doivent être conservées. On les secoue fortement, pour les débarrasser du sable, de la terre et autres immondices qu'elles pourraient retenir; on les brosse au besoin; on les lave même si cela ne suffit pas, ayant soin de les faire égoutter promptement. Cela fait, on ébranche celles qui sont trop volumineuses.

Que doit-on enlever de la tige et des pétales?

On coupe la tige en plusieurs tronçons si elle n'est pas trop ligneuse, sinon on la rejette comme inutile. On enlève les calices, les onglets quand on ne veut que conserver les pétales, les *roses*, les *œillets*, etc.

Comment sécher les fleurs aromatiques?

Quant aux fleurs aromatiques dont le parfum réside dans le calice, ainsi que celles qui sont trop délicates pour être épluchées facilement, comme la *bourrache*, la *violette*, etc., on les sèche entièrement après que l'on a rejeté celles qui sont fanées, pourries, trop ou pas assez épanouies.

Le bois, les racines et les écorces, doivent être séchés promptement et d'autant plus rapidement qu'ils contiennent davantage d'humidité. Communément les bois et les écorces n'exigent aucune préparation pour leur dessiccation, seulement il conviendrait de les brosser s'ils étaient couverts de substances étrangères et de les diviser en fragments peu volumineux, afin de les faire sécher plus facilement. Les racines, au contraire, demandent un certain soin ; on doit enlever la terre, et ordinairement la première écorce des racines. Plusieurs herboristes veulent qu'on les lave avant de les faire sécher afin de les mieux nettoyer ; si on le fait il faut le faire lestement et lorsqu'elles sont entières, car trop entamées l'eau pourrait leur nuire. On fend celles qui sont trop grosses ou qui contiennent un cœur ligneux pour l'enlever ; on coupe par tranches les grosses racines qui sont charnues ; on les enfile à la manière d'un chapelet, puis on les expose à l'ardeur du soleil ou sur un four pour les faire sécher. Les oignons sont les racines les plus difficiles à sécher ; il faut les diviser en écailles et les faire sécher comme les racines les plus charnues.

Le *raifort* et autres racines qui perdraient par dessiccation une partie de leurs propriétés se conservent très-bien dans un sable très-sec, pourvu qu'on ait soin de les laisser entières, de les garantir de la chaleur, de l'humidité et de la gelée.

Les semences que l'on nomme *sèches* et *farineuses*, ne demandent pas beaucoup de précautions pour les faire sécher, il suffit de les exposer dans un endroit sec et médiocrement chaud.

On doit enlever l'écorce appelée *brou* qui enveloppe les semences à noyaux. A l'aide d'un bon couteau on enlève en spirale l'écorce superficielle des oranges, citrons et autres fruits de la même famille pour les faire sécher, ayant soin d'entamer le moins possible la partie blanche et spongieuse qui se trouve en dessous parce qu'elle attire l'humidité et qu'elle n'a aucune vertu.

Qu'appelle-t-on agaric de chêne?

L'agaric ou *fungus de chêne,* est une excroissance molle, spongieuse, élastique, qui s'attache aux vieux troncs d'arbres, principalement sur celui de chêne; quand il est sec on le coupe en tranches d'un ou de deux centimètres. On le bat fortement afin de briser une assez grande quantité de fibres ligneuses qui tombent en poussière. Lorsqu'il est bien souple on le conserve pour l'usage de la chirurgie, ou l'on en fait de l'amadou.

Est-il préférable de faire sécher les plantes à l'ombre ou à la chaleur?

Certaines personnes croient que les plantes séchées à l'ombre conservent mieux leurs vertus; l'expérience a démontré le contraire. Il est prouvé que les plantes, même les plus délicates, perdent moins de leurs propriétés, lorsqu'elles sont séchées rapidement à l'ardeur du soleil ou dans un endroit chaud que celles qui ont été séchées à l'ombre, et exposées à un courant d'air.

Quel moyen doit-on prendre pour faire sécher les plantes?

Lors donc qu'on veut faire sécher des plantes, on a soin de les étendre sur des toiles que l'on suspend, afin que l'air puisse circuler facilement; on les expose ainsi aux ardeurs du soleil ou dans un lieu chaud, comme dans une étuve ou même sur un four; on doit les remuer plusieurs fois le jour afin de renouveler leurs surfaces, et on les laisse exposées de cette manière jusqu'à ce qu'elles soient parfaitement sèches. Si c'est au soleil et à l'air libre qu'on les expose il faut ne pas négliger de les retirer le soir afin de les mettre à l'abri de l'humidité.

De l'étuve.

Quand les temps sont contraires et que les plantes contiennent beaucoup d'eau de végétation, la dessiccation à l'étuve est préférable.

Si on ne peut établir une étuve, on peut placer,

près d'un fourneau, des rayons à claires-voies, élevés au-dessus les uns des autres environ de deux à trois décimètres ; à défaut de ces rayons, on peut se servir de châssis de toile claire ou de clayons d'osier recouverts de papier gris ; ensuite on étendra les plantes par couches minces sur ces rayons. On pourra placer au-dessus quelques perches pour y suspendre soit des petits paquets d'herbes, soit des chapelets de racines ou autres plantes semblables. Il convient de prendre des précautions pour empêcher la fumée et pour conserver la chaleur qui doit être autant que possible de 30 à 40 degrés Réaumur. Les plantes doivent être remuées de temps en temps, afin qu'elles présentent de nouvelles surfaces, et au fur et à mesure qu'elles sèchent il est bon de les retirer.

ARTICLE 2.

DE LA CONSERVATION.

Après avoir ramassé et séché les plantes avec toutes les précautions qui ont été indiquées, il est essentiel de les conserver avec toute leur vertu pendant un certain temps, jusqu'à ce que l'on ait la commodité de s'en procurer de nouvelles.

Que doit-on faire quand les plantes sont séchées et ramassées ?

Ordinairement avant que de serrer les plantes il est à propos de les secouer sur un tamis de fil de laiton pour en séparer la poussière et les parties gâtées qui pourraient encore s'y trouver, ainsi que les œufs des insectes et les insectes mêmes qui s'y trouvent quelquefois en assez grand nombre.

Précautions.

Immédiatement après que les plantes ont été bien séchées, elles n'ont que peu ou point d'odeur. Il faut pour les conserver les enfermer dans des boîtes de bois, par exemple de sapin, garnies de papier ; ce qui n'empêche pas que, quelques jours après, elles n'attirent un peu d'humidité de l'air : alors

Quel procédé pour conserver les plantes ordinaires ?

elles se ramollissent, elles sont beaucoup moins fragiles et acquièrent beaucoup d'odeur.

Les fleurs de violettes principalement, ainsi que celles de guimauve, de bouillon blanc, de bourrache et autres semblables, quoique desséchées avec tous les soins possibles, ne tardent pas de perdre leur couleur si on ne les enferme pas dans des bouteilles ou vases en verre bien bouchés et recouverts de papier noir.

Les graines dites émulsives se conservent naturellement, si elles sont placées dans un endroit frais et sec à l'abri de la gelée et surtout des souris qui en sont friandes. Il suffit de les remuer de temps à autre et de les changer de boîte pour leur donner de l'air et empêcher qu'elles ne s'échauffent.

En général les plantes ne se conservent bien qu'un an ; cependant quand elles ont été bien récoltées, par un temps sec, qu'on les soigne avec attention et que leur parfum ne s'affaiblit pas, on peut les conserver plus longtemps.

CHAPITRE QUATRIÈME.

PULVÉRISATION. — PULPATION. — MÉLANGE.
DOSEMENT. — EMPLOI.

ARTICLE 1er

DE LA PULVÉRISATION & DE LA PULPATION.

La pulvérisation est une opération mécanique, par le moyen de laquelle on réduit en parties plus ou moins tenues des substances sèches qu'on a placées dans un mortier.

On pulvérise les végétaux de différentes manières selon qu'ils sont plus ou moins friables. Par exemple, on frappe de toutes ses forces sur des substances dures et ligneuses; tandis qu'on ne fait que triturer légèrement, c'est-à-dire promener circulairement le pilon dans le fond du mortier, lorsqu'on pulvérise les feuilles, les fleurs, les gommes, et toutes les substances friables.

Il faut avoir soin de ne pas piler de trop grandes quantités à la fois et de frapper de temps en temps sur les bords du mortier pour faire retomber la poudre qui s'attache aux parois. A mesure que l'on fait agir le pilon, les portions les plus fragiles se pulvérisant les premières, si l'on tardait à les séparer, la poudre finirait par s'échauffer et une partie de sa vertu s'échapperait. On la passe alors à travers un tamis de soie ou de crin, selon le degré de finesse que l'on veut avoir ; ensuite on rejette dans le mortier ce qui était resté pour le piler de nouveau.

Si on a plusieurs plantes différentes à pulvériser pour les mélanger ensuite, on doit les jeter dans le mortier séparément afin de les peser pour les mêler ensuite.

Pulvérisation des cantharides et végétaux dangereux. Lorsqu'on pile des cantharides, ou des végétaux âcres ou vénéneux, il faut avoir soin de recouvrir le mortier d'un sac de peau assujetti tout autour pour éviter des picotements et autres accidents. On les passe ensuite dans un tamis également couvert, précaution qui est aussi nécessaire pour empêcher un trop grand déchet.

Pulpation. On réduit au moyen de la pulpation les portions des végétaux trop charnues pour être pulvérisées. Ainsi, par exemple, on fait cuire dans très-peu d'eau les racines charnues et mucilagineuses, les herbes fraîches; on cuit sous la cendre ou au four les bulbes de toutes espèces, enveloppées, dans le premier cas, de papier mouillé. Lorsque ces substances sont assez ramollies, on les pile dans un mortier en marbre en ajoutant petit à petit une certaine quantité de l'eau de décoction; on les jette dans un tamis de crin un peu lâche, en versant peu à peu le reste de la décoction, en frottant avec une cuiller ou spatule de bois jusqu'à ce que le tout soit passé. Si la pulpe est trop claire, on la fait épaissir à un petit feu en la remuant fréquemment.

ARTICLE 2.

ESPÈCES. — MÉLANGE. — DOSEMENT. — PRÉPARATION DES FÉCULES. — EXTRACTION DES SUCS, HUILES.

§ Ier.

Espèces et Mélanges.

Que distingue-t-on sous le nom d'espèces? On distingue souvent, sous le nom générique d'*espèces*, des mélanges de plusieurs plantes de mêmes vertus qui, pour la commodité du malade et du médecin, se trouvent tout préparés dans les officines des pharmaciens. Ils se composent ordinairement d'herbes, de feuilles, de racines ; quelquefois aussi on y ajoute des semences, des gommes, etc.

Lorsqu'on prépare des espèces, on doit les couper, d'abord séparément, en petits morceaux de grosseur à peu près égale pour toutes, sans quoi les morceaux les plus gros se présenteraient toujours les premiers, et le dosement ne serait plus dans la même proportion, ce qui pourrait nuire au malade.

Quand on a ainsi préparé avec soin toutes les espèces qu'on veut mélanger, on les secoue toujours séparément sur un tamis de crin ou de fil de fer, pour en ôter la poussière. Ensuite on pèse les quantités de chacune des substances et on les mêle exactement ensemble, puis on les enferme dans des boîtes ou des bouteilles bien fermées. Il est inutile de dire que dans ces mélanges on ne doit point y introduire des espèces de vertus différentes. Nous allons donner quelques exemples.

Absinthe. Sanicle.
Bétoine. Sauge.
Bugle. Scolopendre.
Thym calament. Scordium.
Hysope. Véronique.
Lierre terrestre. Tussilage.
Millefeuille. Pied de chat.
Romarin. Scabieuse.

On peut encore y ajouter :

Germandrée petit chêne. Origan.
Fleurs d'arnica. Pervenche.

Coupez menu ; mêlez parties égales et conservez.

6.

<table>
<tr><td>Vertus.</td><td>Ces espèces sont vulnéraires, détersives, cordiales, stomachiques, propres pour prévenir les dépôts sanguins qui arrivent ordinairement à la suite des coups et des chutes, ce qui n'empêche pas la saignée si elle est nécessaire. Ces espèces se prennent en infusion comme du thé. La dose est d'une petite pincée pour chaque tasse d'eau bouillante.</td></tr>
</table>

Espèces rafraîchissantes.	Racines d'asperges. — de chiendent. — de chicorée. — de réglisse. — de guimauve.	Parties égales.
Espèces aromatiques.	Sommités de sauge. — de romarin. — de thym. — d'hysope. — de lavande. — de mélisse. — d'origan. — d'absinthe. — de menthe.	Parties égales.
Espèces amères.	Sommités fleuries de petite centaurée. — d'absinthe. — de germandrée petit chêne — de bugle chamæpytis (nom vulgaire *ivette*).	Parties égales.
Espèces apéritives.	Racines de chiendent. — d'asperges. — de pissenlit. — d'oseille.	Parties égales.
Espèces pectorales.	Fleurs de mauve. — de guimauve. — de tussilage. — de pied de chat. — de coquelicot. Feuilles de capillaire.	Parties égales.

Feuilles de mauve.
   — de guimauve.
   — de pariétaire.
   — de bouillon blanc.
} Parties égales.

Espèces émollientes.

TABLEAU DES POIDS ET MESURES.

Quelques médecins se servent encore des mesures anciennes avec leurs abréviations, qu'il est bon de connaître :

La livre   ℔   pèse 16 onces ;
L'once   ℥   — 8 gros ;
Le gros   ʒ   — 3 scrupules ;
Le scrupule ℈   — 24 grains ;
Le grain équivaut à peu près à un grain d'orge, et c'est de là qu'il tire son nom.

Anciens poids.		Nouveaux poids.
La livre,	vaut 16 onces,	*ou* $^{1}/_{2}$ kil. ou 500 grammes.
L'once,	— 8 gros,	*ou* 30 grammes environ.
Le gros,	— 3 scrupules,	*ou* 4 grammes.
Le scrupule,	— 24 grains,	*ou* 1 gr. 24 centigram[es].
Le grain,	—	5 centigrammes.

Anciennes mesures.	Poids.	Nouvelles mesures.
La pinte,	1 kilogramme.	Litre.
La chopine,	500 grammes.	Demi-litre.
Le demi-setier,	250 grammes.	Quart de litre.
Un verre,	100 à 125 grammes.	
Une cuillerée à bouche,	15 grammes.	
— à café,	4 grammes.	
La goutte,	5 centigrammes.	

La *poignée*, ce qu'on peut tenir à la main.
La *pincée*, ce qu'on peut prendre avec l'extrémité des trois premiers doigts.

§ II.

Dose des Médicaments d'après l'âge des Malades.

Pour un adulte, soit la dose entière prise pour unité.

Au-dessus d'un an, le douzième.
   à 2 ans, le huitième.
   à 3 ans, le sixième.
   à 4 ans, le quatrième.
De 7 à 14 ans, d'un tiers à une demie.
De 14 à 20 ans, d'une demie à deux tiers.
De 20 à 60 ans, l'unité.

Au-dessus de cet âge, on suit à peu près la gradation inverse jusqu'à demi-dose, mais pas au-dessous. A âge égal, la dose de la femme doit être moindre d'environ un tiers, ainsi que celle des hommes faibles et valétudinaires.

§ III.

Préparation des Fécules.

Qu'appelle-t-on fécule ?

La *fécule* est une substance farineuse, douce, légère, que l'on retire de plusieurs parties des végétaux, en quantité plus ou moins abondante, par la décantation de leur suc ou le lavage de leur parenchyme.

EXEMPLES.

Fécule de pommes de terre.

Prenez des pommes de terre bien choisies et farineuses, enlevez l'épiderme à l'aide d'un couteau ; réduisez-les en pulpe au moyen d'une râpe, délayez cette pulpe dans une grande quantité d'eau et jetez ce tout sur un tamis de crin. L'eau passe, entraînant avec elle la fécule, et la partie fibreuse reste sur le tamis. Pour obtenir une séparation plus complète de ces deux parties, on laisse reposer le tout, la fécule tombe au fond ; on décante le liquide surnageant, on délaye la fécule dans une nouvelle quantité d'eau et l'on passe à travers un tamis de soie. Après un repos suffisant, on décante de nouveau et on met la fécule égoutter sur des châssis de toile. Très-souvent on termine la dessiccation dans une étuve d'abord peu chauffée et ensuite davantage, à mesure qu'on a moins à craindre de cuire la fécule dans l'eau qui y reste encore interposée. Quand elle est bien sèche, on la réduit en poudre qu'on peut passer encore dans un fin tamis, et on la conserve dans des flacons bien bouchés.

Si l'on veut retirer d'un végétal médicamenteux une fécule douée des mêmes propriétés, on a recours à un autre procédé; soit pour exemple la fécule d'iris ou de bryone. On choisit de belles racines bien saines et bien charnues, dont on enlève la première écorce; on les râpe sans eau, ou bien on arrose légèrement la pulpe, si elle ne paraît pas assez juteuse; on enferme celle-ci dans un sac de toile forte, sans être trop serrée, et on la soumet à la presse pour en extraire tout le suc. Quelques heures de repos suffisent pour faire précipiter la fécule au fond du vase; on décante doucement le suc qui surnage; on ramasse le précipité pour le faire sécher sur un châssis de toile ou sur des feuilles de papier gris et que l'on conserve comme ci-dessus. On peut encore repasser les marcs.

Fécule
de bryone, iris.

<h2 style="text-align:center">§ IV.</h2>

<h3 style="text-align:center">Préparation des Farines cuites.</h3>

Une foule de végétaux abondants en fécule, cuits à la vapeur de l'eau bouillante, offrent une ressource précieuse pour l'usage des malades. Les farines les plus usitées sont celles de marrons, de riz, de graines légumineuses, etc.

Qu'offrent
un grand nombre
de végétaux ?

Quel que soit le végétal que l'on veuille réduire

Préparation.

en farine, il faut le choisir mûr et de bonne qualité. Après l'avoir mondé et pelé, s'il y a lieu, on le met dans une espèce de seau de fer-blanc criblé de petits trous, ou de panier en toile métallique; on suspend cet appareil dans une chaudière assez profonde pour que l'eau que l'on met dans le fond ne l'atteigne pas; on couvre hermétiquement la chaudière pour empêcher la vapeur de s'échapper et on fait bouillir l'eau. Lorsque le végétal est bien crevé, on le retire de la chaudière pour le laisser ressuyer un peu à l'air : après quoi on brise les plus grosses masses; on les fait sécher à l'étuve sur des châssis en toile, et, quand il est suffisamment sec, on le triture dans un mortier; on passe la farine et on la conserve à l'abri de l'humidité.

§ V.

Extraction et dépuration des Sucs.

Comment doit-on s'y prendre pour extraire des sucs ?
Lorsqu'on veut tirer des sucs d'une plante, il faut la choisir jeune, tendre, succulente, la rendre bien propre; on la coupe grossièrement, on la pile dans un mortier de marbre, avec un pilon de bois, jusqu'à ce qu'elle soit suffisamment écrasée; on l'enferme ensuite dans un sac de toile et on l'exprime le plus fortement possible, soit au moyen de la presse, soit avec les mains. Si c'est une racine, on la râpe; si c'est un fruit, on enlève la peau, les noyaux, les pépins; on le laisse macérer deux ou trois heures après l'avoir écrasé et ensuite on le met dans un sac pour en exprimer le suc.

Si certaines plantes offraient trop de difficulté pour rendre leur suc, on les pile avec un peu d'eau, et alors le suc est plus fluide.

Clarification.
Les sucs, au moment de leur expression, ne sont ni clairs, ni transparents; ils sont mêlés de fécules et ainsi ils ont besoin d'être clarifiés pour

qu'on puisse en faire usage en médecine; alors on doit les laisser reposer. Ces matières tombent au fond du vase et le suc qui surnage reste clair et limpide, on n'a plus qu'à le filtrer au papier sans colle. Pour ceux qui sont visqueux, ayant plus de peine de se dépouiller, on se sert de deux blancs d'œuf battus par chaque pinte de suc; on fait coaguler lentement sur le feu le blanc d'œuf, qui entraîne avec lui toutes les matières étrangères; on enlève l'écume, on tire à clair et on filtre.

Les sucs de plantes aromatiques et antiscorbutiques doivent être clarifiés dans des vaisseaux clos, afin de leur conserver les principes aromatiques et volatils dans lesquels réside toute leur vertu. A cet effet, on remplit aux deux tiers une bouteille de verre mince qu'on coiffe d'un morceau de vessie ou de parchemin, percé d'un fort trou d'épingle, pour empêcher que la dilatation de l'air ne la fasse éclater; on la plonge avec précaution dans un vase d'eau bouillante, alors tout ce qui est étranger au suc se coagule et reste en grumeau; lorsque la séparation est complète, on plonge la bouteille par degré dans l'eau froide et quand le suc est entièrement refroidi, on le filtre sur-le-champ. Pour les sucs acides, il suffit de les laisser reposer au frais pour les éclaircir.

Afin de bien conserver ces sucs d'une année à l'autre, lorsqu'ils sont bien épurés, on en remplit jusqu'au goulot une bouteille que l'on bouche très-légèrement avec un liége; on met la bouteille dans un vase rempli d'eau que l'on fait chauffer jusqu'à ce que le suc soit entré en pleine ébullition; on retire alors la bouteille, on la bouche, on la laisse refroidir, on la cachète et on la place dans un lieu frais.

Autrefois, sans faire ainsi bouillir le suc, on se contentait de verser sur ce suc une légère couche d'huile d'olive ou d'amandes douces; mais l'huile venant à rancir, communiquait son goût au suc.

§ VI.

Extraction des Huiles.

N'y a-t-il pas des substances qui fournissent des huiles?

Il est des substances végétales qui fournissent une huile bien avantageuse en médecine. Parmi ces substances, on compte les graines de courges, de melons, de pavots, d'anis, etc.; les amandes douces et amères, celles de pêches, d'abricots, etc.

Huile d'amandes douces.

Si l'on veut, par exemple, extraire de l'huile d'amandes douces, on doit les choisir sèches, de bonne qualité; les frotter avec un linge neuf et rude; les piler dans un mortier de marbre avec un pilon de bois, jusqu'à ce qu'elles soient réduites en pâte. Alors on forme avec cette pâte un gâteau que l'on enferme dans un morceau de toile et on le soumet à la presse.

L'huile qui sort de ces amandes douces adoucit les douleurs de poitrine, apaise les coliques, excite l'urine.

CHAPITRE CINQUIÈME.

NOTIONS PRATIQUES SUR LES PRINCIPAUX REMÈDES

A EMPLOYER DANS LES MALADIES.

—

§ Ier.

Saignée.

La saignée est une opération par laquelle on tire du sang d'un vaisseau par le moyen d'un instrument tranchant appelé lancette. On pratique la saignée au pied, à la gorge, mais le plus ordinairement au bras, parce que c'est la seule qui puisse donner exactement la quantité de sang qu'on veut obtenir. Cependant la saignée du pied est quelquefois utile dans les maux de tête, de poitrine et dans certaines maladies des femmes.

C'est au médecin à juger et de l'opportunité de la saignée et du membre que l'on doit saigner, ainsi que de la quantité de sang qu'on doit extraire.

On combat la faiblesse et le mouvement nerveux que certaines personnes éprouvent après la saignée, par des aspersions d'eau froide à la figure, en faisant respirer des sels ou du vinaigre et étendant le malade dans une position horizontale, la tête aussi basse que le reste.

On ne doit pas oublier, sauf le cas d'apoplexie, qu'il ne faut pas saigner après un repas, une course rapide, une émotion vive. Il est bon, après la saignée, que le malade se repose quelques heures et

7

qu'il ne mange qu'une heure après, s'il n'est pas à la diète.

Quelque robuste que soit le sujet, si la saignée n'est pas nécessaire, elle nuit. Les saignées réitérées affaiblissent, énervent, vieillissent, diminuent la force de la circulation, détruisent les digestions, exposent à l'hydropisie, rendent sujets aux vapeurs, à l'hypocondrie et à tous les maux de nerfs. On ne doit donc jamais se faire saigner par jeu, par habitude, etc. En général, les enfants, les vieillards, les personnes pâles, faibles, doivent éviter la saignée, à moins de cas urgent et sur l'ordre d'un médecin sage et prudent.

§ II.

Sangsues.

Aujourd'hui les sangsues ont une vogue incontestable, et les hommes de l'art les prescrivent souvent dans les saignées locales. Comme elles sont quelquefois difficiles, capricieuses, qu'elles ne veuillent pas mordre sitôt qu'on les présente à l'endroit indiqué, il est indispensable de préparer place et sangsues. Lorsqu'il y a des poils, on les coupe; on lave, on savonne la place, surtout si elle est malpropre. Si les sangsues ne veuillent pas prendre, alors seulement on frotte la partie avec de l'eau sucrée, du lait, de la viande crue, du saindoux; au besoin, broyer dans ses doigts des plantes aromatiques, le thym, par exemple, et passer les doigts aromatisés sur l'endroit ou les plantes elles-mêmes. Ces annélides ont en horreur le tabac, qui est un poison pour elles.

Quant aux sangsues, on les fait jeûner quelques heures dans un vase sans eau; des personnes les passent dans de l'eau rougie ou légèrement vinaigrée.

On se sert de divers moyens pour les appliquer : les uns les placent dans un verre qu'ils appliquent ensuite à l'endroit indiqué ; les autres tapissent le creux de la main avec un linge chauffé en hiver et y déposent ces annélides ; plusieurs creusent une pomme, et ce moyen bien simple réussit presque toujours. Si on doit appliquer une ou deux sangsues dans une place très-circonscrite, les gencives, le coin de l'œil, etc., on prend une carte, qu'on roule en ne laissant qu'une petite ouverture à une des extrémités seulement, pour ne laisser sortir que la tête de la sangsue.

Si le malade venait, par malheur, à avaler une sangsue, on lui ferait prendre un verre de vin vieux, du vinaigre ou de l'eau salée. Si l'animal s'était introduit dans le fondement, on y ferait une injection de même nature. Si une sangsue occasionne une douleur excessive, en piquant sur un filet nerveux, on la fait tomber avec du sel. Si le malade a des faiblesses, s'il pâlit, si son pouls est faible, si tout indique la nécessité d'arrêter l'écoulement, il faut enlever les cataplasmes qu'on avait posés pour le favoriser ; si cela ne suffit pas, on applique sur chaque piqûre plusieurs petits morceaux d'amadou superposés, imbibés de vinaigre fort, et sur lesquels on exerce avec le doigt une pression légère pendant quelques minutes, jusqu'à ce que le caillot de sang ait eu le temps de se former ; en emploie encore de l'alun ou de la colophane pulvérisée. Enfin, si ces moyens échouent, il faut cautériser la plaie en la touchant avec un crayon de pierre infernale, qu'on a soin d'introduire dans la blessure.

Pour conserver les sangsues, il faut les mettre à la cave, dans un vase de grès verni, rempli d'eau aux deux tiers seulement, et recouvert d'une toile percée de petits trous pour le passage de l'air.

Plusieurs médecins, amis de la classe pauvre, en voyant les sangsues à un prix trop élevé pour les malheureux, ont cherché et ont découvert un moyen qui paraît efficace pour bien conserver celles

Nouveau procédé. qui ont servi. Ainsi ils ne veulent pas qu'on les fasse dégorger, comme on le fait habituellement, mais qu'on les jette en toute liberté dans un bassin en rapport avec l'atmosphère, pour que le vent puisse y porter des feuilles et des larves d'insectes, aliments des sangsues. Voici le procédé de M. Doumis, médecin dans le département de la Nièvre. Il a fait construire deux réservoirs près l'un de l'autre, ayant la forme d'un quadrilatère allongé, 4 mètres de longueur sur 2 mètres de largeur, et 1 mètre 30 centimètres de profondeur, destinés à contenir une quantité d'eau qui ne dépasse pas 70 centimètres en hauteur. Ces réservoirs furent confectionnés en briques, parfaitement cimentés sur toutes leurs surfaces, avec des parois verticales. Ces parois, ainsi confectionnées, sont nécessaires pour conserver les sangsues qui ne peuvent s'élever sur une surface unie et verticale à une hauteur excédant 40 ou 50 centimètres; arrivées là, elles retombent, par suite de l'épuisement de leurs forces. Le fond des bassins fut recouvert d'une couche de terre glaise de 25 centimètres d'épaisseur, afin qu'elles pussent s'y enfermer pendant le froid ou une chaleur trop vive. Leur circonférence interne fut également tapissée de terre argileuse, d'une épaisseur de 25 centimètres et d'une hauteur de 70 centimètres, recouverte d'un lit de gazon. Puis, dans les coins, on avait placé des touffes d'iris jaune et de joncs aquatiques, dans lesquels les sangsues aiment à résider. Ces deux bassins sont indépendants l'un de l'autre. Le premier reçoit les sangsues qui viennent de servir; le second, celles qui, suffisamment dégorgées, peuvent servir de nouveau. Un tuyau de plomb fournit constamment de l'eau dans les réservoirs; un deuxième, d'un calibre plus fort et dont l'ouverture, qui donne dans les réservoirs, est garnie d'une feuille de fer-blanc percée de petits trous, pour s'opposer au passage des sangsues, se trouve juste au niveau des bancs de gazon qui tapissent les parois des bassins, afin de maintenir l'eau toujours à la même hauteur de 70 centimètres, de manière que le gazon soit imprégné d'une humidité constante et jamais entièrement submergé. Sitôt que les sangsues ont servi, on les jette dans le bassin n° 1, et elles y sont abandonnées en toute liberté. Tous les quinze jours, on retire celles qui sont bien dégorgées, pour les placer dans le bassin n° 2 et afin de s'en servir au besoin. Elles se multiplient même dans le bassin n° 2.

Si nous avons donné à ces considérations une certaine étendue, nous ne l'avons fait que dans l'intention de nous rendre utiles à la classe si intéressante des pauvres et aux personnes charitables qui leur portent intérêt.

<h2 style="text-align:center">§ III.</h2>

<h3 style="text-align:center">Ventouses.</h3>

On appelle *ventouse* un petit vase en verre, qui a ordinairement la forme d'une cloche, qu'on applique sur la peau d'un malade pour y attirer avec violence des humeurs du dedans au dehors.

On distingue deux sortes de ventouses; la *ventouse sèche*, qu'on laisse appliquée sans chercher à produire d'écoulement sanguin; la *ventouse humide* ou *scarifiée*, qui consiste à donner quelques coups de lancette, dans le but d'obtenir du sang à l'endroit où le verre a été posé. En appliquant une nouvelle ventouse sur les incisions faites par la lancette, la saignée est plus abondante. Faute de verres à ventouses, on peut se servir de verres ordinaires et les choisir avec des bords très-épais et s'assurer, en promenant ses doigts sur les bords, s'il ne s'y trouve ni la plus petite entaille, ni la moindre aspérité. L'on doit encore bien essuyer le verre avec une serviette chaude ou bien sèche, afin qu'il n'y reste aucune humidité qui puisse faire éclater le verre en contact avec la chaleur du papier enflammé.

Pour bien appliquer une ventouse, on prend le verre de la main droite, un morceau de papier de la main gauche, qu'on a dû tordre en papillotte pour qu'il ne brûle pas tout d'un coup; on allume le papier qu'on jette au fond du verre; puis, à l'instant même, et avec dextérité, il faut appliquer le verre sur la peau, en observant que les bords touchent bien de tous les côtés. Le papier allumé n'ayant plus d'air s'éteint à l'instant; la peau enfermée sous le verre, rougit, se tuméfie et forme un gonflement. Au bout de trois ou quatre minutes, on la retire, en appuyant le bout du doigt près du bord de la ventouse, ce qui permet à l'air extérieur d'y pénétrer, et alors elle se détache facilement.

On a vu des maux d'estomac, des crampes intestinales, des coliques de foie, céder promptement à une ventouse sèche bien appliquée.

Les ventouses humides ou scarifiées remplacent souvent et avantageusement les sangsues qui deviennent de plus en plus rares et à un prix trop élevé pour la bourse du pauvre. Mais cependant comme la main d'un garde-malade ou d'une personne charitable ne serait pas assez sûre pour faire les incisions prescrites, on a confectionné un instrument qu'on appelle scarificateur. C'est une petite boîte en cuivre dans l'intérieur de laquelle sont rangées de huit à quinze lancettes, qu'on fait sortir et rentrer toutes en même temps au moyen d'un ressort. Le mouvement est si rapide que la douleur se fait à peine sentir, et la première personne venue un peu adroite peut faire manœuvrer un scarificateur sans craindre d'accidents et sans avoir peur de faire souffrir le malade. Pour douze à quinze francs, on peut se procurer un scarificateur de huit ou de seize lames. Combien de sangsues remplacées pour une somme si modique ! Ce serait nous écarter de notre but que de parler ici des ventouses à robinet, à soupape, à pompe, en caoutchouc.

§ IV.

Des Vésicatoires.

Le vésicatoire est un remède topique qui excite des vessies ou ampoules sur la peau à l'endroit qu'il est appliqué. On emploie ce moyen dans tous les cas où il est nécessaire d'ébranler vivement le genre nerveux ou de donner issue aux humeurs disposées à se jeter sur quelques parties essentielles : *apoplexie, paralysie, léthargie, fièvres malignes, maux de tête opiniâtres,* etc. Ils sont simples ou composés, doux ou forts. Les doux simples sont : les *feuilles d'éclaire, de gratiole;* les *racines d'arum, de raifort sauvage;* l'*ail,* l'*oignon,* etc. Les simples forts sont : les *feuilles de renoncule;* les *racines d'ellébore, de garou;* les *graines de moutarde,* l'*euphorbe,* les *cantharides,* etc. On peut à volonté composer, avec les substances ci-dessus désignées, des vésicatoires doux ou forts.

Comme les cantharides ou mouches irritent quelquefois la vessie, il est bon de saupoudrer l'emplâtre vésicatoire avec 1 gramme environ de camphre en poudre. Si le cas arrivait, il faudrait combattre l'inflammation par des bains de siége, demi-lavements, des fomentations émollientes sur le bas-ventre.

Quand on veut appliquer un vésicatoire, on rase d'abord l'endroit s'il y a des poils; on lave la partie avec du vinaigre, puis l'on applique l'emplâtre au moyen de quelques bandelettes en sparadrap, croisées par-dessus et collées sur la peau. On laisse le vésicatoire plus ou moins de temps, suivant l'état du malade; ordinairement c'est 12 heures. Quand on le retire, il faut avoir soin de ne pas y laisser des cantharides. Si le vésicatoire est volant, il suffit de faire une petite ouverture à l'ampoule pour l'écoulement de la sérosité; s'il doit être entretenu, on coupera circulairement la peau sans l'enlever, afin d'éviter au malade une douleur trop vive; les *Pansement.* pansements suivants enlèvent les débris. On panse les premiers jours avec du beurre, les suivants avec une pommade au garou ou mieux encore avec du papier épispastique d'Albespeyres, qui porte divers numéros, selon la vertu et la force qu'on désire.

Inflammation. Le saindoux et le cérat de Saturne sont employés pour sécher le vésicatoire. On calme l'inflammation en appliquant par-dessus un cataplasme de fécule *Bourgeons.* de pommes de terre. S'il survient des bourgeons charnus, on les détruit avec de l'alun calciné en poudre. Si une peau blanche se forme sur la plaie et paralyse la suppuration, on doit l'enlever; si elle est trop épaisse, appliquer alors un autre vésicatoire. Si, dans une maladie grave, dangereuse, les plaies prenaient une couleur grisâtre, exhalaient une odeur de gangrène, de pourriture, il faudrait les laver avec une décoction de sauge dans du vin, ou les saupoudrer avec de la poudre de quinquina.

Cautère. Pour établir un cautère, on fait une plaie avec un instrument tranchant, ou mieux avec un morceau de pierre à cautère de la grosseur d'un pois environ, que l'on maintient avec un morceau de sparadrap collé sur la peau. Cette pierre à cautère détermine une escarre, dont la chute laisse un ulcère qu'on fait suppurer avec des pois, ou des petites boules d'iris de Florence, ou de petites oranges desséchées que l'on enduit de beurre ou de pommade au garou selon que l'on veut exciter la suppuration ou calmer l'irritation.

Sinapisme. On donne le nom de sinapisme à des cataplasmes qui sont préparés avec la farine de moutarde. Le sinapisme est un remède énergique employé par un grand nombre de personnes, en attendant le médecin, dans un grand nombre de cas pressants, tels que *coup de sang, apoplexies, convulsions;* on s'en sert encore contre les *maux de gorge,* les *rhumes,* les *ophthalmies,* les *hémorrhagies nasales, pulmonaires;* certaines *fièvres cérébrales, typhoïdes,* etc. Le sinapisme se prépare avec de l'eau tiède et de la farine de moutarde pour en faire une espèce de bouillie; il doit être appliqué à nu sur la peau, et ne pas y rester plus de trois quarts d'heure; quelquefois même au bout de dix à quinze minutes le sinapisme a produit son effet; si on le laissait trop longtemps, il occasionnerait sur la peau et dans les chairs des désordres très-graves. Il peut arriver qu'un malade, dans le délire, ne sente pas l'action du sinapisme; ce n'est donc pas un motif de le laisser plus longtemps sur la peau. Il est préférable, si l'on désire prolonger son action, de l'appliquer sur une autre partie. On le mitige, pour les enfants et pour les femmes, avec de la farine de graines de lin. On ne doit laisser, autant que possible, aucune parcelle de moutarde sur l'endroit sinapisé. Si le sinapisme occasionnait une trop vive rougeur, il faudrait panser l'endroit irrité avec l'onguent populéum.

§ V.

Les Cataplasmes.

Les cataplasmes sont des médicaments mous, d'une consistance à peu près semblable à la bouillie, faits pour être appliqués à l'extérieur. Ils sont, en général, formés de farines, de poudres ou pulpes, cuites ou délayées dans de l'eau, du lait ou un liquide quelconque. La farine de graines de lin est ordinairement la matière des cataplasmes, mais il est des médecins qui préfèrent souvent, comme plus légers, plus doux et moins chers, ceux que l'on prépare avec du son, que l'on fait cuire pen-

Son.

dant quelques minutes dans une décoction épaisse de graines de lin.

Cataplasmes de diverses compositions.

On prépare encore des cataplasmes avec des pois, des fèves de marais, de l'avoine, des carottes, des pommes, des figues, et de la fécule de pommes de terre, qui convient très-bien dans l'inflammation. On peut faire cuire ces diverses substances dans l'eau, le lait, l'huile, le vin, la bière, les graisses, une décoction quelconque. Si l'on veut entretenir une douce chaleur dans une partie du corps ou calmer une douleur rhumatismale, névralgique, les cataplasmes de pommes de terre cuites et écrasées conviennent parfaitement bien.

Calmants.

Si on veut rendre les cataplasmes *calmants*, il faut délayer la farine de graines de lin ou autres substances dans une décoction de têtes de pavots, ou répandre sur sa surface quelques gouttes de laudanum.

Résolutifs.

Pour rendre les cataplasmes *résolutifs*, on délaie la farine de graines de lin dans de l'eau fortement chargée de savon, ou bien on les recouvre d'une à deux cuillerées de fiel de bœuf.

Entorse.

Quand il s'agit de rendre du ton à une partie, comme après une entorse, on emploie, pour les préparer, une dissolution d'extrait de Saturne dans l'eau.

On applique les cataplasmes soit à nu, soit entre deux linges. Si leur poids incommode le malade, on les remplace par des flanelles trempées dans une décoction de graines de lin ou de racines de guimauve, légèrement exprimées, pour que le liquide ne ruisselle pas dans le lit.

Si l'on redoute l'humidité des cataplasmes, comme dans certaines fluxions, on applique un sachet rempli de fleurs de sureau ou de son chauffé à sec.

§ VI.

Bains.

De tout temps l'on a fait usage des bains, tant pour la propreté du corps que pour la santé. On les emploie beaucoup moins à présent qu'autrefois ; c'est peut-être à cette négligence que l'on doit attribuer une infinité de maladies de la peau auxquelles nous sommes exposés.

On distingue trois espèces de bains : les bains froids, les bains chauds, les bains de vapeurs.

Les bains froids, tels que ceux de rivière, resserrent pour le moment les fibres du corps, calment par leur fraîcheur la chaleur du sang. *Bains froids.*

Les bains chauds ou tièdes font un effet opposé à ceux qui sont froids : ils relâchent les fibres du corps, donnent de la souplesse à la peau, favorisent la transpiration. *Bains chauds.*

Comme moyen hygiénique, le bain chaud convient au plus grand nombre ; l'enfant et le vieillard, l'homme de cabinet comme l'homme des champs, tous retirent des avantages du bain. Le temps dans lequel on doit rester dans le bain varie d'une demi-heure à une heure ; les enfants, les vieillards, les personnes naturellement faibles doivent y demeurer beaucoup moins de temps.

La médecine retire encore des bains chauds des résultats très-avantageux dans les *inflammations aiguës*, les *maladies nerveuses*, la *constipation* et autres maladies.

Pendant le séjour au bain, on veillera à ce que le cou et les épaules ne restent pas exposés à l'air après avoir été mouillés ; à ce que le sang ne se porte pas avec violence à la tête, et dans ce cas il faudrait laver le visage et la tête avec de l'eau froide. *Précautions.*

Si le malade était dans un état de faiblesse, on doit le soutenir en passant un linge sous les bras. Il convient surtout de bien essuyer la peau promptement et avec des linges secs et chauds, et de laisser, autant qu'il est possible, les pieds dans le bain, tandis qu'on essuie la partie supérieure. On conseille de se mettre au lit après le bain, principalement quand la saison est rigoureuse, afin d'éviter une transition subite qui pourrait devenir dangereuse.

Bains sulfureux. Les bains *sulfureux* prescrits dans les affections *dartreuses, scrofuleuses, rhumatismales, la gale* et autres *maladies de la peau,* se préparent avec 120 grammes de sulfure de potasse, qu'on fait dissoudre dans 1 litre d'eau, pour mélanger ensuite dans l'eau de la baignoire, qui doit, dans ce cas, être en bois et non en métal.

Émollients. Les bains *émollients,* si utiles aux enfants et dans les inflammations, se préparent avec 2 kilogrammes de son ou des plantes émollientes, qu'on a dû préalablement faire bouillir dans de l'eau.

Sel marin. Les bains de *sel marin,* qui sont recommandés aux personnes débilitées, aux enfants faibles, comme toniques et fortifiants, se préparent en faisant dissoudre dans la baignoire, quelques minutes avant que de prendre le bain, environ 1 à 2 kilogrammes de sel marin.

Aromatiques. Les bains *aromatiques,* qui conviennent si bien aux enfants débiles, noués, aux personnes faibles, paralysées, se composent de plantes aromatiques telles que les feuilles de mélisse, d'origan, d'hysope, de pouliot, de sauge, de thym, de serpolet, de romarin, de lavande, etc., qu'on renferme dans un sac pour les faire bouillir un instant.

Bains de vapeurs. Les bains de *vapeurs* ont la vertu de faire sortir la sueur, d'ouvrir les vaisseaux de la peau, de ramollir les parties dures, de relâcher celles qui sont raides et tendues. Quand on n'a pas des instruments convenables pour ces sortes de bains, il suffit de remplir une baignoire ordinaire, même un cuveau, d'eau chaude dans laquelle on aura eu soin de faire infuser ou bouillir des plantes aromatiques ou autres prescrites par le médecin. On y place un petit siége pour le malade et on recouvre la baignoire de couvertures pour que la vapeur ne s'échappe pas. Le bain pris, on doit transporter à l'instant le malade dans un lit afin que la transpiration continue. Quand les malades sont trop faibles pour être portés dans ces bains, les médecins font brûler de l'esprit de vin ou de petites bougies dans un pot de terre que l'on maintient entre les jambes du malade à une certaine distance de la couverture, jusqu'à ce que la transpiration se déclare. *Moyens de faire transpirer un malade au lit.*

Les *bains de pieds*, pris jusqu'à la cheville, sont en usage dans un grand nombre d'*affections cérébrales*, *éblouissements*, *douleurs de tête*, *tintements d'oreilles*; dans les *inflammations des yeux*, *de la gorge*; dans la *suffocation* produite par l'asthme convulsif. C'est un puissant dérivatif. L'eau doit être aussi chaude que le malade peut la supporter sans souffrance. Il est bon d'augmenter par gradation la chaleur de l'eau en versant de temps en temps de l'eau plus chaude. Dix minutes dans le bain suffisent ordinairement. Pour rendre le bain plus actif, on ajoute du sel de cuisine, des cendres de bois, de la lessive, du vinaigre; quelques médecins ordonnent encore de la farine de graines de moutarde, d'autres la défendent. Il faut, dans ce cas, ne pas s'écarter de l'ordonnance et ne pas oublier qu'il est inutile d'ajouter du vinaigre, et que sitôt que le malade éprouve une sensation forte on doit le retirer aussitôt du bain, sécher rapidement les pieds sans frotter la peau, devenue trop sensible, coucher le malade, et si l'on veut prolonger l'effet du bain, mettre des cruchons d'eau chaude à ses pieds. Les bains de pieds ne doivent jamais être pris après le repas, ils seraient alors plus nuisibles qu'utiles. *Bains de pieds.*

Dans certaines oppressions, certaines douleurs, on prend des bains de *poignet*, d'*avant-bras*, qui se préparent de la même manière. *Bains de bras et de poignets.*

Douches. Les *douches* consistent à faire tomber goutte à goutte ou par filet, d'une certaine hauteur, sur la tête ou sur quelques parties du corps du malade, de l'eau froide ou tiède. Cette eau peut être encore chargée de plantes qu'on a fait cuire ou infuser selon l'ordonnance du médecin.

§ VII.

Lavements.

Nécessité et abus. On peut dire que les lavements sont des meilleurs et des plus salutaires remèdes de la médecine, quand ils sont donnés à propos ; mais on en abuse trop souvent. Il est des personnes qui en prennent en santé comme en maladie ; un tel abus est plus nuisible qu'avantageux.

Tout le monde peut prendre des lavements, même les petits enfants ; seulement on doit proportionner l'instrument et la quantité à l'âge et à la force. On doit le conserver environ une demi-heure. Un lavement trop froid peut donner des coliques et ne convient que dans quelques cas déterminés par le médecin. Trop chaud, il irrite et porte le sang à la tête.

Lavements émollients et calmants. Les lavements *émollients* se préparent avec une décoction de racines de guimauve, de son, de graines de lin. Deux têtes de pavots rendent un lavement *calmant* en cas de coliques, diarrhées. Pour les rendre plus relâchants, on y ajoute deux cuillerées de bonne huile, que l'on bat avec un jaune d'œuf, pour mieux opérer le mélange avec l'eau. Si la constipation est opiniâtre, on fait bouillir dans l'eau de lavement une poignée de mercuriale ou foireuse ; un poireau ou 50 grammes d'huile de ricin ; une cuillerée de sel de cuisine ; gros comme une noisette de savon.

Suppositoire. Quand la constipation provient simplement de la paresse de l'intestin, sans échauffement, on peut remplacer le lavement par un *suppositoire* qui est un petit morceau de savon long d'environ trois centimètres, et de la grosseur d'une forte plume d'oie, qu'on introduit tout entier dans le fondement et qui est rejeté ensuite par les selles qu'il provoque.

§ VIII.

Injections, Collyres, etc.

Les *injections* sont des médicaments liquides faits pour être injectés, par le moyen d'une seringue, dans certaines cavités du corps. Elles sont émollientes, ou calmantes ou astringentes.

Les *collyres* sont des médicaments qu'on emploie pour les maladies des yeux ; ils sont secs ou liquides.

Les maladies de la bouche et de la gorge demandent à être soignées par des *gargarismes*, médicaments liquides faits avec des plantes, des racines, etc., que l'on fait infuser dans de l'eau ou du vin, suivant l'ordonnance.

On doit éviter d'y faire entrer des matières dangereuses, parce que bien des personnes avalent toujours quelque chose de ce qu'elles mettent dans leur bouche.

Les *fumigations* sont des vapeurs de certaines plantes ou graines qu'on emploie le plus souvent contre les douleurs rhumatismales pour provoquer une forte sueur.

On se sert encore des fumigations afin de purifier l'air.

§ IX.

Tisanes, Emulsions, Potions, etc.

Les *tisanes* sont des infusions ou de légères décoctions de plantes, de feuilles, de racines, etc., faites dans de l'eau, pour servir de boisson ordinaire aux malades. Elles doivent être légères, peu chargées et le moins désagréables qu'il est possible, afin de ne point dégoûter le malade. Elles demandent beaucoup d'attention et de propreté.

On les prépare par *décoction*, par *infusion*, par *macération*.

Décoction. La *décoction* consiste à faire bouillir plus ou moins de temps des substances médicales dans un liquide, afin de donner à la boisson les qualités qu'on désire obtenir. Ordinairement les tisanes de *racines*, d'*écorces* et de *bois*, à cause de leur dureté, se font par décoction.

Cependant il est reconnu aujourd'hui que la décoction, dans bien des cas, donne des produits inférieurs en qualité et en quantité à ceux de l'infusion et de la macération.

Les plantes qui contiennent de l'amidon, telles que la racine de *réglisse*, *raifort*, *pivoine*, *bardane*, *carotte*, *patience*, *guimauve*, *oseille*, *fraisier*, *fougère mâle*, *calamus aromaticus*, *valériane*, *turbith*, *tormentille*, *rhapontic*, *rhubarbe*, *iris*, *benoîte*, *bistorte*, etc., ne doivent pas être soumise à la décoction, mais mieux à la macération. Ainsi la racine de *réglisse* ne doit jamais être traitée par décoction, non-seulement à cause de l'amidon, mais encore à cause de l'huile âcre qu'elle contient. Pour que la tisane d'orge, si répandue partout, soit de bonne qualité, il faut la faire bouillir quelques instants, jeter cette première eau et ne se servir que de la seconde; il en est de même pour le chiendent, qu'on doit auparavant écraser.

Infusion. L'*infusion* consiste à verser simplement de l'eau bouillante sur une substance végétale dont on veut extraire les principes médicamenteux, et à laisser ensuite refroidir le liquide. Les *feuilles*, les *fleurs*, les *plantes aromatiques*, se traitent par infusion. Quand on désire que le malade ne se dégoûte pas si promptement de sa tisane, il est bon d'avoir toujours sous la main de l'eau bouillante pour la verser au besoin sur les substances ordonnées qu'on a placées en petite quantité au fond d'une tasse : par là, il a toujours une boisson nouvelle et partant plus agréable.

La *macération* consiste à laisser séjourner les médicaments dans l'eau froide pendant un temps qui varie de quelques heures à plusieurs jours. On l'emploie surtout dans les cas où les substances médicinales possèdent des principes altérables par la chaleur. *Macération.*

Quand ces opérations sont achevées, on passe la boisson, puis on l'édulcore avec du sucre ou du sirop, selon l'indication.

Les *juleps* sont des potions pectorales auxquelles on ajoute une plus grande quantité de sirop ou de gomme, pour les rendre plus adoucissants. *Juleps.*

Les *émulsions* sont des préparations blanches et laiteuses, composées d'une certaine quantité d'huile fixe tenue en suspension dans l'eau, au moyen de sucre, d'albumine (substance qui ressemble au blanc d'œuf), etc., préparations faites d'après l'ordonnance du médecin. On emploie pour les préparer plusieurs graines huileuses, et, plus spécialement, les amandes douces. *Émulsions.*

Les *loochs* ne diffèrent des émulsions que par l'addition d'un mucilage qui augmente leur consistance. *Loochs.*

Les *potions* résultent du mélange de divers liquides, tels que les eaux distillées, les infusions, etc., et de sirops auxquels on peut ajouter des teintures, des sels, etc. *Potions.*

Les *mixtures* ne sont formées que de liquides qui se mêlent facilement au moyen de l'agitation. *Mixtures.*

Les *pulpes*, les *conserves*, les *opiats*, les *électuaires* s'obtiennent par le mélange de substances médicamenteuses amalgamées avec des pulpes de fruit, des sucs, des extraits, du sucre. *Pulpes, opiats.*

Les *pilules* sont des masses globulaires d'un petit volume, bien utiles pour paralyser l'amertume de certains médicaments très-désagréables, et encore *Pilules et bols.*

quand on désire que la substance arrive dans le gros intestin et qu'elle agisse lentement et graduellement. Les *bols* sont des pilules d'un plus gros volume.

Pâtes.

Les *pâtes* sont des mélanges qui ont pour base la gomme, le sucre dans une eau chargée de principes médicamenteux et desséchés, de manière à avoir une consistance molle ou sèche. Ces pâtes sont destinées à fondre dans la bouche; telles sont les *tablettes de lichen*, les *pâtes de guimauve*, les *pastilles de rhubarbe*, etc.

Apozèmes.

Les *apozèmes* ne diffèrent des tisanes qu'en ce qu'ils sont plus chargés de principes médicamenteux et qu'ils ne servent jamais de boisson habituelle aux malades. Au reste, ils se préparent de la même manière.

Bouillons médicinaux.

Les *bouillons médicinaux* sont des solutions aqueuses de principes immédiats des animaux, obtenues par décoction, et préparées de manière à être peu nutritives, légères et rafraîchissantes.

Eaux minérales.

Les *eaux minérales artificielles* s'obtiennent en faisant dissoudre dans de l'eau une ou plusieurs substances gazeuses ou salines, en quantité suffisante pour lui communiquer des propriétés médicinales. On cherche, en général, dans leur composition, à imiter la nature le plus exactement possible.

Teintures, élixirs, vins.

On appelle *teintures alcooliques* des solutions de divers principes médicamenteux dans l'esprit-de-vin. Les *élixirs* sont des teintures alcooliques composées. Ces préparations se donnent de quelques gouttes à plusieurs grammes. Les *vins, vinaigres médicinaux* sont des solutions de certains médicaments dans ces liquides.

Eaux distillées.

Les *eaux distillées* se préparent en distillant les médicaments dans l'eau, de manière à en obtenir la partie odorante et la plus volatile. Telles sont les eaux de *laitue*, de *plantain*, etc.

§ X.

Cérats, Pommades, etc.

On donne le nom de *cérats* aux mélanges d'huile et de cire fondues, auxquelles on ajoute souvent une certaine quantité d'eau, des extraits ou des sels, etc.; leur consistance est toujours molle. — Cérats.

Les *pommades* ne sont autre chose que de l'axonge ou saindoux, ou autre graisse unie à certains principes médicamenteux. — Pommades.

Les *onguents* ou *baumes* ont plus de consistance que les pommades et résultent de la combinaison d'un corps gras et d'une substance résineuse. — Onguents.

De même que les onguents, les *emplâtres* ont pour base un corps gras; mais ils sont solides et tenaces, adhèrent à la peau sans se liquéfier. — Emplâtres.

Les *liniments* sont des préparations dans lesquelles une huile grasse est mêlée à un médicament plus actif; on les emploie en frictions. — Liniments.

Ces notions pratiques sur les principaux remèdes à employer dans les maladies que nous venons d'indiquer, ainsi que celles que nous nous proposons de donner encore par la suite, quoique étrangères à un cours de botanique, entrent cependant parfaitement dans le plan que nous nous sommes proposé, qui est de procurer, autant qu'il est en nous, toutes les connaissances médicinales nécessaires à la famille et aux personnes charitables qui, surtout dans nos campagnes, se dévouent si généreusement à soigner les malades et à seconder les efforts des hommes de l'art.

Puissent les jeunes élèves trouver dans ces notions pratiques et dans l'étude des plantes un délassement agréable et un moyen de venir au secours du malheureux! La bénédiction du pauvre porte bonheur et procure à l'âme une des plus douces comme des plus vraies jouissances de la vie.

CHAPITRE SIXIÈME.

PETITE MÉDECINE VÉGÉTALE & D'URGENCE.

ARTICLE 1er

EMPOISONNEMENTS.

On devra soupçonner un empoisonnement toutes les fois que le malade se plaindra d'une odeur nauséabonde et infecte, d'une saveur désagréable, âcre, d'une chaleur brûlante dans le gosier et l'estomac; que la bouche sera sèche ou écumeuse; que les lèvres et les gencives seront livides, jaunes, blanches, rouges ou noires; qu'il y aura des rapports, des nausées, des vomissements plus ou moins fréquents de matières muqueuses, bilieuses ou sanguinolentes, jaunes, vertes, blanches, bleues, rouges, bouillant sur le carreau ou verdissant la couleur du tournesol; qu'on observera des hoquets, de la constipation ou des selles plus ou moins abondantes; que le pouls sera fréquent, petit, serré, irrégulier, la voix ardente, la respiration difficile; que les sueurs seront froides, les urines difficiles. On devra tenir compte encore de l'altération de la physionomie, de la couleur pâle, livide ou plombée de la face, de la perte de la vue et de l'ouïe, de l'état des yeux, de l'agitation générale, de l'altération de la voix.

Il est bon de remarquer qu'un grand nombre de ces symptômes se manifestent subitement après l'étranglement d'une hernie et la perforation spontanée de l'estomac ou des intestins, sans qu'on puisse attribuer ces lésions à l'action d'une substance vénéneuse.

§ Ier

Traitement général.

La première chose à faire, c'est l'évacuation du poison. Indispensable lorsque le poison vient d'être avalé, elle est utile même après quelques heures. On donne à cet effet 5 centigrammes (1 grain) d'émétique dans un verre d'eau, et l'on répète cette dose deux ou trois fois à quelques minutes d'intervalle ; on fait boire beaucoup d'eau tiède. Si le vomissement n'est pas rapide et suffisant, on titille la luette ; on administre également quelques lavements purgatifs énergiques.

L'émétique et les lavements donnés, on fait prendre le *contre-poison* ou l'*antidote*, qui doit être approprié à la nature du poison. On doit le choisir de telle façon qu'il puisse être donné en grande quantité sans craindre pour le malade ; car il faut en administrer beaucoup plus que le poids rationnel, nécessaire pour neutraliser l'effet du poison, afin d'avoir un résultat plus certain.

§ II.

Traitement particulier.

Les poisons sont généralement divisés en quatre classes. La première classe comprend les poisons *irritants* ou *corrosifs*, déterminant l'inflammation des parties qu'ils touchent. Les principaux sont, parmi les *minéraux* : les *acides* et les *alcalis concentrés*, le *chlore*, le *phosphore*, les préparations de *mercure*, d'*arsenic*, d'*antimoine*, de *cuivre*, d'*étain*, de *zinc*, d'*argent*, d'*or*, de *plomb*, etc. ; — parmi les *animaux* : les *cantharides* et autres insectes vésicants ; — parmi les *végétaux* : les *ellébores*, le *joli-bois*, les *euphorbes*, les *renoncules*, les *aconits*, la *bryone*, la *coloquinte*, les *anémones*, la *gratiole*, la *colchique*, etc.

La deuxième classe embrasse les poisons *narcotiques* ou *stupéfiants*, qui paralysent les fonctions du système nerveux et agissent spécialement sur le cerveau. Les principaux sont l'*azote*, l'*acide sulfureux*, l'*acide prussique*, l'*eau de laurier-cerise*, l'*eau d'amandes amères*, l'*opium* et ses préparations, la *laitue vireuse*, la *jusquiame*, la *morelle*.

Les poisons de la troisième classe s'appellent *narcotico-âcres*, et participent aux propriétés des deux premières ; ils produisent le narcotisme et l'irritation ; ce sont le *vin*, l'*alcool*, l'*éther*, l'*acide carbonique*, le *camphre*, la *noix vomique*, le *tabac*, la *belladone*, la *digitale*, la *mercuriale*, le *seigle ergoté*, la *ciguë*, les *champignons*.

La quatrième classe, les poisons *septiques* ou *putréfiants*, qui altèrent et corrompent les liquides de l'économie : le *pus de pustules malignes*, les *piqûres* ou *morsures d'animaux enragés*, des *vipères*, des *scorpions*, des *araignées*, des *guêpes*, etc., sont rangés dans cette classe.

§ III.

Traitement des Poisons de la première classe.

Poisons irritants.

1.
Par les acides.

Si la personne est empoisonnée par des acides : *acide sulfurique*, *huile de vitriol*, *eau forte*, *esprit de sel*, *acide oxalique*, etc., on administre de la magnésie calcinée, délayée dans de l'eau, ou à son défaut de la magnésie ordinaire, de l'eau de savon, du lait, du blanc d'Espagne. Une fois maître des accidents, on fera prendre quelques tasses de bouillon de veau ou de poulet, et dans la convalescence du gruau, des potages de fécule, des bouillons gras.

2.
Par les alcalis.

Par les alcalis, tels sont : *potasse*, *carbonate de potasse*, *eau de javelle*, *alun*, *soude*, *chaux*, *ammoniaque*. On administre du vinaigre étendu d'eau, du jus de citron, une potion huileuse, beaucoup d'eau chaude et de l'eau albumineuse qui se prépare avec quatre ou cinq blancs d'œufs délayés dans un litre d'eau. Après cela, on a recours aux boissons émollientes, aux cataplasmes de farine de lin et de guimauve, aux sangsues. Le reste du traitement comme pour les acides.

Par la préparation de *mercure*, vomitifs, eau albumineuse, lait, gluten, magnésie, farine délayée dans de l'eau.

3.
Par la préparation
de mercure.

Par l'*arsenic* et ses préparations, on fait vomir et l'on administre sous-carbonate de fer, que l'on donne à la dose de 125 grammes dans 750 grammes d'eau, que l'on fait prendre par demi-verre de dix en dix minutes. A son défaut on prend de la magnésie, de l'eau sucrée coupée avec le tiers d'eau de chaux, une potion huileuse, du lait, de l'eau albumineuse ou sulfureuse. On agit ensuite comme pour les acides.

4.
Arsenic.

Les contre-poisons de la *préparation de plomb* sont : le sulfate de soude, de magnésie, la limonade sulfurique. Le traitement de la *colique des peintres* dure de cinq à six jours. Le matin on administre un lavement purgatif au séné ; dans la journée une tisane sudorifique ; le soir un lavement avec de l'huile de noix, et avant le coucher un bol calmant ou un grain d'opium.

5.
Préparation
de plomb.

Les remèdes contre les *cantharides* consistent à faire vomir, à prendre des injections mucilagineuses, à frictionner les cuisses avec de l'huile camphrée. Si les cantharides n'ont été appliquées qu'à l'extérieur, il faut faire seulement des frictions huileuses camphrées ou des fomentations adoucissantes sur la partie douloureuse, appliquer même des sangsues.

6.
Cantharides.

Pour les poisons produits par le règne végétal, il faut employer les remèdes antiphlogistiques, c'est-à-dire remèdes propres à combattre l'inflammation ; puis prendre quelques tasses de café très-chargé pour combattre l'assoupissement.

7.
Poisons irritants
du règne végétal.

§ IV.

Traitement des Poisons de la deuxième classe.

Poisons narcotiques. Pour combattre les effets des poisons narcotiques, on doit faire vomir le malade, lui donner une boisson acidulée avec le vinaigre, quelques gouttes d'acide sulfurique, lui administrer du fort café, des potions stimulantes. Les sinapismes, les frictions sèches sur tout le corps ainsi que la saignée sont nécessaires si le malade est comme frappé d'apoplexie.

§ V.

Traitement des Poisons de la troisième classe.

Narcotico-âcres. Quant au traitement des poisons *narcotico-âcres*, il faut provoquer le vomissement, purger, après cela on aura recours aux boissons acidulées. Pour *Champignons.* les *champignons* en particulier, après vomissements et selles, on administre au malade une potion faite avec une infusion de feuilles d'oranger et de l'éther; on lui fait prendre un bain au sortir duquel on lui applique sur le ventre des fomentations émollientes. La tisane de graines de lin sert de boisson; si après cela l'assoupissement et le délire continuent, on applique des sinapismes aux pieds.

§ VI.

Traitement des Poisons de la quatrième classe.

Septiques ou putréfiants. Voici les divers traitements employés pour combattre les effets des poisons septiques ou putréfiants:

Morsures des vipères et serpents. Pour les morsures des *vipères* et *serpents*, il convient de pratiquer de suite une ligature au-dessus de la plaie; ensuite il faut faciliter la sortie du sang par la pression, ou appliquer des ventouses, cautériser la plaie avec un fer rouge, la pierre infernale, la potasse, etc.; administrer à l'intérieur des cal-

mants et des sudorifiques, des potions avec la teinture de quinquina.

Quand un insecte a piqué et que son dard est
resté, on commence par le retirer, ensuite on verse
quelques gouttes d'alcali volatil mélangé, si c'est
possible, avec deux parties d'huile. Piqûre d'insectes.

Aussitôt que quelqu'un aura été mordu par un
animal soupçonné enragé, il faudra lui ôter ses vêtements qu'on lavera de suite afin de prévenir la
contagion. On pressera la plaie en tous sens pour la
faire saigner, on la lavera avec de l'eau salée ou de
savon, ayant soin de la frotter rudement. Ensuite
on cautérisera, aussi profondément que possible, les
blessures avec un fer rougi au blanc, que l'on
introduira avec prudence jusqu'au fond de la plaie,
et que l'on promènera même sur les plus légères
écorchures. Si elle était sinueuse, il faudrait l'a-
grandir. On pansera les unes et les autres avec de
la charpie imbibée de parties égales d'alcali et
d'huile; on fera bien de mettre, cinq ou six heures
après, un large vésicatoire sur la blessure et d'entretenir la suppuration. On couchera le malade et
on lui donnera, d'heure en heure, une tasse de
l'infusion de fleurs de bourrache et de sureau, et
six à huit gouttes d'alcali étendues dans un peu
d'eau sucrée; boissons que l'on remplace par l'eau
de guimauve si l'inflammation est très-forte.

Morsure des
animaux enragés.

ARTICLE 2.

APOPLEXIE, ASPHYXIE, etc

§ Ier

Lorsqu'une attaque d'apoplexie se déclare, il faut
découvrir de suite la tête et le cou, desserrer les
vêtements, exposer le malade à l'air frais, le placer Apoplexie.

9

sur son séant, lui mettre les jambes dans un bain de moutarde très-chaud ; lui faire boire, s'il est possible, beaucoup d'eau vinaigrée ; lui administrer, de deux en deux heures, un lavement fait avec quatre onces d'huile et une poignée de sel de cuisine, dans un litre et demi de décoction émolliente ; on donne encore une saignée copieuse au bras, suivie, si les symptômes persistent, de douze à vingt sangsues derrière les oreilles. On appliquera encore des sinapismes autour des pieds, des compresses d'eau sortant du puits, et renouvelées incessamment sur la tête.

Si l'amélioration ne se prononce pas, on pourra réitérer la saignée et renouveler l'application des sangsues en petit nombre, de manière à obtenir un écoulement permanent. Avoir soin d'appeler au plus vite un médecin.

Les personnes sujettes à cette maladie, feront bien de boire quelques verrées d'une forte infusion de raifort acidulée avec le sirop de vinaigre, surtout lorsqu'elles ressentiront des pesanteurs de tête, un assoupissement surnaturel, etc. Elles éviteront les exercices violents, les liqueurs fortes, les aliments épicés.

§ II.

Asphyxie.

Quelle que soit la cause de l'asphyxie, il faut sur-le-champ déshabiller le malade, l'exposer à l'air frais, couché sur le dos, la tête et les épaules relevées ; chercher à lui faire avaler de l'eau vinaigrée ; lui jeter par aspersion de l'eau très-froide sur la figure, et l'essuyer de temps en temps avec une serviette chaude pour recommencer ensuite ; lui frotter le corps avec une liqueur spiritueuse quelconque et des linges chauds ; lui chatouiller les plantes des pieds, le dedans des cuisses et l'épine du dos avec une brosse rude ; lui administrer un premier lavement avec de l'eau vinaigrée froide, et quelques minutes après un second lavement d'eau fortement salée également froide ; lui faire respirer du soufre brûlé ou toute autre odeur pénétrante, lui chatouiller l'intérieur des narines ; enfin, si ces moyens ne suffisent pas, introduire de l'air dans la poitrine, au moyen d'un canon de soufflet placé dans une narine, l'autre étant bouchée.

Ce que nous allons dire sur les diverses asphyxies a été tiré en partie d'une instruction rédigée par les soins du conseil de salubrité siégeant à Paris et publiée par les soins du gouvernement.

1. Dès que le noyé aura été retiré de l'eau, s'il est privé de mouvement et de sentiment, on le tournera sur le côté droit. On lui fera légèrement pencher la tête, en la soutenant par le front ; on écartera doucement les mâchoires et l'on facilitera ainsi la sortie de l'eau qui pourrait s'être introduite. On peut même, immédiatement après le repêchage du noyé, et pour mieux faire sortir l'eau, placer la tête un peu plus bas que le corps, mais il ne faut pas la laisser plus de quelques secondes dans cette position.

2. Pendant cette opération, qui ne devra pas être prolongée au-delà d'une minute, on comprimera doucement et par intervalles le bas-ventre de bas en haut, et en même temps l'on fera de même pour chaque côté de la poitrine, afin de faire exercer à ces parties les mouvements qu'elles exécutent lorsqu'on respire ; puis on portera l'individu, la tête libre et le corps enveloppé dans des couvertures, au lieu où l'on doit lui porter des secours.

3. On lui ôtera alors ses vêtements que l'on coupera même pour aller plus vite. On essuiera son corps, on lui mettra une chemise, un bonnet de laine et on le posera doucement sur un matelas, entre deux couvertures de laine, la tête et la poitrine seront plus élevées que les jambes.

4. On fera chauffer des fers à repasser et sitôt

qu'ils auront la chaleur qu'on leur donne pour repasser le linge, on les promènera par-dessus les couvertures de laine, sur la poitrine, le bas-ventre et le dos, en s'arrêtant plus longtemps sur le creux de l'estomac et aux plis des aisselles. On peut remplacer les fers par une bassinoire avec des cendres chaudes. On frictionnera les cuisses et les extrémités inférieures avec de la laine, la plante des pieds et l'intérieur des mains avec des brosses douces, sans cependant trop appuyer, surtout dans le commencement.

5. Il ne faut jamais chercher, surtout dès le début, à exposer le corps du noyé à une chaleur plus forte que celle du sang. Si les fers à repasser et la bassinoire ont un degré de chaleur de plus, comme ils n'agissent que sur des couvertures et en passant, leur action est suffisamment affaiblie. S'il gèle, et que le noyé, après avoir été retiré de l'eau, ait été assez longtemps exposé à l'air froid pour que des glaçons se soient formés sur son corps, il faut, aussitôt qu'il arrive, et même avant, ouvrir les portes et les fenêtres, afin d'abaisser la température au degré de la glace fondante, lui appliquer sur le corps des compresses trempées dans de l'eau, à la même température, qu'on élève peu à peu. Cette élévation doit toujours s'opérer plus promptement pour les noyés que pour les asphyxiés par l'action du froid seulement. On peut, pour les noyés, élever la température de deux degrés par deux minutes, et, lorsqu'on est arrivé à vingt degrés, avoir recours aux frictions sèches. En même temps, on fermera les portes et les fenêtres, pour arriver à une chaleur de quinze degrés du thermomètre de Réaumur.

6. Si le malade donne quelques signes de vie, il faut continuer les frictions, ainsi que la chaleur, sans rien entreprendre pour gêner la transpiration. S'il fait des efforts pour respirer, il faut discontinuer pendant quelque temps toute manœuvre qui

pourrait comprimer la poitrine ou le bas-ventre. Si on s'aperçoit qu'il fait des efforts pour vomir, il faut introduire les barbes d'une plume dans la bouche, chatouiller la luette pour provoquer le vomissement.

7. Dans aucun cas, il ne faut introduire de liquide dans la bouche d'un noyé, à moins qu'il n'ait repris ses sens et qu'il ne puisse facilement avaler.

Si le médecin n'est pas encore arrivé, on lui fera prendre une cuillerée d'eau de mélisse étendue d'eau.

8. Si le ventre est tendu, on donne un lavement d'eau tiède dans laquelle on aura fait fondre une forte cuillerée à bouche de sel; mais ce moyen ne doit être employé que lorsque la chaleur et la respiration sont rétablies. S'il ne donnait aucun signe de vie, on pourrait recourir à l'insufflation d'une fumée de tabac dans le fondement.

9. Si l'on peut disposer d'un lit, il faut y laisser reposer le malade une heure ou deux; si son sommeil est bon, le laisser tranquille; si au contraire sa face, de pâle qu'elle était, se colore fortement pendant l'envie de dormir et qu'en réveillant le malade il retombe aussitôt dans un état de somnolence, il faut lui appliquer des sinapismes de moutarde entre les épaules, à l'intérieur des cuisses et aux mollets. On lui posera en même temps de six ou huit sangsues derrière chaque oreille; mais ces moyens extrêmes ne seront employés qu'autant que le médecin ne sera pas là.

On comprend sous la détermination d'asphyxies par les gaz méphitiques, celles qui sont produites par la vapeur du charbon, par les émanations des fosses d'aisance, des puits, des citernes, des égouts, des liquides et du raisin en fermentation; en un mot, par des gaz impropres à la respiration. Tous peuvent être traités par les moyens qui suivent :

Asphyxie par gaz méphitiques.

1. Il faudra de suite sortir l'asphyxié du lieu méphitisé et l'exposer au grand air.

2. On le déshabillera le plus promptement possible; mais si l'asphyxie a eu lieu dans une fosse d'aisance, on arrosera d'abord son corps avec de l'eau chlorurée et on ne le déshabillera qu'après, afin d'éviter le danger auquel on s'exposerait en approchant trop près de son corps.

3. On posera le corps assis dans un fauteuil ou sur une chaise; on le maintient dans cette position; un aide, placé derrière lui, soutient la tête. On jette de l'eau froide par verres sur le corps, et principalement au visage. Cette opération doit être continuée longtemps, surtout dans l'asphyxie par les gaz carboniques.

4. De temps à autre on s'arrête pour tâcher de provoquer la respiration, en comprimant, à plusieurs reprises, la poitrine de tous côtés et le bas-ventre de bas en haut.

5. Si l'asphyxié fait quelques efforts pour vomir, chatouiller la luette avec la barbe d'une plume; sitôt qu'il pourra avaler, lui faire prendre de l'eau vinaigrée.

6. Sitôt que la vie est rétablie, bien essuyer le corps et coucher le malade dans un lit bassiné; donner un lavement d'eau dégourdie dans laquelle on aura fait fondre du savon gros comme une noix et deux cuillerées à bouche de vinaigre.

C'est à un médecin à faire le reste.

Voici les précautions qu'on doit prendre lorsqu'on cure un égout, un puits abandonné, une fosse d'aisance:

1. Y introduire une chandelle qui doit brûler de dix à quinze minutes.

2. Percer, avec une perche, la croûte des matières fécales et remuer jusqu'au fond; suspendre un réchaud allumé; jeter du chlorure de chaux; ne permettre à aucun ouvrier de descendre sans être muni d'un bridage, afin qu'on puisse le retirer facilement s'il se trouve incommodé.

1. Lorsqu'une personne a été asphyxiée par la *foudre*, il faut de suite la porter au grand air si elle n'y est pas ; la dépouiller promptement de ses vêtements ; faire des frictions aux extrémités ; chercher à rétablir la respiration par des pressions sur la poitrine, le bas-ventre, comme pour les noyés.

2. Pendant qu'on se livre à ces tentatives, on fait creuser par des hommes une fosse en terre, autant que possible dans un terrain meuble. Elle doit être assez longue et assez large pour qu'on puisse y déposer le corps du foudroyé dans toute sa longueur. Cette fosse doit encore avoir 6 pouces de profondeur ou 17 centimètres en sus de l'épaisseur du corps. On y étend l'asphyxié nu, couché sur le dos, de manière cependant que la tête soit plus élevée que les extrémités, et on recouvre légèrement le corps, excepté la face, de 4 pouces ou onze centimètres de cette terre extraite de la fosse. On le laisse ainsi pendant deux ou trois heures, en lui faisant de fréquentes effusions d'eau froide sur le visage. Quelque bizarre que ce moyen paraisse, il est depuis longtemps employé avec succès en Pologne, en Silésie, en Prusse et en Russie.

Si la vie se rétablit, le malade devra être traité comme les autres asphyxiés rappelés à l'existence.

Lorsque la mort apparente a été produite par le froid, il est de la plus haute importance de ne rétablir la chaleur que par degrés.

En approchant du feu un asphyxié par le froid, ou même en le plaçant, dès le commencement du traitement, dans un lieu médiocrement chauffé, ce serait le perdre irrévocablement. Au contraire, il faut ouvrir les portes et les fenêtres, afin que la température de la chambre ne soit pas plus élevée que la température extérieure.

On emploiera les moyens suivants :

1. On transportera le plus promptement possible l'asphyxié dans l'endroit où il doit recevoir des secours. Pendant le transport, on enveloppera le corps d'une couverture, ou de paille ou de foin, en laissant la face libre ; on évitera aussi de faire faire au corps des mouvements brusques, ainsi qu'aux membres.

2. On déshabillera l'asphyxié et on couvrira tout son corps, y compris les membres, de linges trempés dans de l'eau froide, qu'on rendra plus froide encore en y ajoutant des glaçons concassés. Si l'on peut se procurer une baignoire, il est mieux d'y plonger l'asphyxié. On aura soin, pendant l'opération, d'enlever les glaçons qui pourraient se former sur le corps.

3. Lorsque le corps commencera à dégeler, que les membres deviendront plus souples, on fera sur la poitrine et le bas-ventre des pressions comme pour les noyés, afin de rétablir la respiration, et l'on fera des frictions sur le corps, soit avec de la neige, soit avec des linges trempés dans l'eau froide. Si, dans ces circonstances, la raideur a cessé et que le malade soit dans un bain, on augmentera la chaleur de trois à quatre degrés de dix en dix minutes, jusqu'à la porter à 28 degrés du thermomètre de Réaumur. Si on n'a pas de baignoire, il faut agir de même avec les linges dont on enveloppe le corps et avec lesquels on frotte.

4. Lorsque le corps commence à devenir chaud, ou qu'il se manifeste des signes de vie, on l'essuie avec soin, on le place dans un lit qui ne doit pas être plus chaud que le corps de l'asphyxié.

On ne doit faire du feu dans la chambre que lorsque le corps a recouvré sa chaleur naturelle.

5. Lorsque le malade commence à pouvoir avaler, on lui fait prendre une tasse de thé, ou de camomille, avec quelques gouttes d'eau-de-vie ; mais cette boisson ne doit être qu'un peu plus que tiède.

6. Si le malade continue à avoir de l'engourdissement, on lui fera prendre de l'eau vinaigrée ;
s'il était profond, on administrerait des lavements
irritants, soit avec de l'eau salée, soit avec de l'eau
de savon.

On a vu souvent revenir à la vie des asphyxiés
par le froid, après douze à quinze heures de mort
apparente.

1. La première opération à faire c'est de couper
les liens qui attachent le pendu ; descendre son
corps, en évitant la secousse, sans attendre l'officier
public ; ôter les jarretières, la cravate, les cordons,
tout vêtement qui pourrait gêner la circulation du
sang.

2. Etendre, si l'on peut, avec précaution, le
corps sur un lit, un matelas, de la paille, etc., de
manière qu'il y soit commodément et que la tête
et la poitrine soient plus élevées que le reste. La
chambre doit être aérée ni trop froide ni trop
chaude.

3. Faire venir, le plus tôt possible, un médecin
qui seul, par ses connaissances pathologiques, peut
savoir si une saignée est nécessaire. Dans aucun cas
la saignée ne doit être pratiquée si la face est pâle.
Si cependant l'homme de l'art n'arrive pas, si les
veines du cou sont gonflées, si la face présente une
couleur rouge tirant sur le violet, on peut mettre
derrière les oreilles, six à huit sangsues. La quantité de sang à tirer doit être proportionnée à la bouf-
fissure de la face, à l'âge, à la constitution de
l'asphyxié.

4. Si la strangulation a eu lieu depuis peu de minutes, il suffit quelquefois pour rappeler à la vie
de faire des affusions d'eau froide sur la face,
d'appliquer sur le front, sur la tête, des linges
trempés dans la même eau, pendant que l'on fera
avec une flanelle sèche des frictions aux extrémités
inférieures.

5. Dans tous les cas il faut dès le commencement

presser, comme dans les autres asphyxies, la poitrine et le bas-ventre, pour rétablir la respiration.

6. Les lavements ne deviennent utiles que quand
le malade a donné des signes de vie non équivoques.
Dès qu'il peut avaler, lui faire prendre par petites
quantités du thé, ou de l'eau tiède mêlée de vinaigre ou de vin. Si, rappelé à la vie, il éprouve des
étourdissements, de la stupeur, il faut continuer
les compresses d'eau froide sur la tête. User pour
le reste des mêmes précautions que pour les autres
asphyxiés.

Asphyxie par la chaleur.

1. Si l'asphyxie a eu lieu par l'effet du séjour
dans un lieu trop chaud, il faut porter le malade
dans un endroit plus frais, mais pas trop froid, et le
débarrasser de tout vêtement qui gêne la circulation. Le médecin seul doit décider si la saignée est
utile. On doit faire prendre des bains de pieds médiocrement chauds, avec des cendres ou du sel.

2. Quand le malade peut avaler, lui faire prendre
par petites gorgées de l'eau froide vinaigrée, des
lavements avec un peu plus de vinaigre. Les boissons échauffantes sont très-défendues.

3. Si la maladie fait des progrès et que le médecin
n'arrive pas, appliquer huit à dix sangsues aux
tempes ou derrière les oreilles.

4. Si l'asphyxie a été déterminée par l'action du
soleil, comme cela arrive aux moissonneurs et aux
militaires, le traitement est le même ; mais, si le
malade ne sue pas, il faut insister sur les applications d'eau froide sur la tête.

Inhumations précipitées.

Ce serait ici l'occasion de dire un mot sur les
inhumations précipitées, car il n'est que trop certain
que bien des personnes ont été enterrées comme
mortes lorsqu'elles n'étaient qu'en léthargie ; ce qui
arrive surtout dans les cas d'hystérie ou autres maladies analogues. En tout cas, cherchons à concilier
ce que la loi et la salubrité publique exigent, avec
ce que la prudence, l'humanité et les liens qui nous
attachent au mort nous commandent.

§ III.

Remèdes propres à quelques affections légères ou chroniques.

L'*asthme* est une maladie nerveuse caractérisée par une grande difficulté de respirer, accompagnée d'une espèce de sifflement, et dans laquelle la poitrine est dans un mouvement violent. Cette difficulté de respirer est quelquefois si forte que les malades étoufferaient s'ils n'étaient assis la tête droite.

Prenez : Racines d'aunée, coupées par morceaux,   15 grammes.

Faites bouillir dans 1 litre 1/2 d'eau, que vous réduisez à 1 litre ; ajoutez-y sur la fin :

Feuilles d'hysope,   ) de chacune,
— de lierre terrestre, } une pincée.
Miel,   30 grammes.

Faites bouillir le tout quelques moments pour écumer le miel. Retirez, passez la boisson.

Ou encore :

Eau,   1 litre 1/2.
Miel,   60 grammes.

Faites-y infuser

Germandrée ou petit chêne,   8 grammes.

Ces tisanes ne guérissent pas, mais soulagent les asthmatiques.

On appelle *aphthes* de petites ulcérations superficielles qui apparaissent à différents points de la bouche. Souvent les *aphthes* ne sont que des indices d'un mal plus ou moins grave. Quand elles sont légères et que l'ulcération n'existe pas encore,

Prenez : Orge entière,   5 grammes.
Eau commune,   250 —
Miel,   50 —

Faites bouillir jusqu'à 220 grammes. Excellent gargarisme, ou le *sirop de mûres*.

Pour l'ulcération :

Prenez : Gargarisme émollient,   250 grammes.
     Ajoutez

          Borax,   8   —
     Faites fondre.

Il faut l'employer froid.

Pour les enfants, le gargarisme comme ce remède s'emploient avec un pinceau de charpie. A la place du *borax* on peut prendre de l'*alun*.

Brûlure.

On appelle *brûlure* une lésion produite sur une partie quelconque du corps par le feu. Elle peut être légère, grave, très-grave. La pomme de terre rapée, la confiture de groseilles, l'encre agissent par le froid et leurs principes astringents. Le vinaigre, l'huile d'olives, l'éther, le coton, etc., donnent souvent des résultats très-favorables, mais ils n'ont pas tous la même valeur.

Liniment contre les brûlures.

Pour brûlures non entamées.

Prenez : Huile d'amandes douces,   une partie.
          Eau de chaux,   8 parties.

Mêlez et agitez chaque fois. Enlevez la partie qui vient nager sur la surface et appliquez ce liniment.

Eau.

     Alun,   10 grammes.
     Eau,   1 litre.

On préfère souvent cette dernière formule :

Liquide.

Pour brûlures plus graves.

Prenez : Chlorure de chaux liquide à 3°, 125 grammes.
          Eau,   1 litre.

On peut étendre sur les plaies un linge fin enduit de cérat.

Chutes et contusions.

Chutes et contusions. Après une chute, un coup, etc., si la contusion a été violente, on se fait ordinairement saigner ou appliquer des sangsues, et dans ce cas il est toujours bon d'appeler un médecin. La tisane de *chiendent* et de *chicorée amère*, ou toute autre boisson rafraichissante, est, avec la diète, le repos absolu, les bains de pieds, le meilleur remède des chutes graves. On applique avec succès sur les contusions et les meurtrissures récentes, les fomentations d'eau tiède et de vinaigre, ou un cataplasme composé de la *racine de grande consoude*, des *sommités du millepertuis* et de *persil*, qu'on a soin de piler et de mettre ensemble. Les infusions et les teintures vulnéraires ne sont bonnes que dans les accidents légers ou lorsque l'inflammation est entièrement tombée. Les onguents et les emplâtres ne conviennent que dans les pansements de plaies.

Les *coliques* sont des douleurs plus ou moins violentes qui se font sentir dans différentes parties du ventre.

Si la *colique est venteuse*, elle cède le plus souvent à un ou deux lavements de camomille et de savon, à quelques tasses de thé de camomille, ou de tilleul et de menthe poivrée. On peut frictionner le ventre avec des serviettes chaudes.

Les *coliques d'indigestions*, produites par trop d'aliments ou par une mauvaise digestion, se dissipent en buvant de l'eau tiède pure ou un peu sucrée, du thé léger de camomille, de sureau, de mélisse. Si le ventre est trop plein, on le dégage par des lavements avec de l'eau tiède et du sel, quelques frictions chaudes sur l'estomac et la diète.

Les *coliques qui surviennent par le froid* se guérissent par des serviettes chaudes aux jambes, des boissons légères de thé, de sureau ou de camomille. La guérison est encore plus prompte si le malade peut se mettre au lit et obtenir une légère sueur, surtout aux jambes. Si les douleurs étaient trop fortes, on donnerait des lavements.

Les autres coliques plus compliquées demandent la présence du médecin.

Constipation. Bien que ne constituant pas une maladie, la *constipation* est parfois d'une telle opiniâtreté qu'il n'est pas hors de propos d'indiquer les moyens qui peuvent le mieux réussir pour la combattre. Quand la constipation ne provient pas d'une maladie grave, on ordonne de l'eau de mauve miellée, un bouillon aux herbes, du petit lait, des lavements émollients composés avec une décoction de poireaux ou de *mercuriale* (vulgairement *foireuse*) avec deux cuillerées de mélasse et de l'eau de savon.

Si ces moyens ne suffisent pas, prendre le soir une pilule composée de 15 centigrammes d'*aloès* avec quantité suffisante de *sirop de chicorée composé*. Si on devait en user pendant plusieurs jours, on ferait un nombre nécessaire de ces pilules et l'on en prendrait une quantité proportionnée à l'âge et au tempérament. A la dose de deux pilules par jour, une le matin et une le soir, avant le repas, ces pilules sont *laxatives*. A la dose de quatre à cinq par jour, à jeun, prises d'heure en heure, elles sont *purgatives*.

On peut aussi employer des suppositoires chez les enfants et les vieillards.

Convulsions. Les *convulsions* sont des contorsions violentes, subites et involontaires dans tous les muscles du corps. Les femmes y sont plus sujettes que les hommes, et les enfants y sont souvent exposés.

Spasmes, hystérie, épilepsie. Plusieurs médecins, dans les *spasmes*, l'*épilepsie*, l'*hystérie*, emploient la poudre des fleurs du *narcisse des prés*. On peut citer les docteurs Michéa et Pichot. Voici comme M. Michéa en fait usage :

Il commence à donner 3 décigrammes de cette poudre, et insensiblement il arrive jusqu'à 1 gr. $\frac{1}{2}$ qu'il ne dépasse jamais sans provoquer des vomissements. Il suspend sa médication pendant quinze jours, pour la reprendre ensuite et la suspendre encore, et cela durant un temps prolongé d'une manière suffisante.

Pilules du docteur Debreyne, contre l'hystérie.

Camphre,	6 grammes.
Assa-fœtida,	6 —
Extrait de belladone,	2 —
Extrait aqueux thébaïque,	50 centigrammes.
Sirop de gomme,	Quantité suffisante.

Pour 60 pilules.

Une pilule le premier jour, deux le second, et on augmente ainsi d'une pilule chaque jour, si c'est nécessaire, jusqu'à six en vingt-quatre heures : deux le matin, deux à midi et deux le soir, deux heures avant le repas. Il est souvent inutile d'aller jusqu'à une dose aussi forte, et l'on peut s'arrêter à deux, trois et quatre pilules, si l'amélioration se prononce et continue, ou s'il survient beaucoup de trouble dans la vue. Cependant cet accident n'est jamais redoutable, car il disparaît toujours quand on cesse l'usage de la belladone.

La racine de la *valériane* convient très-bien dans les convulsions : on l'emploie le plus souvent sèche, en infusion, à la dose de huit à seize grammes par litre d'eau qu'on édulcore avec du sucre ou du miel.

On désigne sous le nom de *coqueluche* une affection caractérisée par une toux convulsive, revenant par quintes plus ou moins longues. Elle est contagieuse, surtout parmi les enfants. La coqueluche est une maladie fatiguante à supporter, mais sa terminaison est ordinairement heureuse, quoiqu'elle puisse quelquefois devenir très-grave.

Les infusions de *germandrée* ou de *serpolet* calment les quintes de cette maladie.

Voici la formule du sirop de Delahaye contre la coqueluche.

Café torréfié et pulvérisé,	500 grammes.

Traitez par déplacement au moyen d'eau bouillante, de manière à obtenir mille grammes de liqueur.

Faites dissoudre dans cette liqueur :

Extraits alcooliques de belladone
et d'ipécacuanha,) de chaque,
  (10 grammes.

Ajoutez

Sucre, 200 —

Faites fondre au bain-marie et filtrez.

Ce sirop est ordinairement employé à la dose de *quinze grammes* le matin, *quinze grammes* à midi et *trente grammes* le soir, au moment du coucher, dans deux ou trois cuillerées d'eau chaude, pour les enfants de trois à cinq ans, moitié moins pour les enfants au-dessous. Le pharmacien seul peut bien préparer cette formule et il est même bon de consulter un médecin.

Cors aux pieds. Après avoir coupé la superficie des *cors*, sans les détremper, on peut appliquer sur la racine une feuille de *joubarbe* ou de *lierre*, macérée pendant trois ou quatre jours dans du fort vinaigre. On applique le soir une ou plusieurs feuilles de lierre; on les retire le matin pour les remplacer par des fleurs de *souci* bien mondées de leur tige. On continue ce remède pendant quelques jours, et les cors se détachent sans douleur jusqu'à la racine, en les égratignant avec les ongles.

On les brûle parfois avec de l'*eau-forte*, mais c'est une opération délicate qu'il ne faut confier qu'à une main habile.

Coupures. La feuille et la racine de *grande consoude*, pilées avec un peu d'huile et appliquées sur les *coupures*, les guérissent promptement; il en est de même de celles d'*orpin* ou *grasselle*.

Lorsqu'il ne reste dans la coupure aucun corps étranger, tel que du verre ou de la terre, il suffit de rapprocher les chairs à l'aide d'un morceau de sparadrap de diachylum ou de taffetas d'Angleterre.

Si cette indisposition est légère, il faut se borner à user un peu de diète et d'une infusion légère de capillaire ou de fleurs de mauve. Si elle est accompagnée d'ardeurs d'entrailles, de tranchées, de faux besoins, on joint à cette boisson l'usage de lavements émollients ; et lorsque ces symptômes sont un peu apaisés, on fait infuser 30 grammes de *rhapontic* ou *rhubarbe des moines* dans un litre d'eau, pour boisson ordinaire, surtout si la bouche est mauvaise et l'appétit dérangé. Les eaux de riz et les astringents ne sont bons qu'à la suite des vieilles diarrhées.

Le crachement de sang ou l'*hémoptysie* consiste dans une expectoration ou crachement de sang qui vient des poumons ou du cœur, qu'il ne faut pas confondre avec celui qui vient du nez ou des gencives ; ce dernier est peu dangereux.

Quand le sang vient du cœur ou de la poitrine, il est ordinairement vermeil, mêlé de bulles d'air, accompagné de toux.

Quand le sang vient des poumons, il est noir, ordinairement en plus grande quantité, et rendu, non point en toussant, mais en vomissant. L'hémoptysie qui vient des poumons est très-grave, c'est ordinairement l'annonce de la phthisie. Celle qui vient du cœur présente aussi de grands dangers.

Si l'hémoptysie est peu abondante, si elle résulte des secousses de la toux, si elle ne se présente que sous l'aspect de filets dans les crachats, ou chez les femmes à la suite de quelques suppressions, toutes choses égales d'ailleurs, elle est moins grave que dans les autres cas.

Il faut garder un silence absolu, mettre le malade sur son séant, donner de l'air dans sa chambre, n'administrer que des boissons froides, repos de l'esprit et du corps. S'il est fort, jeune, sanguin, pratiquer une saignée au bras ; s'il y a suppression ou si le sang se porte vers les parties supérieures, quelques sangsues autour des chevilles des pieds. Des médecins prescrivent une bonne nourriture et l'usage du *cachou*. Comme cette maladie est grave, l'homme de l'art doit être au plus tôt consulté.

Tisane.

Prenez : Racine de grande consoude,
      ratissée et coupée en tranches,   50 grammes.
      Riz lavé,   8   —

Faites bouillir dans deux litres d'eau en ajoutant

      Réglisse effilée,   8 grammes.

Passez cette tisane et édulcorez avec du sirop de groseille ou de vinaigre.

Elle se prend à froid.

Si l'hémorragie continue, on peut administrer, avec l'approbation du médecin, des pilules ainsi composées :

      Alun pulvérisé,   2 grammes.
      Extrait gommeux d'opium,   50 centigrammes.
      Mucilage,   Quantité suffisante.

Pour 20 pilules dont on administre de 3 à 6.

Croup. Le *croup* est une maladie terrible, presque exclusive à l'enfance, quoiqu'on l'ait observée quelquefois à un âge plus avancé. Cette maladie se masque dès son début sous l'apparence d'un léger rhume qui dure un ou deux jours. A mesure qu'elle fait des progrès, la voix devient aiguë, sonore et semblable au cri d'un jeune coq. Quelquefois elle débute subitement ; l'enfant se dresse tout-à-coup en se plaignant d'étouffer, sa respiration est courte, pénible, sifflante ou râlante. Le petit malade porte le cou en haut et en arrière pour respirer plus facilement. La marche du croup est très-rapide ; elle ne dure que trois, quatre ou cinq jours. La mort termine souvent cette maladie si redoutée des mères.

Le traitement du croup n'est pas aisé, surtout

quand le mal a fait des progrès. Le meilleur moyen serait, s'il était possible, de le faire avorter dès le commencement; ainsi quand on entend un enfant se plaindre d'un mal de gorge accompagné d'une toux rauque avec difficulté de respirer, on ne risque rien, en attendant le médecin, de lui faire prendre un bain de pied avec de la moutarde, un petit lavement purgatif préparé avec une infusion de quinze à seize grammes de séné dans un litre de décoction émolliente. Ces moyens, aidés de quelques fumigations de vinaigre dirigées dans la gorge, ont souvent fait avorter une attaque de croup.

Si la maladie ne cède pas et que le médecin n'arrive pas, faire à la partie supérieure du cou une application de quelques sangsues, selon la force du petit malade, des cataplasmes sinapisés aux pieds; puis, aussitôt après la chute des sangsues, on administrera cinquante centigrammes à un gramme de *poudre d'ipécacuanha* délayée dans de l'eau sucrée tiède et administrée par cuillerées à café, de quart d'heure en quart d'heure, jusqu'à ce que plusieurs vomissements s'ensuivent. On peut encore placer des vésicatoires aux jambes d'abord, puis au devant du cou.

M. le docteur Hauner, médecin de l'hôpital des enfants, à Munich, ayant vu presque constamment échouer contre le véritable croup les sangsues, l'émétique, le calomel, etc., s'est avisé de recourir à l'eau froide appliquée à l'extérieur.

Voici une de ses observations insérées dans les journaux médicaux d'Allemagne : c'est aux hommes de l'art à confirmer ce moyen si simple par des expériences répétées.

Un petit garçon de deux ans et demi, de constitution très-forte, fut pris rapidement du croup. On lui appliqua aussitôt quatre sangsues au cou, et immédiatement après leur chute on entoura le cou d'une cravate trempée dans de l'eau glacée, qu'on recouvrit ensuite d'un autre linge large et sec. Cet appareil était renouvellé toutes les demi-heures. Au bout de douze heures, l'enfant se trouvait hors de danger. On continua néanmoins les fomentations froides pendant deux jours.

Dégoût, perte d'appétit.

Jetez dans un litre d'eau bouillante une forte poignée de *chicorée amère,* quelques *fleurs de camomille romaine,* huit grammes de *réglisse effilée* et quelques *tranches de citron* dépouillées de leur peau; cette tisane est excellente pour faire couler la bile et ranimer l'appétit.

Douleurs de dents.

M. Récamier recommande pour toutes les douleurs de dents, avec ou sans carie, le remède suivant, bien simple et facile :

Poudre de chasse,   une cuiller à café.
Un morceau de mousseline fine, mais résistante.

On renferme la poudre dans la mousseline, on en forme un nouet que l'on ferme avec un morceau de fil bien ciré.

Au moment de la douleur, on prend le nouet préparé, on le mâche lentement, et au bout d'une demi-heure la douleur est éteinte.

Engelures.

On donne le nom d'*engelure* à un gonflement inflammatoire circonscrit qui occupe particulièrement les doigts, les orteils, le talon, le nez, les oreilles. Cette inflammation est toute spéciale; elle attaque ordinairement les enfants, les femmes, les jeunes gens délicats, les personnes qui ont la peau fine. Pour se garantir des engelures, il faut autant que possible éviter l'influence du froid et surtout les transitions brusques du froid au chaud. Voici quelques remèdes, les uns propres à prévenir les engelures, les autres à les guérir; mais il ne faut pas oublier que les meilleurs remèdes ne guérissent pas toujours.

Fortifier la peau exposée aux engelures par des

lotions d'eau salée, vinaigrée, du vin aromatique, de l'eau-de-vie camphrée, de l'eau de céleri, mais ne jamais laver ces parties avec de l'eau chaude ou des infusions émollientes.

Premier remède.

Prendre : Sous-acétate de plomb, 150 grammes.
Eau-de-vie camphrée, 50 —

Il faut agiter ce mélange, puis en imprégner des compresses qui seront appliquées deux ou trois fois par jour sur les engelures.

Deuxième remède.

Prendre : Farine de moutarde noire, ╲ De chaque
Eau froide, ╱ quantité suffisante

pour faire des cataplasmes qui, mis entre deux linges, doivent recouvrir toutes les parties souffrantes et être gardés de vingt à trente minutes, suivant la sensibilité de la peau, mais jusqu'à ce qu'une espèce de cuisson se fasse sentir. Deux ou trois applications suffisent.

Troisième remède.

Prendre : Baume noir du Pérou, liquide, 52 grammes.
Camphre, 8 —

Faire dissoudre le camphre dans le baume et conserver dans un flacon bien bouché. Le soir, après avoir bien chauffé la partie prise d'engelures, on frottera avec la paume de la main, dans laquelle on aura mis un peu de baume, la partie malade, puis on la couvrira d'un linge. Deux ou trois jours suffisent à la guérison des engelures non ulcérées. Il faut quelques jours de plus pour celles qui sont en suppuration.

Quatrième remède.

Prendre : Suif de mouton, 8 parties.
Térébenthine, 6 —
Résine élémi, 6 —
Axonge, 4 —

Faire le mélange à une douce chaleur. Cet onguent,

connu sous le nom de *baume d'Arcœus*, doit être appliqué deux fois par jour étendu sur de la charpie. Ce pansement n'empêche pas les lotions avec le vin aromatique, ou dans les engorgements des cataplasmes faits avec les *fleurs de sureau* et le *mélilot*.

Enrouement. On peut donner avec succès la décoction miellée de *chou rouge* ou de *pouillot* et un gargarisme préparé avec *douze figues grasses* et une *poignée de feuilles de ronces* bouillies dans une chopine d'eau.

A son retour de l'île d'Elbe, l'empereur Napoléon fut pris d'un enrouement subit, au moment de faire son entrée à Lyon. Le docteur Fourreau de Beauregard, son médecin ordinaire, lui fit prendre la potion suivante, qu'on a depuis nommée *potion impériale :*

Prenez : Ammoniaque liquide, 10 gouttes.
Sirop d'érysimum (ou de sisymbre officinal), 48 grammes.
Infusion de tilleul, 90 —

A prendre en une fois.

Entorse. L'*entorse* résulte d'un tiraillement violent des parties molles et des ligaments qui environnent une articulation. Il peut même être porté jusqu'à la déchirure d'un ou de plusieurs de ces ligaments.

Quelle que soit l'entorse, grave ou légère, elle n'en exige pas moins des soins attentifs et immédiats. La durée de l'entorse et les accidents qui peuvent en être la suite dépendent de la gravité de la lésion, de l'organisation de la personne et du traitement suivi.

Si l'*entorse est légère*, le sujet sain, la guérison peut avoir lieu dans l'espace de deux à trois semaines; mais souvent elle peut durer des mois entiers.

Dès le début du mal il faut recourir au remède véritablement héroïque, l'application du froid et se garder de manipuler par des pressions ou des tiraillements la partie malade, ce serait aggraver la maladie, chose qui arrive souvent aux *rebouteurs*.

Il ne faut pas non plus plonger le pied ou la partie endommagée dans de l'eau très-froide, de la neige, glace pilée, etc. Par là on pourrait supprimer une transpiration abondante ou dans certains cas occasionner des suppressions toujours nuisibles, sans compter les douleurs atroces qu'on fait endurer au patient. On doit tout simplement entourer l'articulation de compresses imbibées d'eau froide tirée du puits ou d'eau ordinaire, dans laquelle on pourra faire fondre de la glace. Ces linges doivent dépasser de quelques doigts la partie souffrante et être renouvelés toutes les deux ou trois minutes pour qu'ils ne puissent pas s'échauffer. Ce traitement peut durer huit, dix, douze heures et quelquefois plus, jusqu'à ce que la partie malade n'ait plus tendance à s'échauffer rapidement, lorsqu'on cesse un instant de l'appliquer. Lorsqu'on est assuré que la chaleur vive de l'inflammation ne se produit plus, on peut cesser avec précaution les compresses d'eau très-froide, en employant de l'eau de moins en moins froide. Dans certains cas exceptionnels, il faut suivre la marche inverse, c'est-à-dire employer l'eau modérément froide d'abord, puis de l'eau de plus en plus froide. Il serait dangereux d'agir autrement envers des individus affectés de maladies de poitrine ou dans une transpiration abondante, ou encore pour des femmes qu'on doit ménager. Quoique dans certains cas il soit difficile de faire de suite la différence d'une fracture et d'une entorse, ce traitement ne peut nuire.

C'est alors que, si le mal est grave, le médecin prescrit des sangsues, une saignée; puis viennent les cataplasmes émollients, les compresses d'eau-de-vie camphrée, l'eau de savon, des cataplasmes de plantes aromatiques cuites dans du gros vin, le vin aromatique lui-même. Au besoin, des douches d'eau *alcalinée* ou *sulfureuse*.

Le malade ne doit pas marcher ou se servir trop tôt du membre atteint d'entorse ; le repos, une nourriture légère hâtent la guérison.

L'*érysipèle* est une inflammation de la peau qui présente un léger gonflement ; la couleur en est d'un rouge vif qui disparaît à la pression pour reparaître ensuite ; on éprouve une chaleur âcre et brûlante.

Il faut tenir le malade chaudement sans le trop couvrir ; lui faire boire une très-légère infusion de *sureau* ou même de *chicorée sauvage* ; lui faire prendre, soir et matin, un lavement émollient et un bain de jambes si le mal est à la tête. L'embarras des premières voies pourrait réclamer un vomitif, ou un purgatif, selon l'avis du docteur. On bassinera la partie souffrante avec une forte infusion de *sureau* tiède, ou du vin coupé, mais tiède. Le malade observera la diète et ne s'exposera pas à l'air avant que les croûtes ne soient entièrement tombées. Les corps gras et la plupart des remèdes externes usités dans les campagnes pour le cas dont il s'agit, sont dangereux, sinon inutiles. Il a été reconnu depuis peu, par d'habiles praticiens, que le coton écru bien cardé, était aussi souverain pour l'érysipèle que pour les brûlures.

La *goutte* a beaucoup d'analogie avec le *rhumatisme* ; on la considère comme une *inflammation des articulations*. On peut dire en thèse générale, qu'il n'y a point de spécifique contre la goutte. L'usage habituel de la *germandrée* ou *petit-chêne* prise en guise de thé, est très-utile dans cette maladie et contre les rhumatismes. On peut y joindre l'application à chaud de flanelles trempées dans une forte décoction de racine d'*hièble* et de *lie de vin blanc*. Lorsque la goutte remonte, il faut plonger les jambes dans un bain de moutarde très-chaud, et encore au besoin appliquer des sinapismes de moutarde aux pieds. On vante beaucoup la *peau divine*. Voici sa préparation :

Cire jaune parfaitement pure,
Suif de mouton bien préparé, récent,
Térébenthine,
} De chaque parties égales.

Faites fondre à un feu doux, étendez au moyen d'un pinceau sur une peau de mouton bien souple du côté de la chair, mais de manière à l'imbiber jusqu'à la fleur. Appliquez cette peau sur la partie malade.

En Angleterre on a préconisé la teinture de *colchique* qui en France a obtenu déjà plusieurs succès éclatants.

Bulbes ou ognons de colchique d'automne, 120 grammes.
Eau-de-vie ou rhum à 22°,   800   —

Coupez les ognons en petits morceaux, laissez infuser dans l'eau-de-vie pendant huit à dix jours, agitez la bouteille matin et soir. La dose est de deux cuillerées à café pur, ou dans une tasse d'infusion de *thé* léger, ou de *mélisse*, ou de *feuilles d'oranger ;* édulcorez avec sirop de *capillaire* ou sucre. Six à huit jours après, prenez dans un demi-lavement deux cuillerées à bouche de la liqueur.

On appelle *mal de gorge* une inflammation de quelques-unes ou de toutes les parties du *pharynx* et plus particulièrement de la *luette* et de deux petits corps qui se trouvent de chaque côté ayant le volume d'une amande et qu'on nomme *amygdales*. Le mal de gorge est dangereux ; chez les enfants il peut déterminer le *croup ;* chez les jeunes gens, il amène des *angines* qui peuvent se compliquer ; chez les hommes faits, des *abcès* dont les conséquences sont incalculables ; chez les vieillards, il détermine trop souvent un *catarrhe* qui ne finit qu'avec la vie. Dans cette maladie on ne se repent jamais d'avoir été trop prudent ; on regrette bien souvent de ne l'avoir pas été assez !

Le changement subit de température produit souvent cette maladie, et les personnes du sexe en voulant trop sacrifier à la mode sont par là-même plus exposées aux atteintes des maux de gorge. Les vêtements trop échancrés ont non-seulement le très-grave inconvénient de blesser la modestie, mais encore celui d'exposer un cou et des épaules nus à l'impression du froid.

Le traitement de l'angine et surtout de l'angine chronique est de combattre l'irritation de la gorge par des sangsues au cou en petit nombre, les bains de pieds sinapisés, et quand toute espèce de douleur a disparu, qu'il n'y a qu'un gonflement et un peu de gêne dans la déglutition, on peut employer les gargarismes astringents. Quelques *feuilles de sauge* dans une tisane d'*orge* édulcorée avec du miel et aiguisée par un filet de vinaigre, produisent un bon effet ainsi que les *cigarettes de camphre*.

Prenez encore :

Alun en poudre,	5 grammes.
Miel rosat,	50 —

Faites dissoudre dans une infusion de *feuilles de ronces*. Se gargariser six à huit fois par jour.

A moins d'une raison fournie par le tempérament du malade qui annonce une *contre-indication*, il est encore plus expéditif et plus avantageux de prendre 5 centigrammes d'*émétique*, qu'on partage en trois parties à peu près égales. On met ces trois portions chacune dans un grand verre d'eau froide. Chaque verre d'eau émétisée doit être pris à jeun, couché, de quart d'heure en quart d'heure environ. Quand les nausées commencent, boire de l'eau tiède; plus on en boit, moins les vomissements sont pénibles. Les personnes qui ne peuvent supporter l'eau tiède y ajoutent une infusion de fleurs de camomille. Le vomitif secoue le malade, l'agite, excite la sueur et fait ainsi avorter souvent une grave maladie.

Certaines personnes prennent des fumigations en posant un entonnoir au-dessus d'une tasse remplie d'eau chaude aromatisée avec des *fleurs de mauve*, d'*ortie blanche*, ou de *fleurs de tilleul* et de *feuilles de lierre terrestre*. M. le docteur Récamier prescrit, dans cette maladie et aux personnes qui doivent parler souvent, des douches d'eau pure ou d'eau de guimauve et même de lait. Le patient se met une grande cuvette sous le menton ; il ouvre la bouche autant que possible ; une autre personne, à l'aide d'une petite seringue, darde, à une distance convenable, le liquide au fond de la gorge. Pour renvoyer au dehors le liquide et éviter des nausées, le malade exécute, avec sa gorge, les mêmes mouvements que l'on fait quand on se gargarise.

On désigne sous le nom de *grippe* un rhume modifié par une influence épidémique. Si l'on arrive à obtenir une sueur, le malade en retire constamment du soulagement. Souvent on a réussi en faisant prendre au malade par petites tasses, dans la journée, une tisane ainsi composée : Faites bouillir pendant huit à dix minutes, dans 1 litre d'eau, *une forte tête de pavot*, après l'avoir brisée, et rejeté les graines ; ajoutez 60 grammes de *gomme arabique*, et 125 gr. de *sucre candi*. Pour les enfants, il faut couper cette tisane avec la moitié de son poids d'eau.

Pour le *rhume*, bien des médecins emploient le remède que nous allons indiquer quand il n'existe ni oppression, ni point douloureux vers un des côtés de la poitrine, ni crachats sanguinolents :

Bonne eau-de-vie,	De chaque
Sirop capillaire,	3 cuillerées à bouche,

dans une infusion chaude de *fleurs de violettes*, pour une bonne tasse que l'on prend le soir après s'être mis au lit ; il faut continuer deux ou trois jours. Pour les jeunes personnes et les constitutions faibles, on peut se contenter de 2 cuillerées d'eau-de-vie.

Hydropisie.

M. Obriot, Curé de Frenilly (Haute-Marne), emploie depuis vingt-huit ans la *reine des prés (spirée ulmaire)*, et c'est à sa famille qu'il doit cette indication dont il a toujours eu à se louer. Il conseille d'en faire infuser une poignée dans un litre d'eau bouillante et d'en prendre trois ou quatre tasses par jour, de ces tasses dites à déjeuner, le matin à jeun, à midi, le soir. M. le Curé raconte qu'au bout de neuf jours l'hydropisie disparaît entièrement.

Les fleurs de cette plante ont été très-longtemps employées en médecine, surtout comme sudorifiques et particulièrement contre la toux dépendante de maladies inflammatoires; sa racine même a été employée dans les maladies malignes; mais sa vertu ayant paru douteuse à quelques praticiens, elle avait été comme abandonnée.

Depuis, les médecins des hôpitaux ont voulu expérimenter ce nouveau remède, et l'un d'eux, M. Tessier, de l'Hôtel-Dieu de Lyon, innovateur distingué et expérimentateur consciencieux, cite plusieurs variétés de cette maladie, dans lesquelles cette plante a produit les résultats les plus heureux.

Chez un détenu affecté d'hydropisie liée à une affection de voies digestives, il prescrivit, après avoir inutilement eu recours aux autres médicaments connus et employés dans ce cas, la décoction de la *reine des prés*, à la dose d'un litre par jour. Dès le troisième jour le malade urinait plus que de coutume; on continua le médicament et son effet se prononça encore davantage. Au bout de seize jours l'usage de la plante est suspendu et aussitôt l'urine devient moins abondante. On revient à la même tisane et la sécrétion urinaire augmente de nouveau. En somme, cette plante fut administrée pendant six semaines, et, grâce à son action persistante, le liquide disparut sans que le malade en éprouvât aucune fatigue. Bien plus, cet habile praticien a pu constater d'une autre manière la propriété de la *reine des prés*.

Un jeune homme, couché dans son hôpital, recevait, par un malentendu, la décoction de cette plante pour de la tisane pectorale. Au bout de quatre jours, il s'aperçut qu'il urinait énormément depuis quarante-huit heures. Son état s'étant ainsi amélioré, on continua et il fut bientôt guéri.

Il paraît que toutes les parties de la plante, la racine, la tige et les fleurs sont douées des mêmes propriétés; les fleurs ont cependant paru moins actives que les autres parties.

Mais, tout en accordant à ce médicament la valeur qu'il mérite, il ne faut pas croire qu'il guérira toutes les hydropisies. La découverte de M. Obriot n'en est pas moins très-importante.

On se sert encore de

Racines d'asperges,	15 grammes.
Eau,	1 litre.
Baies de genièvre concassées,	Une poignée.
Racines de raifort coupées en tranches,	30 grammes.

Pour 1 litre d'eau bouillante après une infusion d'une heure.

La bière et les vins diurétiques composés sont favorables à cette maladie avec les purgatifs et vomitifs; mais comme elle est très-grave, on doit consulter un médecin habile et consciencieux. Le suc de la racine de l'*iris germanique* qui croît sur les vieux murs des jardins et fleurit en mai et juin, produit un excellent effet.

On tire le suc de la racine par expression, après l'avoir pilée; on le laisse dépurer. La dose est de 30 à 40 grammes qu'on prend avec de l'eau sucrée.

Dès qu'on se sent au doigt de la douleur et des battements, symptômes avant-coureurs du *panaris*, aussitôt qu'on y remarque cette rougeur qui annonce une inflammation interne, il faut de suite se procurer de l'*onguent gris* (onguent napolitain ou mercuriel), et on fait un petit cataplasme dont on entoure le doigt malade. C'est à nu qu'il faut mettre l'onguent sur le doigt. Le panaris avorte et la guérison arrive le lendemain.

Plongez encore, dès le début, votre doigt, votre main dans une décoction de *racines de guimauve* et de *têtes de pavot*, dans laquelle on pourra dissoudre, pour un litre, de 10 à 15 grammes d'*extrait d'opium*; ou bien entourez la partie malade de compresses trempées dans la même dissolution, compresses qu'il faut changer souvent.

Pour boisson, *eau de chiendent* et vivre de régime. Si le mal s'aggrave, il faut faire de profondes incisions et exciter la suppuration.

Meurtrissure. — Prenez une petite poignée de *lichen de chêne* qu'on appelle encore *pulmonaire de chêne*, espèce de mousse qui s'attache sur les troncs des chênes. Brisez-la en petits morceaux; jetez sur la poudre ainsi préparée un ou deux blancs d'œufs; battez pour bien mêler; étendez sur de la charpie et appliquez sur les *meurtrissures*.

Mal de tête. — Quelques gouttes de suc de *lierre terrestre* aspirées fortement par le nez, les *fruits et fleurs de sureau* chauffés et appliqués en bandeau, ou les *feuilles de laitue et de pourpier* écrasées et arrosées de vinaigre; l'infusion de *bétoine*, d'*arnica*, de *primevère*, des *bains de pieds*, sont recommandés dans cette indisposition quand elle ne tient pas à une maladie plus grave; on peut y joindre des lavements émollients si le ventre est embarrassé. L'eau sédative de Raspail, en compresses sur le front et les tempes, produit quelquefois d'heureux résultats.

Migraine. — La *migraine* est une douleur aiguë qui afflige une partie de la tête, soit du côté gauche, soit du côté droit; quelquefois elle n'occupe que le devant, le derrière ou le sommet. La migraine peut être le résultat ou de l'*abondance du sang*, ou d'*une trop grande irritation nerveuse*; mais le plus souvent elle est due à un *mauvais état de l'estomac ou des intestins*.

Traitement de la migraine causée par l'abondance du sang. Cette maladie se reconnaît à la rougeur du visage, aux battements tellement prononcés des tempes que le malade croit recevoir des coups de marteaux dans la tête, au pouls large et plein ; alors quand ces symptômes sont réunis, il faut se faire tirer du sang ou mieux encore mettre des sangsues à l'anus. Au besoin, appliquer sur le front des compresses d'eau froide aiguisée légèrement avec du vinaigre ou bien encore faire des frictions avec l'*éther,* l'*eau de Cologne* ou autres liqueurs propres à déterminer sur le front un refroidissement subit. On peut également mettre les pieds dans de l'eau chaude contenant un peu de farine de moutarde ; mais l'essentiel c'est de se soumettre à un régime moins excitant. Ainsi on fera usage de légumes préférablement à la viande. On prendra des boissons acidulées telles que de l'eau de *groseilles,* de l'*orangeade,* de la *limonade,* etc.

   Traitement de la migraine nerveuse. Cette variété domine principalement chez les femmes ; elle dépend entièrement du tempérament nerveux. Elle est d'autant plus difficile à guérir que l'irritabilité nerveuse est plus grande. Après avoir bassiné le front avec de l'éther ou de l'eau de Cologne, on fait respirer le mélange suivant :

> *Prenez* : Alcool ou eau-de-vie, 500 grammes.
> Ammoniaque liquide, 120 —
> Camphre, 50 —
> Essence d'anis, 2 —

On peut faire préparer une moins grande quantité en conservant les proportions.

Après avoir fait respirer pendant quelques temps cette liqueur, on en imbibe des compresses que l'on applique sur le front.

Quand l'accès ne se calme pas, bien des médecins font prendre au malade dix à quinze et même vingt gouttes d'*esprit de Mindérérus* (acétate d'ammoniaque) dans un demi-verre d'eau sucrée.

Il est inutile de dire que si le ventre n'est pas libre il faudrait, avant tout, administrer un lavement.

Traitement de la migraine due au mauvais état des voies digestives. Les personnes qui sont sujettes à cette espèce de migraine, et le nombre en est grand, ont habituellement la bouche amère, surtout le matin ; leur langue est blanchâtre, leurs digestions sont parfois pénibles ; beaucoup de vents, soit par en haut, soit par en bas. Elles ne peuvent espérer la guérison de leurs douleurs qu'en détruisant les mauvaises dispositions de leur estomac par un régime convenable et bien suivi pour la nourriture ; l'exercice au grand air, les promenades prolongées sont des moyens qui produisent des effets merveilleux. Ces personnes doivent prendre des lavements sitôt que le ventre n'est plus libre.

Pendant l'accès, mêmes moyens que pour la migraine nerveuse. Pour prévenir cette maladie, il faut faire usage pendant quelque temps de *poudre de rhubarbe,* qu'on prend au moment du dîner, à la dose de cinquante à soixante centigrammes, entre deux soupes, jusqu'à ce que les selles soient bien régulières.

Après cela, on fait pendant huit jours usage des pilules suivantes :

Prenez : Extrait de ménianthe,   4 grammes.
Poudre d'aloës succotrin,   ) de chaque
   —   de rhubarbe   ) 2 grammes.

Mêlez exactement et divisez en vingt-quatre pilules dont on prend deux avant chaque repas.

M. le docteur Tavignot a fait connaître dans le journal l'*Observation* une méthode nouvelle et en apparence assez bizarre pour se débarrasser de la migraine. Se trouvant pris lui-même d'une vive attaque de cette indisposition, il eut l'idée de respirer largement et très-vite pendant quelques minutes. Il se trouva d'abord soulagé ; il continua, et après trois ou quatre expériences nouvelles, il fut complétement guéri. Il put se lever et se livrer à ses travaux ordinaires.

Plusieurs de ses malades l'ont essayé avec le même succès ; seulement certaines personnes ont éprouvé une espèce d'ivresse, d'éblouissement, de malaise qui a duré plus ou moins de temps ; mais il ne peut arriver rien de dangereux.

M. Turn-Bull, de Londres, dans les *annales d'oculistique*, indique un moyen nouveau de guérir la myopie qui peut avoir une grande importance sans entraîner aucun inconvénient, car il est tout-à-fait ineffensif. Son attention s'est porté sur l'*iris* de l'œil qui est ordinairement très-dilaté chez les myopes. Il a eu d'abord recours à l'extrait de *gingembre*, avec lequel il a fait faire des frictions sur tout le front du myope pendant cinq ou dix minutes ; ensuite il a employé une teinture concentrée de *gingembre* (une partie de *gingembre* sur deux parties d'*esprit de vin* décoloré par le charbon). Le succès de cette application fut remarquable et dans beaucoup de cas, elle a eu pour effet de doubler le champ visuel. Chez quelques myopes l'iris est peu dilaté, mais languissant, immobile ; au lieu de gingembre il fait usage de teinture de poivre préparée comme la teinture de gingembre et l'application dure jusqu'à ce que l'iris ait acquis une plus grande force de dilatation.

La pommade suivante de *belladone* réussit très-bien dans toutes les *névralgies*, excepté dans la *sciatique*.

> *Prenez :* Extrait de belladone, 12 grammes.
> Axonge, 12 grammes.
> Opium, 2 grammes.

Mêlez exactement pour une pommade, qu'on peut aromatiser avec quelques gouttes d'*huile de thym* ou d'autre huile essentielle. Le matin, à midi et le soir, prenez gros comme une petite noisette de cette pommade, posez sur l'endroit douloureux et frictionnez avec de la flanelle pendant cinq ou six minutes, jusqu'à parfaite absorption. On y ajoute de temps en temps un peu de salive pour mieux faire pénétrer; si la vue se trouble notablement, on suspend momentanément les frictions.

Nouure, rachitisme.

Le *rachitis* est ainsi appelé à cause de la déviation de l'épine du dos, qui en est le principal symptôme. Cette maladie attaque ordinairement l'enfance dans les premières années de la vie. Un enfant qui en est atteint se dessèche à un tel point qu'il ne paraît plus avoir que la peau et les os.

La digestion se dérange, le ventre se gonfle, les membres perdent leur force, les os longs se raccourcissent, la poitrine se déjette, une fièvre lente le dévore et un dévoiement opiniâtre achève de l'épuiser.

Quoique cette maladie offre peu de ressources, l'humanité exige qu'on essaie tout pour la guérir, ou du moins pour soulager le pauvre petit malade.

L'usage du vin, une bonne nourriture, des vêtements chauds, une habitation bien élevée et aérée située au midi ou au levant, l'huile de foie de morue produisent de bons effets. On doit coucher les enfants atteints de cette maladie sur des paillasses d'herbes aromatiques mêlées avec de la balle d'avoine; leur faire prendre un exercice proportionné à leur force; leur frotter le ventre, les membres, l'épine du dos au soleil ou auprès d'un feu clairet avec des brosses ou flanelles imprégnées de vapeurs aromatiques; les mettre, comme en Angleterre, dans des bains d'eau froide, dans lesquels on pourra faire dissoudre 250 grammes de sel.

On a beaucoup préconisé le liniment suivant :

Prenez : Moëlle de bœuf,   ⎞ de chacun
Urine d'une personne saine, ⎬ 60 grammes.
Vin rouge,   ⎠

Faites cuire le tout à un feu très-lent jusqu'à l'évaporation de presque toute l'humidité.

Coulez et ajoutez à ce mélange encore chaud :

Huile essentielle de lavande,   ⎞ de chacun
  — de noix muscade,   ⎬ 2 grammes.
  — de girofle,   ⎠
Blanc de baleine,   8 grammes.
Camphre dissous dans l'esprit-
  de-vin,   4 grammes.

Mêlez le tout ensemble pour un liniment dont on frottera l'épine du dos dans toute sa longueur.

Pour guérir toutes sortes de plaies anciennes et nouvelles, naturelles ou survenues par accidents, tels que chutes, coups de pieds de chevaux, blessures d'armes blanches ou à feu, clous, furoncles, panaris, dépôts, tumeurs inflammatoires, plusieurs médecins recommandent l'onguent divin, ainsi composé :

Huile d'olive (de la meilleure),   500 grammes.
Cire jaune, la plus pure et la
  plus propre,   90 grammes.
Minium passé au tamis de soie. 250 grammes.

On peut se servir d'un pot de terre bien vernissé ou d'un vase de cuivre non étamé pour faire cet onguent, connu depuis longtemps sous le nom d'*emplâtre de minium.*

Il est bon d'opérer dehors à cause de l'odeur développée pendant la cuisson et sur un bon feu de charbon. On met la cire dans l'huile; lorsqu'elle est bien fondue, on ajoute le minium, en ayant soin de verser doucement et de remuer constamment, en tout sens, avec une cuillère de bois, jusqu'à ce que l'onguent soit bien cuit. On le retire du feu, on le laisse un peu refroidir, puis on le verse dans de petits moules de papier fort ; quand il est refroidi entièrement on le décolle et on le conserve enveloppé dans de nouvelles feuilles de papier.

Pour s'en servir on l'étend sur un morceau de linge blanc, avec les doigts, de manière à bien couvrir la plaie. Lorsqu'il y a suppuration, il faut changer l'emplâtre soir et matin, ne jamais laver la plaie, se contenter de poser dessus un linge blanc pour enlever la matière. Pour une tumeur on ne change l'emplâtre que toutes les 24 heures et on met par-dessus un cataplasme fait avec de *l'eau de guimauve* et de la *mie de pain*, qu'on renouvelle soir et matin. Il ne s'emploie que pour les tumeurs ou dépôts, jamais sur les plaies. Il fait sortir les épines et autres corps étrangers introduits dans les chairs. On l'a employé avec beaucoup de succès dans les maux de sein et contre la fistule tant de l'œil que du fondement.

Pour les ulcérations occasionnées par un long séjour au lit, M. Jones, médecin anglais, fait panser les malades avec du coton en rame assez épais pour faire l'office de coussin et absorber les liquides. On se garde bien de le faire détacher, il tombe de lui-même et on le remplace par du coton nouveau.

Pituites. Les personnes sujettes aux glaires et pituites doivent mâcher fréquemment des *baies de genièvre* ou faire macérer pendant vingt-quatre heures une poignée de ces baies écrasées avec quatre grammes de *rhubarbe des moines*, dans un litre d'eau froide, pour en faire leur boisson habituelle, en la coupant avec du vin pendant leurs repas.

Douleurs de reins. M. Horne, un des médecins les plus en réputation de notre époque, donne, comme traitement presqu'infaillible contre le lumbago (vulgairement mal des reins), la formule du liniment suivant :

Prenez : Poudre de camomille,   8 grammes.
Sel commun,   2 grammes.
Camphre dissous dans l'essence
    de térébenthine,   8 grammes.
Onguent de sureau,   100 grammes.
Savon noir,   50 grammes.

Mêlez exactement. Dans 24 heures les douleurs peuvent être guéries par des applications faites avec ce liniment. M. Horne s'en sert également et avec succès contre les différentes douleurs articulaires et musculaires exemptes de fièvre.

On peut se laver avec la décoction d'*hépatique des jardins* ou celle d'*argentine*.

Voici la recette du lait virginal.

Faites une émulsion avec :

Amandes douces,   50 grammes.
Amandes amères.   8 grammes.
Eau de roses,   150 grammes.

Ajoutez

Fleurs de benjoin,   1 gramme.

On dépouille les amandes de leur enveloppe à l'aide de l'eau chaude ; on les pile ensuite dans un mortier de marbre, on y verse peu à peu de l'*eau de roses* et après avoir passé la liqueur on ajoute le *benjoin*.

Les personnes qui suent habituellement des pieds ont un moyen d'y remédier sans danger, c'est de les essuyer avec un linge sec en sortant du lit, lorsqu'ils sont encore dans un état de moiteur, puis de jeter dessus quelques gouttes d'eau-de-vie de marc.

On donne le nom de *teigne* à plusieurs maladies qui ont pour siége le cuir chevelu et qui sécrètent une humeur visqueuse, fétide, occasionnant une violente démangeaison.

12

Il faut raser la tête des teigneux, la frotter soir et matin avec un onguent de baies de genièvre pilées, cuites dans partie égale de graisse de porc non salée, ou avec de l'huile dans laquelle on aura fait bouillir 250 grammes de *feuilles fraîches de tabac*. Il est bon de purger de temps en temps le malade. Voici le remède qu'employait un bon curé de campagne et qui lui réussissait presque toujours :

Prendre du *cresson de fontaine*, le faire frire, ou plutôt amortir dans une poêle avec du saindoux, l'appliquer chaud sur la tête après avoir coupé les cheveux en forme de calotte ; faire cette opération matin et soir. A chaque fois qu'on enlève le cataplasme il faut fortement laver la tête avec de l'urine d'homme. Pendant le traitement faire usage de tisane dépurative. Au bout de quinze jours ou trois semaines la guérison est complète.

Quand la maladie est très-grave on doit s'abandonner entre les mains d'un médecin.

Verrues. Voici le moyen employé par M. le docteur Richard, de Soissons, pour détruire les *verrues :*

Prenez un gros *oignon blanc*, faites un trou au milieu sans traverser l'oignon de part en part, remplissez ce trou de gros sel gris, laissez fondre le sel de lui-même. Quand le sel fondu aura bien imprégné la substance végétale, l'oignon ainsi préparé vous donnera un caustique fort actif, car en frottant avec l'oignon les verrues de toute grosseur soir et matin, surtout après les avoir coupées un peu, on les détruit promptement. Les cautérisations successives avec la pierre infernale réussissent aussi très-bien.

Ce qui vient d'être dit dans ce chapitre de la *Petite Médecine végétale et d'urgence*, a été puisé aux meilleures sources et procuré par une main amie et dévouée, ainsi que les diverses formules que nous allons indiquer en terminant le chapitre VI.

ARTICLE 3.

REMÈDES INTERNES.

§ 1er

Tisanes, Apozèmes, etc.

Avant que de présenter quelques formules particulières les plus usitées en médecine pour tisanes, décoctions, etc., nous croyons qu'il est utile de donner la liste des fleurs, feuilles, racines, fruits que l'on emploie pour les tisanes; nous les classerons d'après leur mode d'action en indiquant le degré d'infusion ou de décoction que ces substances doivent subir.

Fleurs de mauve,		Espèces pectorales.
— de coquelicot,		
— de violette,	Par infusion.	
Feuilles de lichen d'Islande,		
— de lierre terrestre,		
— de mauve,	Décoction légère.	
Fruits: orge (on jette la première eau),		
— dattes,		
— jujubes,	Décoction moyenne.	
— raisin de Corinthe,		
— graines de lin,		
Racines de guimauve,	Décoction légère.	

Fleurs de roses de Provins,		Espèces astringentes.
Feuilles : bourgeons de sapin,	Infusion.	
Fruits : citron,	Décoction légère.	
— coings,	Décoction moyenne.	
— tormentille,	Décoction légère.	
Racines de grande consoude,	Décoction moyenne.	
— de ratanhia,		
— de bistorte,	Décoction légère.	

Il faut ajouter à cette classe certains acides, tels

que l'acide sulfurique, l'acide muriatique, l'acide phosphorique, l'acide nitrique, que l'on fait souvent entrer dans la composition des tisanes astringentes, et qui leur donnent plus d'action.

Le cachou et la corne de cerf appartiennent à cette classe, et entrent dans la composition de plusieurs tisanes astringentes.

Espèces aromatiques, toniques, stimulantes.

Fleurs d'arnica,
— de camomille,
— de petite centaurée,
— d'oranger,
— de véronique,
— de romarin, } Infusion légère.

Feuilles : sommités d'hysope,
— d'oranger,
— de bourgeons de sapin, } Infusion.

— d'absinthe,
— de menthe,
— de mélisse,
Fruits : baies de genièvre,
— semences d'anis,
— de badiane, } Infusion légère.

Racines d'aunée,
— de patience,
— de bardane,
— de polygala,
— de serpentaire de Virginie } Décoction légère.

Bois de quinquina,
— de cascarille,
— de quassia, } Décoction moyenne.

Espèces vermifuges.

Fleurs de pêcher,
— de santoline,
— sommit. fleuries d'absinthe } Infusion légère.

Fruits : baies de nerprun, Décoction moyenne.
Racines : mousse de Corse, } Décoction légère.
— de raifort,
— de rhubarbe,
— de sabine,
— de simarouba,
— de fougère mâle, } Décoction moyenne.

Fleurs de petite centaurée,
—   de chardon bénit,
Feuilles de chicorée sauvage, } Infusion.
—   de chêne,
—   de chamœdris,
Fruits : noix de galles,   Décoction légère.
—   baies de genièvre,   Infusion légère.
Racines de gentiane,   Décoction légère.
—   de serpentaire de Virginie Infusion.
Bois de quinquina,   } Décoction légère.
—   de quassia amara,

Espèces fébrifuges.

Feuilles de beccabunga,
—   de fumeterre,
—   de trèfle d'eau,   } Infusion légère.
—   de cresson,
—   de cochléaria,
Fruits de houblon,   } Infusion légère.
—   de moutarde,
Racines de gentiane,   } Infusion moyenne.
—   de raifort,

Espèces antiscorbutiques.

Fleurs de sureau,
—   d'hysope,
—   de coquelicot,
Feuilles de bourrache,   } Infusion moyenne.
—   de chardon bénit,
—   de pissenlit,
Racines de salseparcille,   } Décoction forte.
—   de squine,
Bois de gayac,   Décoction moyenne.
—   de sassafras,   Infusion légère.
—   de douce amère,   Infusion.

Espèces sudorifiques.

Fleurs : sommités fleuries de la
       reine des prés,   Infusion forte.
Fruits : baies de genièvre,   Infusion légère.
—   graines de lin,   } Infusion.
—   queues de cerise,
Racines d'asperge,
—   de chiendent (on jette la   } Décoction légère.
       première décoction),
—   de persil,   Infusion moyenne.
—   de pariétaire,   } Infusion.
—   de fraisier,

Espèces diurétiques.

On ajoute souvent à ces tisanes 25 à 30 centigrammes de *sel de nitre* qui augmente de beaucoup leur propriété diurétique.

Espèces antispasmodiques.		
Fleurs d'oranger,	}	Infusion légère.
— de tilleul,		
— de narcisse des prés,		Infusion.
Feuilles de laitue vireuse,		Infusion légère.
— de laitue,		Infusion.
— d'oranger,	}	Infusion légère.
Fruits de pavots (capsules),		
Racines de pivoine,		Décoction légère.

On ajoute le plus souvent à ces tisanes une ou deux cuillerées à bouche d'eau de fleurs d'oranger.

———

L'on fait aussi une tisane très-rafraîchissante nommée *oxycrat* en mélangeant 60 grammes de vinaigre par litre d'eau, ou bien en exprimant dans de l'eau le jus d'un citron ou d'une orange.

———

Excellente tisane contre la toux.

Prenez : Figues coupées, } De chaque
Raisins de Corinthe, } 60 grammes.

Faites bouillir dans

Décoction d'orge, } De chaque
Eau, } 1 kilogramme.

Faites infuser

Réglisse coupée et mondée, 15 grammes.

Passez.

A prendre par petites tasses dans le courant de la journée.

———

Tisane laxative.

Prenez : Pruneaux médicinaux, 60 grammes.

Faites cuire dans

Eau commune, 1 litre.

A prendre par petites tasses.

Prenez : Tamarin, 60 grammes.
Délayez dans
    Eau bouillante, 1 litre.
Passez et ajoutez
    Sirop de miel, 30 grammes.
A prendre par petites tasses.

Autre laxative.

Écorce de racines de grenadier, 60 grammes.
Faites bouillir doucement dans
    Eau, 1 litre.
jusqu'à réduction de moitié.
    Dose : en trois verres de demi-heure en demi-heure, contre le verre solitaire. S'il n'était pas expulsé en entier, recommencer le lendemain. On prescrit souvent une potion purgative la veille du jour où l'on fait prendre cet apozème.

Apozème
vermifuge.

Prenez : Huile d'amandes douces, 30 grammes.
Battez avec un jaune d'œuf. — Mélangez-y peu à peu
    Infusion un peu forte de coraline
      de Corse, 120 grammes.
    Sirop de chicorée, 30 —
Par cuillerée de deux en deux heures.

Autre vermifuge.

Pour combattre les affections vermineuses,
    Mousse de Corse, 4 grammes.
Infusée dans
    Eau bouillante, Un verre.
Ajoutez
    Sirop de fleurs de pêcher, 30 grammes.
Par cuillerée de deux heures en deux heures.

Mou de veau lavé et découpé, 125 grammes.
Faites bouillir pendant une heure environ dans
    Eau, 1 litre.
Sucrez et administrez par petites tasses dans les irritations de poitrine.

Apozème pectoral.

Vin diurétique.

Prenez : Baies de genièvre bien mûres
et point trop vieilles ,   60 grammes.

Concassez-les et faites-les macérer à froid dans
Bon vin blanc ,   1 litre.

Ayez soin de bien boucher le flacon avec un morceau de vessie ou de parchemin; remuez soir et matin.

On peut ajouter aux baies de genièvre
Tige confite d'angélique ,   15 grammes.

Et si l'on veut rendre le vin plus diurétique,
Squammes de scille sèche ,   15 grammes.

Après quarante-huit heures de macération, passez en exprimant légèrement ; filtrez au papier gris et conservez à la cave dans un flacon bien bouché. On prend de ce vin trois ou quatre fois le jour, deux cuillerées à bouche chaque fois, en mettant entre le repas et le remède deux ou trois heures de distance.

Vin d'absinthe.

Prenez : Sommités sèches de grande
et de petite absinthe,   } de chaque 15 grammes.

Hachez ces herbes grossièrement, faites-les macérer à froid pendant quarante-huit heures dans
Vin blanc ,   1 litre.

Passez avec légère expression ; filtrez et conservez dans une bouteille bien bouchée et mise dans un endroit frais.

Le vin d'absinthe est tonique, vermifuge, emménagogue ; il fortifie l'estomac et excite l'appétit. La dose est d'environ un verre le matin à jeun.

Le vin de *petite centaurée* se prépare de la même manière.

Vin tonique amer.

Prenez : Racines sèches de gentiane
et d'aunée, coupées en
petits morceaux,   } de chaque 15 grammes.

Écorce sèche d'orange,
Semences concassées de coriandre ,   } de chaque 8 grammes.

Vin blanc ,   1 litre.

Passez et filtrez après deux jours de macération.

On conserve ce vin dans une bouteille qu'on bouche bien. Il est détersif, tonique, vulnéraire ; il fortifie
l'estomac et aide à la digestion. La dose est depuis
un verre à liqueur jusqu'à un verre ordinaire avant
chaque repas.

Prenez : Racines de raifort sauvage, 50 grammes.
    — de bardane, 15 grammes.
Feuillles de cochléaria,
    — de cresson,
    — de beccabunga, } de chaque
    — de fumeterre, } 16 grammes.
Semences de moutarde,
Sel ammoniac, 8 grammes.
Bon vin blanc, 1 litre.

Vin antiscorbutique.

On nettoie les racines, on les coupe par tranches,
on épluche les feuilles, on les coupe menues, on
concasse la semence de moutarde et le sel ammoniac, on met toutes ces substances dans un flacon,
puis l'on verse le vin par-dessus ; on bouche bien,
on laisse infuser ces matières à froid pendant huit
jours, en ayant soin d'agiter le flacon plusieurs
fois le jour ; alors on coule avec expression, on
filtre le vin et on le conserve à la cave ; on en
prend trois ou quatre fois par jour, quelques
heures avant le repas, depuis un demi-verre jusqu'à
un verre. La dose doit toujours être proportionnée
à l'âge, aux forces, au tempérament des malades.

Ce vin est un excellent dépuratif tonique, très-
utile dans les affections scorbutiques, dartreuses,
rachitiques, dans les engorgements lymphatiques
et les maladies de peau.

Comme ce vin est échauffant, on le suspend de
temps en temps pour lui substituer dans les intervalles quelques bouillons rafraichissants.

On doit le suspendre encore ou s'en abstenir
lorsque les malades toussent, souffrent de la poitrine, ont des hémorragies, vu qu'il purge.

<table>
<tr><td>Vin de quinquina.</td><td>

Prenez : Quinquina gris, grossièrement
        pulvérisé,   60 grammes.
        Alcool rectifié,   30 grammes.
        Vin blanc,   1 litre.
</td></tr>
</table>

Si on le préparait avec du vin de Madère ou de Malaga on pourrait supprimer l'alcool.

On met le quinquina dans un vase avec l'alcool et on le laisse bien s'imprégner pendant 24 heures, puis on ajoute le vin blanc et on laisse macérer pendant huit jours.

Pour avoir une belle liqueur on le filtre dans du papier gris non collé.

Le vin de quinquina à la dose de deux cuillerées à bouche matin et soir convient aux estomacs débilités, aux personnes faibles, aux vieillards et quelquefois aux enfants, mais à moindre dose.

<table>
<tr><td>Vinaigre
des quatre voleurs.</td><td>

Prenez : Sommités d'absinthe major,
    —   d'absinthe minor,
    —   de romarin,
    —   de sauge,   de chaque
    —   de menthe,   15 grammes.
    —   de rue,
   Fleurs de lavande,
   Calamus aromaticus,
   Canelle,   de chaque
   Girofle,   2 grammes.
   Noix muscade,
   Gousses d'ail,
   Camphre pulvérisé,   4 grammes.
   Bon vinaigre,   1 litre.
</td></tr>
</table>

Après avoir haché ou concassé chacune de ces substances, faites-les macérer pendant quinze jours ; passez en exprimant fortement le marc et alors on ajoute le camphre dissous dans un peu d'esprit de vin.

On conserve la liqueur dans une bouteille très-bien bouchée.

Le vinaigre des quatre voleurs est un anti-pestilentiel ; on l'emploie avec succès pour se préserver de la contagion; on s'en frotte les mains et le visage; on en fait évaporer dans une chambre, on y expose les habits; cependant il est moins efficace que les agents chimiques et en particulier le *chlore*.

———

Sommités sèches d'absinthe,
— de lavande,
— de rue,
— de fenouil,
— d'hysope,
— de sauge,
— de marjolaine,
— d'origan,
— de menthe aquatique,
— de thym,
— de romarin,
— de mélisse,
— de calament de montagne,
Fleurs de camomille,
— de basilic,
— d'angélique,

de chaque 8 grammes.

Teinture vulnéraire.

Faites macérer à froid pendant quinze jours dans

Bonne eau-de-vie,   1500 grammes.

Toutes ces plantes hachées, passez en exprimant fortement et filtrez. Cette liqueur s'emploie extérieurement avec succès dans les contusions, coups, foulures, plaies récentes et toutes les fois qu'il faut raffermir et donner du ton. Étendue d'eau, elle est très-bonne pour consolider les gencives et entretenir la fraîcheur de la peau; on la donne intérieurement par cuillerées dans les syncopes et évanouissements provenant de faiblesse.

§ II.

Potions, sirops, etc.

Prenez: Safran,   2 grammes.

Potion emménagogue.

Versez dessus un grand verre d'eau bouillante et laissez infuser pendant une heure sur les cendres chaudes. Passez ensuite la liqueur à travers un linge avec forte expression. Ajoutez

Jus d'une orange aigre.

Pour une dose à prendre sur-le-champ.

Autre.

Eau distillée d'armoise,	150 grammes.
— de fleurs d'oranger,	15 grammes.
Huile essentielle de rue,	⎱ de chacune
— de sabine,	⎰ 6 gouttes.
Sirop de fleurs d'oranger,	50 grammes.

A prendre par petites cuillerées.

Si la maladie provient du froid, de la faiblesse, on peut employer cette potion ; si des causes plus graves l'avaient produite, il convient de consulter un homme de l'art.

Potion purgative agréable.

Poudre de scammonée d'Alep,	60 centigrammes.
Sucre blanc,	12 grammes.

Broyez le sucre avec la scammonée ; ajoutez

Lait chaud de vache,	120 grammes.
Eau de fleurs d'oranger,	5 à 6 gouttes.

Deuxième potion purgative.

Potion laxative formulée par le docteur Corvisart, premier médecin de l'Empereur.

Crême de tartre soluble,	50 grammes.
Émétique,	2 centigrammes.
Sucre,	60 grammes.
Eau,	1000 grammes *ou* un litre.

Faites fondre la crême de tartre dans l'eau ; ajoutez le sucre et l'émétique. La dose est de deux à trois tasses chaque matin pour entretenir la liberté du ventre.

Troisième potion purgative.

Prenez : Crême de tartre soluble,	45 grammes.
Sucre rapé,	90 grammes.
Zestes de citron,	une pincée.
Eau bouillante,	un litre.

On mêle la crême de tartre au sucre, on met ce

mélange et les zestes de citron dans un vase de porcelaine ou de terre et l'on verse dessus l'eau bouillante ; on boit de quart d'heure en quart d'heure un verre de ce liquide aussi agréable qu'une limonade et qui, dans beaucoup de cas, produit un effet aussi certain que les médecines noires dont la vue excite le dégoût. Comme tous les purgatifs, il ne faut jamais l'employer quand la langue est rouge à la pointe et sur les bords et le ventre sensible.

<table>
<tr><td></td><td>Huile de ricin,</td><td>24 grammes.</td></tr>
<tr><td></td><td>Sirop de limons,</td><td>12 grammes.</td></tr>
<tr><td>Mêlez.</td><td>Sirop de gomme,</td><td>12 grammes.</td></tr>
</table>

Quatrième potion purgative.

A prendre deux cuillerées d'abord, le reste deux ou trois heures plus tard, s'il est nécessaire, car ordinairement les deux premières cuillerées purgent bien et sans coliques. Cette purgation peut très-bien convenir aux enfants, en ayant soin de la proportionner à l'âge et au tempérament.

Le sirop de chicorée composé est un bon purgatif pour les enfants.

Pour un enfant de dix-huit mois, voici une formule de potion purgative :

Poudre de jalap,
Crême de tartre,   de chacun, 10 centigrammes.

Incorporez dans

Sirop de fleurs de pêcher,   12 à 16 grammes.

Ou bien dans deux cuillerées d'*eau* ou de *lait*.

On augmente la dose pour un enfant plus âgé.

Si l'enfant a déjà le dévoiement, on substitue le *sirop de chicorée composé* de *rhubarbe* à celui de *fleurs de pêcher*, et la poudre de *rhubarbe* à celle de *jalap*.

Il est très-peu de purgatif qui ait eu une réputation aussi populaire et aussi étendue que la mé-

Cinquième potion purgative.

decine du Curé de Deuil. Il est à Paris des pharmaciens qui la vendent de 25 à 30 fois par jour. Plusieurs familles conservent précieusement la recette de ce médicament; mais il paraît, selon le rapport de M. Gardes, pharmacien, à Villiers-le-Bel, de la Maison d'éducation de la Légion-d'Honneur, que la véritable formule, en passant de main en main, s'est altérée.

La voici, telle qu'elle a été écrite par M. Hurel, ancien Curé de Deuil.

Prenez : Racine de guimauve coupée, 15 grammes.
— de patience, 15 grammes.
Chiendent, 15 grammes.
Réglisse de bois, 15 grammes.
Feuilles de chicorée, 8 grammes.

On fait bouillir ces cinq substances pendant dix minutes dans trois bouteilles d'eau de rivière.

On y ajoute :

Follicules de séné de la Palthe, mondées, 20 grammes.
Rhubarbe de Chine concassée, 4 grammes.
Sulfate de soude (sel de Glauber), 4 grammes.

Laisser infuser le tout pendant deux heures et passer à travers une étamine.

Boire en lavage, dans la matinée, en deux ou trois jours, selon l'effet.

Cette médecine réussit où d'autres purgatifs échouent et M. le Curé de Deuil, à l'aide de cette purgation, administrée dans des conditions convenables, est parvenu à obtenir des guérisons inespérées. Quand il la prescrivait à des enfants ou à des personnes faibles, valétudinaires ou très-faciles à purger, il changeait la quantité de follicules qui variait de douze à seize grammes, au lieu de vingt.

Le seul inconvénient que présente ce purgatif c'est la grande quantité de liquide à boire, quantité que M. Gardes a pu réduire sans désavantage, sous forme de liquide concentré, à une demi-bouteille ordinaire.

Prenez : Ipécacuanha en poudre, 60 centigr.
Eau de rivière ou autre de fontaine, 90 grammes.

Première potion vomitive.

Pour une seule dose.

Cette potion agit sans secousses.

Prenez : Emétique, 10 centigrammes.
   Etendez dans

Eau, 360 grammes.

Deuxième potion vomitive.

Divisez en deux parties à prendre à trois quarts d'heure de distance l'une de l'autre.

Cette potion produit des secousses et elle est utile aux individus menacés de quelque maladie grave, telle qu'une fièvre ataxique ou maligne, dans laquelle le système nerveux est spécialement troublé, dans une apoplexie séreuse, etc., lorsqu'il y a des corps étrangers dans la gorge.

Prenez : Ipécacuanha en poudre, 10 centigrammes.
Eau édulcorée avec un sirop ou
   du sucre, 60 grammes.

Troisième potion vomitive pour des enfants.

Pour un enfant de quelques mois à un an.

Une autre pour le même âge.

Emétique, 1 ou 2 centigrammes.
Eau sucrée, un verre.

Ces deux vomitifs doivent se prendre par cuillerées à café, toutes les demi-heures, jusqu'à ce que le vomissement ait lieu.

On augmente les doses d'ipécacuanha et d'émétique avec l'âge des enfants. Depuis deux ans jusqu'à huit ans :

Ipécacuanha, 30 centigrammes.
Emétique, 5 centigrammes.

L'ipécacuanha et l'émétique sont des vomitifs sûrs et sans danger ; il ne s'agit que d'en proportionner la dose à la faiblesse et à la sensibilité de l'enfance.

Il ne faut jamais faire vomir dans des maladies aiguës, si ce n'est dans des cas très-rares que le médecin peut seul apprécier ; dans les maladies où il y a quelque lésion organique des viscères, telle que des tubercules ulcérés du poumon, un anévrisme du cœur, un squirre ou cancer de l'estomac, de l'intestin, du foie, etc. Les secousses des vomitifs pourraient être aussi nuisibles dans l'apoplexie sanguine. Il est des personnes qui ne peuvent vomir, d'autres qui sont si faibles que la moindre nausée les jette dans une défaillance dangereuse. Qu'on se garde bien alors d'exciter le vomissement : même réserve pour les personnes sujettes à des crachements de sang.

Le vomissement, quelqué nécessaire qu'il soit, ne doit pas être provoqué sans quelques précautions. Si le temps le permet, on doit disposer le malade, dès la veille, par des délayants pour faciliter la sortie des matières. Pendant l'action du vomitif, prendre de l'eau tiède en abondance, pour empêcher que l'estomac ne s'irrite. Dès que les vomissements ont cessé, on fera bien de donner quelques cuillerées d'une potion anti-spasmodique, pour calmer le trouble général que l'émétique a causé. Si les vomissements se prolongeaient trop longtemps, il faudrait les arrêter au moyen des *antiémétiques*. Les plus héroïques sont le *quinquina*, en infusion depuis 25 jusqu'à 40 centigrammes, les toniques et les amers. Les sucs de *citron*, d'*orange*, le *vinaigre* un peu fort, l'*éther sulfurique*, le *camphre*.

Potions antiémétiques.

Carbonate de potasse, de soude ou de magnésie,	2 grammes.
Acide citrique (suc de citron, de limon ou d'orange),	une cuillerée.

Mêlez et faites prendre. Cette potion est de Rivière.

Voici celle de Haen :

Eau distillée de menthe,	150 grammes.
Carbonate de chaux,	2 —
Suc de limon,	une cuillerée.
Liqueur d'Hoffmann,	2 grammes.
Laudanum liquide,	20 gouttes.
Sirop de menthe,	50 grammes.

Mêlez, pour prendre de deux heures en deux heures par cuillerée. Elle arrête non-seulement le vomissement, mais encore le hoquet et les crampes de l'estomac.

D'après toutes ces considérations dans lesquelles nous avons cru devoir entrer, vu l'importance de la matière, on doit bien juger qu'il n'appartient qu'à une main sage et habile d'administrer l'émétique.

Looch blanc.

Amandes douces,	18 grammes.
Amandes amères,	2 —
Sucre blanc,	20 —
Eau commune,	125 —
Gomme adraganthe pulvérisée,	0,8 décigrammes.
Huile d'amandes douces,	16 grammes.
Eau de fleurs d'oranger,	16 —

Mondez les amandes en les jetant dans l'eau chaude, et en les pressant ensuite entre le pouce et l'index, de façon à enlever l'épiderme. Triturez-les dans un mortier de marbre avec la moitié du sucre. Ajoutez peu à peu l'eau commune et passez à travers un linge. Nettoyez le mortier; mettez-y la gomme adraganthe et le reste du sucre. Pilez avec soin. Ajoutez un peu de l'émulsion précédemment obtenue, puis l'huile d'amandes douces par petites parties, et enfin le reste de l'émulsion. On ajoute à la fin l'eau de fleurs d'oranger.

Ce looch convient dans les maladies de la gorge et dans les irritations de poitrine. On le rend plus calmant en y ajoutant 10 grammes de *sirop* de *morphine*.

13*

Lait de poule.

<table>
<tr><td>Lait de poule.</td><td>Jaune d'œuf,</td><td>Un.</td></tr>
<tr><td></td><td>Sucre blanc pulvérisé ou rapé,</td><td>30 grammes.</td></tr>
</table>

Battez vivement dans une tasse avec une cuillère à café, jusqu'à ce que le mélange ait acquis la consistance du miel clair. Versez ensuite peu à peu et en agitant continuellement un *verre d'eau bouillante.*

Ce lait de poule se prend chaud, le soir avant de se coucher; c'est le *looch de ménage* et il jouit à peu près des mêmes propriétés que le précédent.

Sirop de gomme.

<table>
<tr><td>Sirop de gomme.</td><td>Gomme arabique,</td><td>250 grammes.</td></tr>
<tr><td></td><td>Sucre blanc,</td><td>1500 —</td></tr>
<tr><td></td><td>Eau commune,</td><td>750 —</td></tr>
<tr><td></td><td>Eau de fleurs d'oranger,</td><td>20 —</td></tr>
</table>

D'une part, concassez la gomme arabique; versez dessus un quart de litre d'eau et quand la solution sera parfaite vous passerez à travers un linge.

D'une autre part, versez de l'eau sur le sucre et faites chauffer; lorsque le sirop commencera à bouillir, vous y jetterez un blanc d'œuf que vous aurez fouctté avec 20 grammes d'eau de fleurs d'oranger. Laissez bouillir de nouveau durant quelques minutes, ôtez l'écume qui se présentera à la surface, versez ensuite dans le sirop ainsi clarifié la solution de gomme et remuez afin de rendre le mélange intime. Pour qu'au bout de quelque temps ce sirop n'acquière pas un goût acide, laissez chauffer de nouveau jusqu'au degré d'ébullition, mais retirez la bassine du feu au moment où cette ébullition sera près de commencer, et passez aussitôt le sirop à travers une étamine.

<table>
<tr><td>Sirop pectoral.</td><td>Sucre clarifié de choux rouges,</td><td>500 grammes.</td></tr>
<tr><td></td><td>Safran,</td><td>12 —</td></tr>
<tr><td></td><td>Miel,</td><td>250 —</td></tr>
<tr><td></td><td>Sucre,</td><td>de même.</td></tr>
</table>

Faites bouillir jusqu'à la consistance de sirop.— Clarifiez et passez.

Ce sirop pectoral est excellent pour les personnes faibles et délicates, dans les rhumes, l'enrouement et les catarrhes.

Fleurs de guimauve,
— de bouillon blanc,
— de mauve,
— de violettes,
Feuilles de lierre terrestre, } De chaque 100 grammes.

Sirop des pauvres gens contre le rhume et les affections catarrhales.

Criblez les fleurs pour enlever la poussière qu'elles peuvent contenir, mettez-les dans un vase qui ferme autant que possible hermétiquement, et versez dessus de l'eau bouillante en quantité suffisante pour les faire baigner. On laisse infuser vingt-quatre heures, puis on passe à travers un linge et on exprime fortement.

D'autre part :

Têtes de pavots blancs séchées et privées de leurs semences,   500 grammes.

On coupe les capsules en très-petits morceaux, on verse dessus

Eau bouillante,   .   3 kilogrammes.

Après vingt-quatre heures d'infusion, on passe à travers un linge avec expression; on filtre la liqueur au papier si elle n'est pas claire, et on l'évapore à une douce chaleur jusqu'à réduction de 150 grammes.

Enfin

Bois de réglisse,   500 grammes.

Ratissez-le pour enlever l'écorce brune qui le recouvre ; coupez-le en petits copeaux, ou mieux encore, réduisez-le en poudre grossière, puis mettez-le dans un vase avec

Eau ordinaire,   2 kilogrammes.

On laisse macérer vingt-quatre heures à une douce température, on passe avec forte expression et on évapore jusqu'à réduction de 150 grammes. Il vaut mieux chauffer les colatures (*ou liquides filtrés*)

au bain-marie qu'à feu nu et préparer les macéra-
tions par déplacement.

On réunit les trois infusions et on y ajoute :

Mélasse très-épaisse,   2 kilogrammes.
Teinture d'ipécacuanha du Codex,   30 grammes.

On mêle exactement. Une cuillerée à bouche de
ce sirop peut faire, lorsqu'elle est mise dans un
litre d'eau, une tisane adoucissante et béchique.
Ce sirop, que les personnes charitables peuvent
composer pour soulager les malheureux, a été préconisé par M. le docteur Stanislas Martin.

———

Sirop de guimauve. Pour le sirop de *guimauve*, on fait une décoction de

Racines de guimauve,   120 grammes

coupées par tranches après avoir été bien lavées et
essuyées dans

Eau,   1 litre et demi.

On fait bouillir sept à huit minutes, car une
ébullition prolongée fournirait un mucilage considérable qui rendrait le sirop trop visqueux. Après
on sépare les racines de cette décoction ; on ajoute

Sucre,   2 à 3 kilogrammes.

Clarifiez avec

Blancs d'œufs,   Quantité suffisante.

Faites cuire ce mélange jusqu'à consistance sirupeuse.

Ce sirop adoucit la toux ; il est expectorant, il
tempère les douleurs de reins et les coliques né-
phrétiques. Ainsi préparé, il n'est jamais bien clair,
et ne se conserve pas longtemps.

Quand on veut avoir un sirop plus agréable et moins
chargé, on se contente de faire *macérer* la guimauve
dans l'eau froide. On passe à travers un linge, et
quand le sirop est bouillant on y ajoute cette liqueur.

Dans un but d'agrément, beaucoup de personnes
y mettent 10 grammes d'eau de fleurs d'oranger
par kilogramme.

Sirop de choux rouges. Faites cuire dans

Eau,	1 litre.
Choux rouges,	1,500 grammes.

Passez. — Dans cette eau ajoutez

Sucre,	1,500 à 1,800 grammes

et laissez cuire.

De choux rouges.

De groseilles. Faites fondre à une douce chaleur quantité égale de sucre et de jus de groseilles filtré ; laissez cuire jusqu'à consistance sirupeuse. Faites à peu près de même pour les autres de *mûres,* de *coings,* de *framboises,* etc.

De groseilles.

De pavots. Faites macérer vingt-quatre heures dans

Eau,	3 litres.
Capsules de pavots blancs pilées avec soin et sans les semences,	500 grammes.

De pavots.

Filtrez ensuite ; faites réduire à moitié sur un feu doux, ajoutez quantité égale de sucre, mettez sur le feu et faites réduire jusqu'à consistance convenable.

Ce sirop est calmant, somnifère, il apaise la toux ; on le donne dans le cas où il est nécessaire d'engourdir et d'apaiser les douleurs internes. La dose est depuis 8 grammes jusqu'à 30 grammes.

Bicarbonate de soude,	De chaque
Acide tartrique cristallisé,	55 grammes.
Eau de fontaine,	450 —
Sirop de sucre,	50 —
Teinture de Zeste de citron,	20 gouttes.

Limonade purgative au tartrate de soude.

Faites dissoudre. Une demi-heure suffit pour opérer la transformation du bicarbonate de soude en tartrate sodique.

L'opération est terminée lorsque le mélange, ne laissant plus dégager d'acide carbonique, est devenu clair et limpide. On ajoute alors le sirop de sucre et la teinture aromatique ; on obtient une limonade très-purgative ayant une saveur des plus agréables.

Si l'on veut rendre cette purgation gazeuse, on prélève 4 à 5 grammes de bicarbonate de soude sur les 35 qui entrent dans la composition et que l'on ajoute à la limonade au moment de boucher la bouteille. En suivant les proportions indiquées, la solution représente 50 grammes de tartrate de soude. Cette dose étant destinée aux personnes fortes, pourra être modifiée suivant la force et le tempérament du malade.

Cette formule, due à M. le docteur Desvignes, coûte beaucoup moins que la limonade purgative au citrate de magnésie de M. Rogé et produit le même effet.

Eau de Seltz.   *Prenez :* Acide tartrique,   60 grammes.
                  Bicarbonate de soude,   50   —

Divisez l'acide tartrique en dix paquets égaux. Chacun d'eux, renfermé dans du papier blanc, contiendra 6 grammes d'acide. Divisez le bicarbonate de soude en dix paquets de 5 grammes chaque que l'on met dans du papier bleu. Conservez pour l'usage.

Lorsqu'on veut préparer l'eau gazeuse, on met dans une bouteille ordinaire d'eau la contenance d'un des paquets bleus, puis la contenance d'un des paquets blancs ; on bouche promptement, on ficelle le bouchon, puis on laisse la bouteille pendant dix minutes dans un endroit frais.

Cette eau se boit en mangeant ; on peut, si on le préfère, y ajouter un peu de vin, ce qui ne lui ôte rien de ses qualités. Le premier jour, elle donne quelquefois une très-légère diarrhée ; mais cette incommodité se passe d'elle-même dès le second ou le troisième jour.

Une bouteille de cette eau prise à chaque repas, pendant huit jours, suffit souvent pour fortifier l'estomac, faciliter les digestions et délivrer des malaises que l'on éprouvait. Si elle venait par hasard à provoquer des étourdissements ou des éblouissements, il faudrait la suspendre quelque temps.

Prenez : Choux rouges,　　　　10 parties.

Faites cuire dans

Eau,　　　　Quantité suffisante.

Passez et faites fondre

Ichthyocolle (colle de poisson),　2 parties.

Passez et remettez sur le feu en ajoutant

Sucre,　　　　24 parties.

Clarifiez avec

Blancs d'œufs,　　　　Quantité suffisante.

Passez de nouveau et faites évaporer jusqu'à consistance de gelée.

La gelée de choux rouges est employée avec avantage contre les rhumes et autres affections de poitrine. C'est encore un excellent pectoral que l'on peut prendre par cuillerées à café dans le courant de la journée à la dose de 100 à 150 grammes par jour.

Gelée de choux rouges.

Prenez : Aloès,　　　　18 grammes.

Agaric blanc,

Racine de gentiane,

   — de rhubarbe,

Safran,　　　　} 2 grammes

Canelle,　　　　} de chaque.

Zédoaire,

Thériaque,

Sucre,　　　　15 grammes.

Eau-de-vie ou alcool à 22°,　1,000 grammes.

Elixir de longue vie.

On prépare cet élixir en faisant macérer les substances dans l'alcool pendant quinze jours ; on garde toutefois un peu d'alcool pour délayer la thériaque que l'on ajoute, ainsi que l'aloès et le sucre, à la fin de la macération. Il est préférable que les matières solides soient d'abord grossièrement pulvérisées avant de les mettre dans l'alcool. L'élixir de longue vie, qui a une vieille réputation, est employé comme stomachique et légèrement purgatif. Beaucoup de personnes se trouvent bien de son usage ; la dose est d'une demi-cuillerée à bouche le matin à jeun ou un quart d'heure avant le dîner.

<table>
<tr><td>Poudre pectorale.</td><td>Prenez : Feuilles de séné,
Bois de réglisse,</td><td>De chaque
60 grammes.</td></tr>
<tr><td></td><td>Semences de fenouil ou d'anis,
Soufre sublimé,</td><td>De chaque
50 grammes.</td></tr>
<tr><td></td><td>Sucre blanc,</td><td>155 grammes.</td></tr>
</table>

Réduisez en poudre et mêlez.

Cette poudre qui favorise la transpiration en même temps qu'elle produit un effet légèrement purgatif, est très-usitée en Allemagne contre la toux qui dure depuis longtemps, dans les affections catarrhales des poumons. On la prend à la dose d'une cuillerée à café, trois à quatre fois par jour, en laissant deux heures d'intervalle avant ou après le repas.

————

<table>
<tr><td>Poudre
stomachique.</td><td>Prenez : Magnésie anglaise,</td><td>15 grammes.</td></tr>
<tr><td></td><td>Écorce d'orange en poudre,</td><td>8   —</td></tr>
<tr><td></td><td>Bois de quassia pulvérisé,</td><td>6   —</td></tr>
</table>

On prend une pincée de cette poudre délayée dans un peu d'eau sucrée, deux ou trois fois dans la journée. C'est un remède tonique qui ranime les forces digestives et qui convient aux personnes qui ont des flatuosités, des tiraillements d'estomac et un malaise général au moment de la digestion. Cette poudre peut se prendre à telle distance que l'on voudra de l'heure des repas. Si on voulait l'utiliser pour autre chose qu'une simple indisposition, il faudrait consulter un médecin.

————

<table>
<tr><td>Pastilles de santé.</td><td>Prenez : Scammonée d'Alep en poudre,</td><td>50 centigrammes.</td></tr>
<tr><td></td><td>Teinture alcoolique de séné,</td><td>40 gouttes.</td></tr>
<tr><td></td><td>Carbonate de magnésie,</td><td>6 grammes.</td></tr>
<tr><td></td><td>Sucre blanc,</td><td>10   —</td></tr>
<tr><td></td><td>Réglisse en poudre,</td><td>35 centigrammes.</td></tr>
<tr><td></td><td>Gomme adragante,</td><td>25   —</td></tr>
<tr><td></td><td>Essence d'anis,</td><td>Une goutte.</td></tr>
<tr><td></td><td>Sirop de violette,</td><td>Quantité suffisante
pour développer le mucilage.</td></tr>
</table>

Faites selon l'art huit pastilles égales.

Ces pastilles sont particulièrement destinées à purger les femmes et les enfants.

Une légère infusion de tilleul pourra, pendant leur action, remplacer les bouillons d'herbes ou de veau. Elles conviennent surtout aux personnes sujettes à des régurgitations acides et à celles qui sont souvent incommodées par des flatuosités. Lorsqu'on veut seulement entretenir la liberté du ventre, on en prend une ou deux le matin à jeun. Si l'on veut produire une purgation, on prend les huit.

(Formule du docteur Delvincourt.)

Prenez : Quinquina en poudre,
Cachou préparé,
Oxyde de fer noir,
Cannelle en poudre,
Sirop d'absinthe,

De chaque 4 grammes.

Quantité suffisante.

Pilules pour fortifier l'estomac et le sang.

Faites selon l'art une masse que vous diviserez en 20 pilules égales.

On donne, le matin, à midi et le soir, une pilule et l'on fait prendre, immédiatement après, un verre d'une tisane amère et aromatique ou astringente. Il faut ajouter à ces moyens l'exercice en plein air, les frictions sèches, l'usage de flanelle de santé, etc.

Sulfate de fer,
Sous-carbonate de potasse,

De chacun 16 grammes.

Pilules de Blaud.

Ajoutez

Mucilage de gomme adragante, Quantité suffisante.

Et faites une masse que vous diviserez en 48 pilules.

Dose : Les trois premiers jours, 2 pilules ; les trois suivants, une pilule de plus, en augmentant ainsi progressivement. Ces pilules, dites de Blaud, sont souverainement efficaces contre les maux d'estomac et certaines maladies des femmes, etc. Ces pilules étant un peu grosses, au lieu de 48 on en fait souvent 96 et l'on en prend une double dose.

14

Les pilules de Morrison, médecin anglais, et les *grains de santé* du docteur Franck, jouissent à juste titre d'une certaine célébrité comme purgatifs. Leur base est l'*aloès* joint à quelques autres résines purgatives, telle que celles de *jalap* et de *scammonée*.

ARTICLE 4.

REMÈDES EXTERNES.

Teinture opiacée pour les oreilles.

Eau de guimauve,	180 grammes.
Extrait d'opium,	15 centigrammes.

Cette teinture s'emploie dans les maux d'oreille très-douloureux; on injecte de cette solution opiacée dans l'oreille par le moyen d'une petite seringue. On doit recouvrir la partie malade d'un cataplasme calmant et émollient. Quand l'inflammation est trop vive, que le mal augmente, il faut avoir recours à un médecin consciencieux, car souvent la saignée, des sangsues derrière l'oreille malade, de bains de pieds à la moutarde, des lavements purgatifs, et même des potions purgatives deviennent nécessaires. Si le sujet est scrofuleux, dartreux, prendre des sucs d'herbes et des purgations répétées, et faciliter l'écoulement du pus s'il s'en présente. Mais il ne faut pas oublier que la suppression *subite* de cet écoulement peut offrir bien des dangers.

Eau salée pour les yeux.

Prenez : Sel de cuisine, Une cuillerée à bouche.
Eau, Un grand verre.

Instillez soir et matin quelques gouttes de ce liquide entre les paupières; trois ou quatre gouttes chaque fois, à l'aide d'une cuillère à café ou d'un tuyau de plume. C'est surtout dans les inflammations aiguës et chroniques que M. le docteur Tavignot, célèbre oculiste de Paris, emploie ce remède facile, qu'il fait suivre de purgatifs quand le mal est grave.

Deuxième Eau.

Sulfate de zinc,	1 gramme.	Deuxième eau.
Eau de roses,	100 —	

Faites dissoudre.

On peut remplacer l'eau de *roses* par celle de *plantain* ou de *sureau,* ou de *mélilot,* et peu à peu augmenter la dose du sulfate de zinc, que l'on nomme aussi *couperose-blanche.*

————

Mettez le galeux dans un bain d'eau de savon noir ; frictionnez-le ensuite de la tête aux pieds avec une pommade *sulfo-alcaline,* soumettez-le à l'action d'un nouveau bain, et quand le corps est sec la maladie a disparu et l'acarus n'existe plus. C'est le traitement suivi à l'hôpital St-Louis à Paris. 24 heures suffisent pour la guérison.

Bains de savon noir contre la gale.

————

Prenez : Goudron, 30 grammes.
    Axonge (graisse de porc purifiée), 120 —

Pommade de goudron contre la gale.

Mêlez ; frottez matin et soir avec 15 grammes chaque fois de cette pommade ; au bout de 10 jours on est guéri, quand on a eu soin d'employer les bains sulfureux ou alcalins. Des expériences également faites à l'hôpital St-Louis à Paris, ont démontré l'efficacité du goudron dans le traitement de la gale.

————

Prenez : Alcool à 35 degrés, $\frac{1}{2}$ litre.
    Quinquina grossièrement pulvérisé, 30 grammes.
    Cochenille concassée, 2 —

Elixir pour les dents.

Laissez macérer 4 jours, puis versez sur un filtre de papier brouillard. Ajoutez

Essence d'anis,	8 grammes.	
— de girofle,	4 —	
— de canelle,	4 —	
— de menthe anglaise,	2 —	

Mêlez très-exactement.

<table>
<tr><td>Elixir
pour les dents.</td><td>

Prenez : Alcool à 30 degrés,   64 grammes.

Ajoutez

Vétyver de l'Inde,	4 —
Racine de pyrèthre,	16 —
Girofle anglais,	
Racine d'iris de Florence,	30 centig.
— d'orcanette,	de chaque.
— de coriandre,	
Essence de menthe anglaise,	12 gouttes.
— de bergamotte,	6 —

On concasse les substances solides, on les introduit dans un flacon qui bouche bien ; on y verse l'alcool et les essences ; on laisse macérer pendant 8 jours et l'on filtre.

</td></tr>
</table>

Prenez : Alcool à 30 degrés,   64 grammes.

Ajoutez

Vétyver de l'Inde,	4 —
Racine de pyrèthre,	16 —
Girofle anglais,	
Racine d'iris de Florence,	30 centig.
— d'orcanette,	de chaque.
— de coriandre,	
Essence de menthe anglaise,	12 gouttes.
— de bergamotte,	6 —

On concasse les substances solides, on les introduit dans un flacon qui bouche bien ; on y verse l'alcool et les essences ; on laisse macérer pendant 8 jours et l'on filtre.

Prenez : Iodure de potassium, 2 grammes.
Eau de laitue, 125 —
Sirop de guimauve, 30 —

A prendre par cuillerées, dans un peu d'eau, matin et soir.

Alcool ou esprit de vin à 28 ou 30°, 1 litre.
Essence de bergamotte, 8 grammes.
— de romarin, 8 —
— de citron, 10 —
— de néroli,
— de girofle,
— de lavande, } De chaque 4 grammes.
Teinture de benjoin, 10 —

Mêlez exactement, laissez le tout dans une bouteille bien bouchée pendant huit jours ; filtrez à travers le papier Joseph. Ajoutez

Teinture d'ambre, 5 grammes.

Conservez dans des flacons bien bouchés.

Huile d'olives,
Miel de Narbonne,
Térébenthine fine, } De chaque parties égales.

On prendra une quantité suffisante de ce mélange pour faire deux ou trois onctions par jour sur les tumeurs hémorrhoïdales.

Racine d'acore vraie (*calamus aromaticus*),
— de gentiane jaune (*gentiana lutea*),
— d'aunée (*enula campana*),
— d'angélique (*angelica archangelica*), } 16 grammes de chaque.
Ecorce de simarouba, 10 grammes.

Faire macérer ces racines coupées par petits morceaux, pendant trois jours dans un litre d'eau-de-vie de bonne qualité, puis passer à travers un papier gris. En prendre un petit verre quand on se sent indisposé. On peut y ajouter quelques baies de génévrier. Cet élixir a été très-préconisé pour le choléra.

<table>
<tr><td>Eau-de-vie camphrée.</td><td>

Prenez : Bonne eau-de-vie à 22°,   1 litre.
Camphre réduit en poudre et dissout
     dans de l'esprit de vin ,   50 grammes.

Mêlez avec l'eau-de-vie.
</td></tr>
</table>

<table>
<tr><td>Eau sédative.</td><td>

Faites dissoudre et déposer dans un verre à boire ordinaire, rempli d'eau, une poignée de sel de cuisine. L'eau ayant repris sa limpidité, versez deux petits verres à liqueur pleins d'ammoniaque ou alcali volatil dans une bouteille d'un litre, puis un demi-petit verre à liqueur d'alcool camphré. Agitez la bouteille après l'avoir bouchée.

Mêlez ensuite le verre d'eau salée tout entier ; agitez encore et achevez de remplir la bouteille d'eau ordinaire. L'eau sédative, quoique préparée avec tous les soins possibles, ne laisse pas que de déposer une poudre blanche. Ce dépôt n'est point inutile ; seulement il faut agiter la bouteille chaque fois que l'on veut s'en servir.

L'eau sédative est prescrite à l'extérieur par M. Raspail contre toute espèce de fièvre et d'inflammation , l'apoplexie, les violentes palpitations de cœur, l'enflure des membres, les piqûres de serpents et insectes dont le dard infiltre un poison acide, contre l'ivresse, les douleurs rhumatismales, la paralysie, les entorses, les maux de tête, les maux de gorge, les douleurs de l'estomac, du ventre, etc. En friction avec des compresses sur des cataplasmes ; si la peau était trop tendre, y ajouter de l'eau pour en diminuer la force. Il faut éviter qu'il n'en tombe dans les yeux, la bouche et que son odeur n'incommode le malade. M. Raspail recommande cette eau dans diverses maladies qui attaquent le bétail.
</td></tr>
</table>

<table>
<tr><td>Pommade au camphre.</td><td>

Axonge (saindoux),   100 grammes.
Camphre en poudre ,   50   —

On dépose le saindoux dans une grande tasse, que l'on place ensuite sur le feu au bain-marie, dans
</td></tr>
</table>

une casserole renfermant 2 pouces d'eau environ. Quand le saindoux est fondu et présente la transparence de l'huile, on y verse peu à peu la quantité indiquée de poudre de camphre, et l'on remue le tout avec une spatule; on retire du feu dès que la poudre est incorporée au saindoux. Quelques minutes après on verse la pommade dans un autre vase.

On l'emploie en frictions et pour le pansement des plaies.

Tendez du taffetas blanc, rose ou noir, sur un châssis; appliquez dessus ce taffetas, au moyen d'un pinceau, successivement 4 ou 5 couches de colle de poisson ou de gélatine dissoute dans de l'eau bouillante; mettez ensuite 2 couches d'une teinture épaisse de benjoin, unie à la térébenthine pure.

Taffetas d'Angleterre.

Prenez : Graisse de porc,   } de chaque
     — de bœuf,   } 250 grammes.
Sainbois,   15 —
Tiges fraîches de clématite,   15 —
Anémones sauvages,   15 —
Pignons d'Inde concassés,   1

Taffetas pour les vésicatoires.

Exposez au bain-marie pendant 36 heures, et 2 heures avant de retirer du feu, ajoutez :

Mastic en larmes,   45 grammes.
Euphorbe,   4 —
Huile de ricin,   30 —

L'opération de la cuite terminée, on retire du feu et l'on ajoute au mélange pendant qu'il est chaud encore :

Térébenthine de Venise,   30 grammes.

On prépare ensuite des bandes de linge sur lesquelles on étend l'emplâtre. Enfin l'on gomme ce taffetas avec de l'huile de lin épaissie, avant qu'il soit entièrement sec.

C'est un excellent sparadrap pour faire tirer les cautères et entretenir les vésicatoires.

Pâte de guimauve.   *Prenez:* Racine de guimauve,   120 grammes.
Sucre blanc,   ) de chaque
Gomme arabique,   ) un kilo.

On prend des racines de guimauve récentes, on les coupe par tranches ; après les avoir lavées et nettoyées, on les fait bouillir pendant un demi-quart d'heure dans deux litres d'eau ; on passe la décoction au travers d'une étamine blanche ; on ajoute à cette décoction la gomme arabique que l'on a réduite presqu'en poudre ; on met le mélange dans une bassine qu'on place sur un feu modéré ; on agite avec une spatule de bois jusqu'à ce que la gomme arabique soit dissoute. Alors on fait pareillement dissoudre le sucre dans cette liqueur ; on passe ce mélange à travers un linge bien serré ; on nettoie la bassine et la spatule et on fait épaissir jusqu'à consistance de miel très-épais, ayant soin de l'agiter sans discontinuer avec la spatule, sans quoi elle s'attacherait et brûlerait au fond du vaisseau. Lorsqu'elle est dans cet état on y ajoute quatre blancs d'œufs qu'on a fouettés avec 120 grammes d'eau de fleurs d'oranger ; on agite ce mélange violemment ; c'est de cette grande agitation que dépend la blancheur de cette masse. On la fait épaissir au petit feu en l'agitant toujours le plus fortement qu'il est possible, jusqu'à ce qu'elle soit suffisamment cuite ; alors on la coule sur de l'amidon en poudre étendu sur une table de marbre, si c'est possible, en le secouant dans un tamis de soie. On laisse refroidir la pâte ; on la coupe par morceaux, on la met dans une boîte avec de l'amidon en poudre, afin que les morceaux n'adhèrent point entre eux ni à la boîte.

Pâte de réglisse.   Gomme arabique ordinaire,   1500 grammes.
Sucre blanc,   1000   —
Suc de réglisse (réglisse noire),   60   —
Extrait d'opium,   1   —

Faites dissoudre le suc de réglisse, la gomme et

le sucre dans une quantité d'eau convenable, environ cinq ou six litres. Passez à travers un linge et exprimez. Laissez reposer la liqueur, puis décantez. Faites évaporer sur un feu doux, dans une bassine, en agitant vivement et continuellement avec une large spatule, jusqu'en consistance de pâte ferme. On reconnaît qu'elle est assez cuite lorsqu'elle n'adhère plus au dos de la main. A cet instant coulez-la sur des plaques de fer-blanc ou sur un marbre huilé. L'extrait d'opium s'ajoute quand la pâte a la consistance de miel épais.

———

Pâte de lichen.

Lichen d'Islande	500 grammes.
Gomme ordinaire	2500 —
Sucre,	2000 —
Eau,	quantité suffisante.

Lavez le lichen dans l'eau bouillante, rejetez cette première eau qui est très-amère. Faites bouillir ensuite le lichen pendant une heure dans une nouvelle quantité d'eau, passez avec expression à travers une toile ; ajoutez à la liqueur la gomme et le sucre ; passez de nouveau quand la dissolution est complète, remettez sur le feu et opérez comme pour la pâte de réglisse.

En ajoutant quatre grammes d'opium à cette dose, on obtient la pâte de *lichen opiacée*.

———

Pâte de jujubes.

Jujubes,	500 grammes.
Gomme arabique blanche,	5000 —
Sucre blanc,	2500 —
Eau de fleurs d'oranger,	200 —

D'une part, faites bouillir les jujubes pendant une demi-heure dans 2 kil. d'eau ; passez, laissez reposer et décantez.

D'autre part, lavez la gomme dans l'eau froide, puis ajoutez-y 3 kil. d'eau ; faites fondre à chaud en agitant sans cesse et passez. Mettez dans une bassine la décoction de jujubes, le sucre et quelques blancs d'œufs ; portez à l'ébullition et écumez ; ajoutez la solution de gomme et chauffez en remuant jusqu'à ce que le liquide soit bouillant, alors cessez de remuer et entretenez une ébullition légère. Quand la pâte aura pris une consistance de miel, ajoutez l'eau de fleurs d'oranger et laissez refroidir ; au bout de quelques heures, enlevez la croûte qui se sera formée à la surface et coulez la pâte dans des moules de fer-blanc dont la surface aura été frottée avec un peu d'huile ; portez dans une étuve modérément chauffée ; retournez la pâte quand elle sera assez ferme et laissez-la dans l'étuve jusqu'à ce qu'elle ait acquis la consistance convenable.

Remède pour préserver de l'épizootie les animaux et en particulier les bêtes à cornes.

Faites infuser dans un pot de terre bien couvert,

Fort vinaigre blanc,   quatre litres.

Sauge,   ⎫
Absinthe,   ⎬ de chaque une poignée.
Lavande,   ⎭

Au bout de quatre heures, ajoutez

Cendre d'absinthe,   60 grammes.

Laissez infuser pendant quatre jours ; après ce temps, passez à travers une flanelle fine ; ajoutez

Camphre pulvérisé,   8 grammes.

Matin et soir lavez les naseaux et les museaux de vos bestiaux avec ce liquide étendu dans

Eau,   quantité égale.

Précautions à prendre en cas d'épizootie.

On nomme *épizootie* les maladies qui frappent tout-à-coup et indistinctement un grand nombre d'animaux dans une même contrée ; elles sont presque toujours contagieuses.

En cas d'épizootie, la première indication à remplir est de séparer de suite les animaux sains des animaux malades et de placer ceux-ci dans un lieu écarté. Ensuite on désinfecte les étables en enlevant et brûlant tous les fumiers et pailles infectés, en

grattant et râclant les murs avec soin ; badigeon-
nant et lavant les mêmes murs, les planchers, fenêtres, poteaux, auges, râteliers, toiles, cordages,
harnais, brosses, etc., avec des dissolutions de
chlorure de chaux ou *d'eau de javelle*, brûlant même
au besoin les objets qui, par leur vétusté ou l'état
d'imprégnation de miasmes, feraient craindre qu'on
ne puisse les désinfecter convenablement.

Les personnes qui soignent les bestiaux dans les
épizooties doivent se vêtir en toile et purifier souvent leurs vêtements. On placera dans les étables,
dans des vases, du chlorure de chaux. Les animaux
morts doivent être enterrés le plus loin possible
des habitations, à trois mètres de profondeur ; ces
précautions sont plus efficaces que toutes les substances médicamenteuses. Tout ceci peut s'appliquer
aux vêtements, ustensiles, habitations des hommes
en cas d'épidémie.

Mettez dans un verre d'eau une cuillerée d'*alcali
volatil;* faites prendre à l'animal gonflé ce remède
que vous saurez proportionner à l'âge et à la force
de l'animal ; diminuez la dose d'alcali pour un animal de taille moyenne, et dans tous les cas ayez
soin de le faire promener. S'il était menacé d'une
congestion cérébrale, il faudrait lui verser de l'eau
froide sur la tête.

Moyen de guérir
la météorisation
des herbivores.

CHAPITRE SEPTIÈME.

DES SOINS A DONNER AUX MALADES.

ARTICLE 1er

SOINS SPIRITUELS.

L'homme ne vit pas seulement de pain, et quand il est en proie à la maladie, ce ne sont pas seulement des remèdes corporels qu'il lui faut pour se guérir. Ainsi donc si, négligeant la nature morale, la médecine dirige toute son attention sur les désordres physiques, si elle borne tous ses moyens à une médication purement matérielle, elle méconnaît les conditions d'existence de tout être pensant; elle sacrifie à plaisir ses ressources les plus précieuses, et n'accomplit que la plus faible partie de la tâche qui lui était imposée. Ce vide qu'elle laisse, cette lacune qui doit être remplie, appellent inévitablement l'intervention d'une autre puissance médiatrice, et cette puissance toute morale c'est la religion qui doit l'exercer; car, en versant sur les plaies de l'âme un baume consolateur, elle secondera puissamment l'effet de la médication; elle fera, pour l'esprit, ce que l'art médical fait pour le corps.

Voulons que le médecin habile et consciencieux sache mesurer l'énergie d'un remède, apprécier l'instant le plus favorable à son emploi, déterminer avec sagacité la quantité qui est nécessaire, indispensable pour ramener dans la machine humaine un calme artificiel et momentané. Croyez-vous que cela suffise toujours? Non ; car, il faut le reconnaître, le véritable moral de l'homme ne consiste pas seulement dans un peu de matière cérébrale ; et pour donner un nouveau ressort aux facultés intellectuelles affaiblies, un peu *d'opium* prudemment administré ne peut suffire.

Quand il s'agit de relever le moral abattu, aucun moyen physique ne peut approcher des consolations et du bien-être que procure la religion. Laissez-la parler doucement au cœur du malade, elle saura en trouver facilement le chemin, car elle est toute charité, toute compatissante ; bien loin de la repousser, regardez-la comme l'auxiliaire le plus puissant pour travailler, de concert avec la médecine, au soulagement et au bonheur de l'humanité souffrante.

En effet, dans les maladies dites chroniques, son action peut être immense et éminemment salutaire pour la médecine elle-même. Ces maladies ont une durée illimitée, et malgré les secours les plus éclairés, elles ne se terminent pas toujours par la guérison. Eh bien ! lors même que tout fait espérer une heureuse issue, l'intervention de la religion doit être mise au rang des plus puissants moyens. Qui, mieux qu'elle, peut dissiper toutes les inquiétudes, rendre la paix à l'âme, et y faire renaître cet espoir consolant qui est le présage infaillible du retour à la santé ? Et que peut-on de mieux aussi dans les affections de la poitrine et dans toutes ces maladies des organes intérieurs, auxquelles une science trop certaine n'assigne que la mort pour toute terminaison ! Si, par exemple, le malade est en proie à une dilatation du cœur ou des gros vaisseaux, à un anévrisme dont la rupture dépend du moindre accès de vivacité, d'un léger mouvement de colère, oh ! recourez alors à la religion ; elle saura opposer une digue à la violence, prévenir de funestes émotions et faire naître des passions douces dans un cœur ulcéré par de continuels déchirements.

ARTICLE 2.

DES SOINS CORPORELS A DONNER AUX MALADES.

Précautions à prendre.

1º Quand une personne est gravement malade, il faut écarter d'elle, autant que possible, le grand bruit, les scènes pénibles et la lumière trop éclatante.

L'homme éprouvé par la souffrance n'est plus le même que l'homme bien portant, il est tellement impressionnable, qu'il exige des précautions incessantes.

Place du lit.

2º Dès qu'une maladie devient grave, il ne convient pas de laisser le lit du patient engouffré au fond d'une alcôve ou accolé contre une muraille. Il est bon de pouvoir librement circuler tout autour pour mieux lui prodiguer les soins dont il a si besoin.

Écorchures.

3º Un des plus grands dangers des maladies qui se prolongent, ce sont, comme on le dit communément, les écorchures qui peuvent retarder la convalescence et sur la maladie presqu'éteinte produire une maladie nouvelle excessivement redoutable. Pour prévenir ce danger, il faut garantir le malade de l'humidité et autant que possible des plis du linge, en avisant au moyen de ne pas laisser le patient toujours couché dans la même situation. Et à ce sujet il convient de parler des cordons de lit, des alèzes, des coussins et des cerceaux.

Cordons de lit.

4º Quand une maladie se prolonge, que la faiblesse augmente, il convient de faire placer au plancher ou au plafond un piton assez résistant pour supporter le poids d'un homme, et d'y adapter un fort cordon ou corde. Ce cordon rend de très-grands services aux malades ; c'est après-lui qu'ils se cramponnent pour changer de place, s'asseoir sur leur lit et se soulever.

Alèzes.

5º L'humidité menace à chaque instant un malade. Elle provient de la transpiration d'abord, puis

des sécrétions de toute nature, et comme il est
urgent de le tenir dans la plus grande propreté
sans le fatiguer, on place sous le siége du malade
un drap plié en plusieurs doubles ; c'est là ce que
les médecins appellent *alèzes*. Ce drap doit être plié
en long et placé en travers, de manière qu'on puisse
l'attacher, le retenir de chaque côté du lit avec de
grosses épingles. Ainsi tendue, l'alèze ne peut former aucun pli. De plus, dès qu'il y a de l'humidité,
on détache les épingles, et le malade se soulevant
un peu, on fait glisser l'alèze de 35 à 70 centimètres, en sorte que le patient se trouve à l'instant
et sans fatigue sur un linge sec et suffisamment
propre.

Quand on ne peut changer le malade de lit, on
se contente alors de renouveler aussi souvent qu'il
est besoin le drap mis en travers. L'opération est
des plus simples. On plie le drap blanc à peu près
de la même largeur que l'est celui placé sous le
malade ; avec de fortes épingles, on attache ces deux
draps bord à bord sur l'un des côtés droits ou gauche ; puis, tandis que le malade se soulève, on tire
le drap sale par le bord opposé à celui où l'on a
attaché le drap blanc : de cette manière, tout en
tirant l'alèze, on remet à son lieu et place une
alèze nouvelle et parfaitement saine.

6° Comme la chemise est sujette à s'humecter
par la sueur, ou bien à se plier, à se mettre en
paquet, on doit l'ouvrir par le dos, de façon que la
peau du malade pose à nu sur les draps.

Il est bon même de saupoudrer de temps en temps
les draps avec de l'amidon bien pulvérisé.

7° Si le malade était toujours couché dans la
même posture, cette situation amènerait infailliblement des écorchures, surtout quand il demeure
sur le dos, position qui est la plus commode et la
plus ordinaire dans les grandes faiblesses.

Il est donc urgent de le changer de temps en
temps de situation et de le mettre de côté. En con-

séquence, on fera des coussins en forme de sac qu'on remplira de balle d'avoine, qui est la paille légère qui entoure les grains d'avoine. Ces coussins ont le double avantage d'offrir une résistance pleine de douceur et d'une fraîcheur bien préférable à la chaleur des coussins de plumes. Dès qu'on aura tourné le malade sur le côté, on l'y fera rester sans fatigue en le calant en quelque sorte de distance en distance avec les petits coussins en question.

Des cerceaux. 8° Il est des maladies qui rendent certaines régions du corps si douloureuses, que le poids seul des couvertures devient pour ces régions une cause de souffrances insupportables ; tels sont les cas d'abcès, de fractures, etc. Il est bon alors de protéger la partie malade en faisant au-dessus un petit berceau avec du fil de fer, de l'osier, des cercles même de tonneau pour que les draps et couvertures ne touchent pas la partie souffrante. C'est ce qu'on appelle *cerceau*.

Position du malade. 9° Un malade bien faible doit toujours être tenu dans la position horizontale. Mis sur son séant, le pauvre patient tombe en syncope, et cela est tout naturel parce que la circulation du sang se fait très-difficilement, le cœur n'ayant plus assez de force pour imprimer le mouvement de la circulation. Alors l'existence se trouve comme suspendue, l'évanouissement se déclare, et nombre de malheureux succombent.

Changement de chemise. 10° Il est imprudent de changer de linge un malade qui n'a point la force de se tenir assis quelques instants.

Généralement on ne sait point ôter la chemise à un malade. On s'embarrasse avec les cordons et les bras, on fatigue le malade et on le refroidit. Rien de plus simple cependant : dégagez d'abord tous les boutons et cordons, puis faites lever les deux bras en l'air et vous retirerez la chemise avec la même facilité qu'on retire le fourreau d'un parapluie.

La chemise blanche se remet facilement par la

même manœuvre ; il faut qu'elle soit bien chaude, car les malades sont impressionnables au froid.

11° Quand la situation du malade permet ou plutôt exige le changement de lit, il faut bien se garder de mettre le patient sur une chaise ou dans un fauteuil, car l'évanouissement serait presque inévitable (ici nous parlons d'une maladie très-grave). On place alors un lit de sangle ou autre à côté de son lit, puis on le fait glisser d'un lit dans l'autre.

12° Le malade a souvent besoin de boire, mais le plus petit mouvement peut lui être préjudiciable. Quand il y a grande faiblesse, il faut absolument donner à boire soit à la cuillère, soit avec une pipette, soit même avec un chalumeau. (*Extrait des conférences aux ouvriers de Paris par M. le docteur Massé*).

ARTICLE 5.

DE LA CONVALESCENCE.

Quand on a souffert quelque grande maladie, le corps a perdu l'aisance, la promptitude de ses fonctions naturelles : le temps que l'on passe à les recouvrer s'appelle *convalescence*.

L'homme rendu à la vie après de grandes crises n'est point encore rendu à la santé. La nature ne brusque jamais rien, ses transitions sont toujours sagement ménagées ; mais, reprenant insensiblement ses forces, sortant lentement du domaine des douleurs, le malade se renouvelle à son insu.

Les signes qui annoncent la convalescence sont si évidents, qu'il n'est presque pas nécessaire de les indiquer. Un sentiment délicieux de bien-être qui succède aux crises de la maladie, l'assurance du regard, un certain air de gaîté, un commencement d'appétit, la disparition de l'enduit de la langue, l'état naturel des évacuations, etc., sont

15*

autant de phénomènes sur lesquels il est impossible de se méprendre.

La convalescence est bien plus pénible, bien plus longue en hiver qu'au printemps, en automne qu'en été, à cause de la durée des pluies, du froid et de l'inconstance de la température. Le voisinage des lieux marécageux et humides lui est entièrement contraire, il la rend longue et souvent dangereuse ; de plus, le long usage des remèdes, des boissons aqueuses et la grande diète que l'on est obligé d'observer dans les maladies ont jeté le corps dans un épuisement et un relâchement universels ; les organes de la digestion sont surtout ceux qui ont été le plus vivement affectés ; de là naissent les pesanteurs d'estomac, les bâillements, les rapports, les aigreurs que l'on sent après la digestion et les enflures aux bras et surtout aux jambes, auxquelles sont sujets presque tous les convalescents. Il est essentiel de se ménager sur la nourriture au sortir des maladies ; la faiblesse est si grande que le corps ne peut point travailler la nourriture qu'on lui donne à préparer, et par conséquent, plus on la rend abondante ou malsaine, plus on charge le corps d'un poids inutile et nuisible ; c'est faute d'observer ce précepte que les trois quarts des malades rendent leur convalescence si longue et si difficile, et c'est ce qui cause les rechutes continuelles auxquelles ils sont exposés.

Il est donc essentiel d'observer un régime exact, de se procurer des idées douces et agréables, de choisir une nourriture facile à digérer, d'en user en petite quantité, de respirer un air pur, de prendre un exercice modéré et de faire usage des remèdes stomachiques.

A l'égard de l'enflure qui survient aux jambes dans la convalescence, on ne doit point s'en effrayer ; elle se dissipe par un bon régime, par un exercice modéré.

Il est bon d'observer qu'il n'y a rien de si nuisible quand on est en convalescence que de faire usage de lavements et de boissons aqueuses en grande abondance, parce que ces remèdes contribuent à relâcher davantage les solides; il vaut mieux patienter et souffrir quelques indispositions que d'avoir recours à de pareils remèdes.

Les convalescents sont fort sujets à être constipés, parce que les sucs digestifs sont énervés et qu'ils n'ont pas assez d'activité pour exciter dans le canal intestinal les liqueurs propres à détremper les excréments; on ne doit point faire une attention sérieuse à cette indisposition: l'exercice et la sobriété en sont les remèdes.

La grande faiblesse accompagne ordinairement la convalescence; le corps est épuisé par les remèdes et la diète, il n'est donc pas étonnant qu'il se trouve affaibli. Il ne faut pas suivre les préjugés de ceux qui croient que le meilleur moyen pour acquérir des forces est de bien manger; c'est, en ce cas, le contraire. L'estomac et les fibres ne peuvent pas préparer toute la nourriture qu'on leur donne; de là les enflures, les démangeaisons, les dartres, les courbatures. On doit se souvenir que ce n'est pas ce qu'on mange qui nourrit, mais seulement ce qu'on digère.

Les aliments qui conviennent le mieux dans la convalescence sont le bouillon, la soupe grasse, la chair de bœuf, le mouton bouilli ou rôti, les œufs frais, le poisson de mer grillé ou cuit dans du bouillon gras ou du vin, au court bouillon, les œufs à l'eau, les légumes au jus.

Il faut éviter la chair qui n'est pas faite: telle est celle du veau, de l'agneau, du cochon de lait; le poulet même est souvent indigeste, surtout lorsqu'il a bouilli dans le pot. Un convalescent ne doit jamais faire maigre, boire peu de vin, très-peu de café et de chocolat, point de liqueurs; il prendra tous les jours un exercice proportionné à ses forces.

CHAPITRE HUITIÈME.

DE CE QUE PEUVENT LES HOMMES POUR SE PRÉSERVER DES MALADIES.

ARTICLE 1er

DE L'INFLUENCE DE L'AIR, DES ALIMENTS, DES MIASMES.

Depuis que l'homme est sujet aux souffrances et à la mort, il y a pour lui bien des causes de maladie. Toute la nature est un mélange d'éléments favorables ou nuisibles à la santé. Il est donc très-important d'avoir quelques notions des principales causes des maladies, afin de les prévenir autant que possible.

La première série de ces causes consiste en des circonstances accidentelles. Nous respirons un air tantôt plus, tantôt moins salubre ; nous usons d'aliments sains ou malsains, ou nous en abusons ainsi que des liqueurs ; nous prenons quelquefois comme nourriture un poison ; nous passons subitement d'une température à une autre, ou nous sommes exposés à des courants d'air. Selon que notre organisation est habituellement ou passagèrement plus ou moins impressionnable, elle surmonte ou elle subit ces influences mauvaises. C'est à cette sorte d'influences que se rapportent les fluxions de poitrine, les rhumes, les rhumatismes, les dyssenteries, les indigestions, etc. Quand certains états de l'atmosphère ont quelque durée, ou que certains vents règnent sans interruption pendant quelque temps, leur influence est plus intense et plus générale : on voit alors des épidémies, des fluxions de poitrine, des attaques de rhumes, d'angine, de croup chez les enfants, de dyssenteries, etc. Contre ce genre de maladies tout entier, la médecine, celle qui prévient le mal, consiste dans la prudence et la tempérance. En mettant ces moyens habituellement en pratique, on évitera encore bien des infirmités dont l'homme a tant à souffrir dans l'âge mûr et dans la vieillesse.

Un autre ordre de causes engendre un autre genre de maladies : les maladies de miasme, c'est-à-dire produites par les exhalaisons de matières végétales et minérales en décomposition. Les vapeurs des marais et des eaux stagnantes, quand l'atmosphère est chaude, et les évaporations d'une terre humide et fertile, quand la culture est négligée, engendrent ces maladies, que, dans les campagnes on appelle les *fièvres*, ou simplement *fièvre froide*, et connues aussi sous le nom de fièvres *intermittentes*, comme pour en indiquer les interruptions ou intermittences ; car le langage populaire a toujours du sens. Les fièvres intermittentes varient, pour le retour des accès et la gravité du mal : elles sont quotidiennes, tierces, quartes, etc. ; d'un autre côté, quand elles offrent des symptômes extraordinaires, tels que le délire, des vomissements, des syncopes, etc., et que les accès tendent à se succéder sans intervalle, on les appelle *fièvres intermittentes pernicieuses;* et alors, comme il suffit de quelques accès pour amener la mort, on se hâte de couper la fièvre par le *quinquina*. Les moyens de préservation sont ici l'assainissement des pays où il y a des marais et des eaux stagnantes, la culture assidue des terres riches et fortes, afin de leur faire rendre tout ce qu'elles peuvent produire ; en un mot, il faut que l'homme cultive sans cesse la terre qu'il habite, non-seulement pour vivre de ses produits, mais pour en diminuer les influences mauvaises et pour se faire un climat plus propice.

Mais voici une sorte de maladies plus remarquables que toutes les autres : celles qui sont appelées *fléaux* par les nations, et que les médecins appellent *contagieuses*. Ce sont : la petite vérole, la scarlatine, la suette miliaire, le typhus, le choléra, la peste, etc. La *petite vérole* n'est introduite en Europe que depuis un certain nombre de siècles, et elle s'y est acclimatée : sans la découverte de la vaccine, quels ravages peut-être n'y eut-elle pas faits? La *miliaire* a désolé l'Europe au 15e siècle; elle vient d'y reparaître depuis quelques années. La *scarlatine*, la *rougeole*, ont eu aussi leur temps d'un règne désastreux étendu sur la plus grande partie de l'Europe; maintenant elles sont beaucoup plus éparses et généralement plus bénignes. L'Orient nous a plusieurs fois envoyé la peste et tout récemment le *choléra*.

Le fléau le plus ordinaire de l'Europe, c'est le *typhus*. Il éclate à la suite des guerres; il se développe dans nos hôpitaux, nos prisons, nos manufactures, comme à bord des vaisseaux; partout, en un mot, où il y a amas d'hommes dans un espace trop resserré : aussi l'appelle-t-on fièvre des hôpitaux, des prisons, des vaisseaux. On lui a donné encore d'autres noms, tels que celui de *fièvre putride*. Le typhus se développe très-souvent dans les villages, pendant l'hiver, ce qui vient sans doute de ce que les habitants s'entassent, pour leurs veillées, dans un local beaucoup trop étroit pour le nombre d'individus réunis, et de ce que l'on néglige d'aérer les pièces d'habitation que, d'ailleurs, l'on chauffe outre mesure.

Mais qui dira jusqu'où peut se projeter le miasme humain que la médecine a de tout temps appelé *contagion*? On sait que de l'haleine et de la sueur des hommes encombrés, naissent des produits infects qui pénètrent les vêtements, le bois, et particulièrement les murailles construites d'une pierre poreuse, et qui s'en exhalent ensuite peu à peu.

Comment décidera-t-on que l'air lui-même, dans certains cas, ne puisse servir à apporter aux hommes les exhalaisons mauvaises, comme aussi que le levain pestilentiel ne se transmette de plusieurs manières à la fois?

Cependant, que pouvons-nous pour nous préserver de ces dernières maladies? Ce à quoi il faut s'attacher, c'est de recommander la propreté à chacun, ou plutôt c'est d'y former l'enfance dans les familles et les écoles; car la propreté se lie à toutes les habitudes d'ordre et d'une vie décente, comme la malpropreté est le signe, sinon des habitudes de la crapule, dans tous les cas au moins d'une manière de vivre abrutie, animale, et peu conforme au sentiment de notre dignité.

ARTICLE 2.

DE L'INFLUENCE DES ÉCHAUFFEMENTS ET DES REFROIDISSEMENTS.

Une expérience journalière a démontré qu'une foule de maladies dangereuses et auxquelles souvent l'art de la médecine ne peut porter aucun secours efficace, proviennent d'imprudences; on peut placer au premier rang les échauffements et les refroidissements. Lorsqu'une personne est échauffée, soit par un trop grand exercice, soit par le travail, elle doit observer les règles suivantes:

1° Ne pas rester tout à coup immobile, assise ou couchée, mais continuer un exercice modéré, afin de ne point arrêter subitement la transpiration, mais de laisser au sang le temps de se calmer petit à petit, et au corps celui de se remettre lentement de ses fatigues.

2° Ne rien prendre d'échauffant, comme eau-de-vie, vin fort, café; car rien n'est plus funeste aux poumons et à l'estomac que de chercher, selon le préjugé ordinaire, à dissiper la chaleur par la chaleur ; au lieu de diminuer la transpiration, on l'augmente, et par là même on affaiblit le corps et on provoque des maladies graves.

3° Ne point se découvrir la tête, la poitrine ; ne pas s'exposer à l'air frais ou au vent ; surtout ne jamais se dépouiller de ses habits pour se mettre plus à l'aise et ne garder qu'une simple chemise.

4° Ne pas se baigner dans l'eau froide, ni conserver ses habits quand ils ont été mouillés par la pluie.

5° Ne pas s'asseoir ni se coucher sur la terre humide ; surtout se bien garder d'y dormir, car l'humidité qu'elle renferme peut paralyser les membres, causer une phthisie ou la goutte.

Après avoir indiqué ce qu'il faut éviter, voyons ce qu'il faut faire pour remédier aux échauffements:

Chercher à tempérer l'irritation de tout le corps en se donnant un mouvement modéré ; se dépouiller avec précaution et dans un endroit fermé de ses vêtements mouillés par la sueur ; en prendre d'autres et apaiser lentement sa soif. Dans certains pays, pour se désaltérer, on trempe un morceau de pain dans un verre de bière ou simplement d'eau, et après en avoir ainsi corrigé la crudité, on mange ce pain petit à petit, et on boit par petites gouttes. Que de maladies on prévient par ce moyen si facile !

Quand on s'est refroidi, soit dans une forêt, soit par suite d'un temps de pluie ou de neige, il ne faut jamais boire de liqueurs, ni autres boissons sudorifiques ; mais prendre une ou deux tasses d'eau chaude, en y ajoutant un filet de vinaigre ; s'approcher lentement du feu, et rétablir la circulation du sang par un mouvement continuel.

Quand le refroidissement continue, on prend un bain de pied chaud, on boit un petit verre de vinaigre et on se couche. Il ne faut jamais conserver des bas humides ou des habits mouillés, mais les remplacer le plus promptement possible par d'autres secs et chauds ; autrement on s'exposerait à des rhumatismes, à des rhumes et autres maladies d'humeurs. On court le même danger lorsqu'une partie du corps se trouve exposée à un courant d'air, tandis que le reste du corps est dans un état de chaleur ou en transpiration, ce qui a lieu lorsqu'on est appuyé contre une muraille humide et qu'on a les pieds au feu. On peut se préserver de mille maux, en contractant dès l'âge de six ou sept ans l'habitude de se laver souvent, surtout les mains, la figure et les pieds. Une manière facile de se garantir contre les engelures, c'est de se laver les mains avec de l'eau froide et du son en place de savon. Ce moyen a réussi à une foule de personnes : il rend la peau forte, propre et fraîche.

Il faut encore avoir soin de ne pas porter trop tôt des habits d'été ; car on peut facilement au printemps se refroidir, les soirées étant ordinairement très-fraîches et la température variant souvent dans une même journée. Il est bien plus sage de supporter un peu les premières chaleurs que de s'exposer à se refroidir et d'avoir à souffrir ensuite. Le froid est l'ennemi le plus dangereux de la vie, tandis que la chaleur vivifie et ranime toute la nature. Un bon régime, une vie réglée et le soin d'éviter toute espèce d'excès, sont les meilleurs moyens de jouir d'une bonne santé et d'une vie longue et heureuse.

Par Harel du Tancrel.

CHAPITRE NEUVIÈME.

DE L'HYGIÈNE.

ARTICLE 1er

PRÉCEPTES GÉNÉRAUX D'HYGIÈNE.

§ Ier

De l'Air.

L'hygiène est l'art de conserver la santé.

L'air est un des premiers besoins de notre existence, mais il devient un poison de tous les instants dès qu'il est chargé de tous ces miasmes qui s'échappent du corps humain et de toutes ces exhalaisons fétides que produisent les fumiers, les excréments des animaux et des hommes qui se trouvent si souvent entassés devant l'habitation des hommes de la campagne. Il faut donc les engager à faire disparaître ces ordures, cause permanente d'infection et de maladies, et à ouvrir souvent leurs fenêtres pour renouveler l'air si nécessaire à leur santé, si précieuse pour leur famille.

Si on le peut, il faut faire choix d'une habitation exposée au soleil, à l'abri des émanations des marais, des fumiers et des exploitations insalubres ; qu'elle soit de préférence dans le voisinage des jardins et des bois ; les plantes, en s'emparant des gaz pernicieux, sont les moyens les plus agréables comme les plus salutaires dont la Providence se sert pour purifier l'air.

Il faut bien se garder de dormir au milieu des fleurs enfermées dans les appartements, les odeurs trop fortes et surtout le *gaz acide carbonique* dégagé par les plantes peuvent asphyxier.

§ II.

Des Aliments.

Les aliments peuvent devenir la source des maladies de deux façons différentes, quand on en fait excès ou qu'on n'en fait pas un bon choix.

La trop grande quantité d'aliments énerve l'estomac, rend la digestion lente et paresseuse, donne lieu aux douleurs d'estomac, aux coliques, etc.

Les aliments de mauvaise qualité ne sont pas moins nuisibles, car, outre tous les maux qu'on vient de décrire, ils passent dans le sang et se tournent en humeurs âcres de toutes sortes de nature.

Les grands mangeurs et les personnes capricieuses altèrent la durée de leurs jours, les premiers, en accablant leur estomac et leur corps d'un fardeau trop grand, les autres, en corrompant leur sang et leurs humeurs par des substances malsaines, telles que les crudités, etc.

La règle que l'on doit suivre pour n'être pas incommodé, c'est de proportionner sa nourriture à son travail et à ses forces.

Dans l'été la nourriture doit être moindre que dans l'hiver, dans les pays chauds que dans les pays froids. Les personnes accoutumées à mener une vie dure et pénible, à faire un exercice considérable, ont besoin d'aliments plus nourrissants et plus abondants. Toutes ces différences bien ou mal observées sont du nombre des causes les plus fréquentes des maladies et de la santé.

Les aliments, comme on peut en juger, occasionnent bien des maladies quand ils péchent ou par leur quantité ou par leur qualité, mais ils se changent souvent en remèdes salutaires quand on en use avec prudence et qu'on en fait un bon choix ; c'est ce qu'on appelle *régime*.

Tout homme sain et dans l'âge mûr doit ne jamais perdre de vue cette règle, que les aliments ne sont faits que pour réparer les pertes journalières occasionnées par la transpiration et pour entretenir dans les humeurs une douceur, une égalité qui seules peuvent faire naître la santé et l'entretenir.

Si l'on doit être exact à ne pas trop prendre de nourriture dans l'état de santé, combien ne doit-on pas l'être dans la maladie, surtout lorsqu'il y a de la fièvre ? C'est la chose à laquelle les gardes et ceux qui sont près des malades doivent apporter une grande attention, mais malheureusement nous voyons tous les jours des malades avec des fièvres violentes que l'on charge de bouillon ; c'est vouloir retarder leur guérison, quelquefois même c'est leur donner la mort.

§ III.

De l'Ivrognerie.

Il faut encore mettre au nombre des causes de maladies l'*ivrognerie* qui ne produit pas des épidémies, mais qui tue en détail dans tous les temps et partout. Les misérables qui s'y livrent sont sujets à de fréquentes inflammations de poitrine et pleurésies qui souvent les emportent à la fleur de l'âge ; s'ils réchappent quelquefois à ces maladies violentes, ils tombent avant l'âge de la vieillesse dans toutes ses infirmités et surtout dans l'asthme qui les conduit à l'hydropisie de poitrine. Leurs corps usés par les excès ne répondent point à l'action des remèdes, et les maladies de langueur qui dépendent de cette cause sont presque toujours incurables. Heureusement la société ne perd rien en perdant de tels sujets qui la déshonorent et dont l'âme abrutie est, en quelque façon, morte longtemps avant le corps.

§ IV.

De la Malpropreté.

La malpropreté du linge, des vêtements et du corps est une source de maladies, particulièrement de ces tristes et hideuses maladies de la peau, la *gale, les dartres,* etc. Ces affections de la peau sont susceptibles de s'invétérer, de se compliquer d'affections intérieures qui finissent par compromettre la vie. Comment s'exposer à de pareils maux quand ils sont si faciles à éviter? Prendre de temps en temps un bain, se laver souvent, avoir soin de porter des vêtements et des linges propres, surtout ceux qui touchent la peau. La malpropreté des aliments agirait d'une manière encore plus directe sur nos organes et serait à la lettre un poison plus ou moins lent. Nous n'avons pas besoin de citer un plus grand nombre de maladies pour faire comprendre l'importance de la propreté relativement à la santé. Si nous avions quelque chose à ajouter, ce serait un mot pour les mères, dont les enfants peuvent encore bien moins que toutes les autres personnes se passer de ces soins ; leur organisation délicate a besoin de la plus grande propreté. Que d'enfants n'a-t-on pas vu *pourrir* dans leurs langes ou *s'étioler* comme de pauvres petites plantes dans l'air étouffé de leurs berceaux et de leurs rideaux !

§ V.

De la Religion.

De tous les moyens d'hygiène propres à prévenir les maladies, il n'en est point de plus efficaces et de plus salutaires que ceux que procure la religion qui, en combattant tous les vices, va au-devant d'un grand nombre de maladies. Sans le secours de la morale chrétienne la médecine préventive est généralement sans force, mais unie à cette morale elle a pour le bien de l'humanité un pouvoir immense.

En effet, la religion réduit à sept les vices, sources de tous nos maux et que la médecine doit combattre de concert avec elle. Car n'est-il pas vrai que l'orgueil, l'ostentation enfantent une foule de maux tels que l'extravagance, la folie, le suicide ! N'est-il pas vrai que les chagrins, les soucis, les angoisses, les injustices de tous genres qui font verser tant de larmes et occasionnent tant de maladies prennent leur source dans l'ambition et l'avarice ?

N'est-il pas vrai que la corruption des mœurs qui dégrade tant de familles, qui empoisonne les générations jusque dans leurs sources, produit une variété d'effrayantes maladies dont la plupart deviennent comme héréditaires dans les familles ?

N'est-il pas vrai que la jalousie, l'envie, le dépit, le cruel besoin de nuire, en bouleversant l'âme, réagissent sur les dispositions du corps ?

Hippocrate n'a-t-il pas eu raison de dire que *la table tue plus de monde que la guerre*, que la recherche et la composition raffinées des mets et des boissons usent l'estomac, produisent les gouttes cruelles, le dépérissement des facultés morales dans ceux qui se livrent à ces excès.

N'est-il pas vrai que la colère, outre les dissensions domestiques et sociales, mêlant la bile avec le sang, provoque souvent la jaunisse, la paralysie, la suffocation et une foule d'autres maladies ?

N'est-il pas vrai que la paresse, l'insouciance, la fainéantise laissent engourdir les forces corporelles et morales, rendent l'homme inutile ou dangereux à lui et aux autres, donnent à l'imagination une puissance funeste et désorganisatrice pour le corps et pour l'âme ?

Ainsi la religion en détruisant ou en amoindrissant les vices, détruit ou prévient dans leur source le plus grand nombre des maux, des souffrances et des maladies de l'humanité que la médecine préventive, abandonnée à elle-même, est impuissante à détruire. Par conséquent, la médecine fondée sur la religion et saintement unie à elle, aura pour le bonheur et le soulagement de l'humanité une puissance incalculable.

ARTICLE 2.

HYGIÈNE DES ENFANTS.

Aussitôt que nous venons au monde, nous commençons par souffrir; nos douleurs sont quelquefois même si vives, et notre machine si délicate que souvent nous succombons, après avoir fait à peine quelques pas dans le sentier de la vie.

Le principal inconvénient de l'estomac des enfants, c'est de faire tourner tous les aliments en aigre; c'est pourquoi il ne faut jamais oublier, dans leurs maladies, ce point de vue, surtout quand ils ont des coliques, auxquelles ils sont très-exposés.

On doit éviter de leur donner de cette bouillie épaisse, lourde, aliment qui se digère toujours très-mal et qui occasionne des aigreurs. Une panade de mie de pain, bouillie dans de l'eau et du bon beurre est préférable.

Un des plus sûrs moyens de prévenir ces coliques, c'est, au bout de quelques semaines, de donner à ces pauvres petits autant de mouvement que leur âge peut le permettre.

Il faut les laver à l'eau froide avec une éponge, tous les jours, quelque temps qu'il fasse, et, dans la belle saison, les plonger dans des seaux, des bassins de fontaine, des ruisseaux. Après quelques jours de pleurs, ils s'en trouvent si bien que cet exercice devient un de leurs plaisirs. Par ces lavages et ces bains on entretient la transpiration, on les rend moins sensibles aux impressions de l'air et on prévient un grand nombre de maladies.

Il faut éviter de les tenir trop chaudement, car

les enfants élevés au chaud sont souvent enrhumés, faibles, pâles, languissants, tristes, bouffis.

On doit les faire vivre au grand air le plus possible, et toujours leur procurer des mouvements et des exercices proportionnés à leur âge et à leurs forces. Leur épargner la torture du maillot, les entraves des langes et le supplice des coiffures trop chaudes. Il convient encore de ne pas trop leur donner à manger; car bien loin de les fortifier par une nourriture trop abondante, on les tue : tout ce qu'un enfant prend au-delà de ses besoins l'affaiblit au lieu de le fortifier.

Rien ne doit leur être plus permis que le sommeil qui contribue beaucoup à leur santé, et quand ils sont un peu plus forts et plus grands, comme il convient de les accoutumer à se lever matin, il faut leur faire prendre l'habitude de se coucher de bonne heure. On doit prendre garde de ne pas les éveiller trop brusquement, ce qui les épouvante et peut leur faire grand mal. Ils ne doivent pas être couchés trop mollement; un lit dur fortifie les membres, préserve de bien des infirmités et habitue à se trouver bien partout.

Un point essentiel est de ne pas trop *médeciner* les enfants par *précaution* ou *pour prévenir des maladies*. Dans leurs petites et légères souffrances, le plus sûr est de laisser agir la nature plutôt que d'employer des remèdes. La diète, l'eau, quelque infusion simple, sont ordinairement les meilleurs.

Qu'on ne souffre jamais que des servantes et autres personnes viennent, par des récits dangereux, fantastiques, frapper leur jeune imagination pour les détourner de certaines petites fautes. Le remède est pire que le mal. Il faut aussi les accoutumer à savoir se trouver seuls, à ne pas être plus effrayés des ténèbres de la nuit que de la lumière du jour. Les convaincre que le bon Dieu, qui les aime, a fait toutes choses pour leur bien, la nuit pour dormir et se reposer, et le jour pour jouer et plus tard pour étudier et travailler.

ARTICLE 3.

DE L'HYGIÈNE DES ÉCOLES & DES PENSIONNATS.

§ Ier

Des Écoles.

Une des principales causes de la mauvaise santé, de la débilité des enfants qui fréquentent les écoles, c'est l'air corrompu qu'ils y respirent lorsqu'on n'a pas soin de maintenir dans leurs salles un air salubre ; qu'ils s'y trouvent en trop grand nombre , surtout pendant l'hiver ; qu'on ne les oblige pas à se bien laver et qu'on chauffe outre mesure les fourneaux.

Il faut apporter à ce mal un double remède : écarter, autant que possible, tout ce qui tend à corrompre l'air et le renouveler aussi souvent que le nombre des enfants et les dimensions des salles le permettent. Pendant les récréations, on ouvrira les portes et les fenêtres ; comme cela ne suffit pas encore , on établira des vasistas ou carreaux mobiles à la partie supérieure des fenêtres, d'abord pour éviter aux enfants des courants d'air, ensuite parce qu'il serait dangereux, en hiver principalement, que l'air froid, qui ferait un contraste avec l'air échauffé de l'intérieur, vint les frapper. Cela pourrait leur occasionner des rhumes , des catarrhes et peut-être des fluxions de poitrine.

On doit avoir soin de ne laisser subsister auprès des fenêtres de l'école , ni mare d'eau stagnante , ni fumier, ni ordures ; d'obliger les enfants à se laver, à se peigner, à tenir leurs vêtements propres quand ils seraient même grossiers , car dans nos pauvres campagnes les parents ont souvent bien du mal de procurer le nécessaire à leur famille.

On tiendra en hiver un vase toujours plein d'eau sur le fourneau. Comme les enfants ont naturellement besoin de mouvement et d'exercice, les personnes chargées de les instruire auront soin de leur en procurer autant que possible, ne serait-ce que de les faire lever un moment, ou, mieux encore, de leur faire prendre un instant l'air quand le temps le permet, en les conduisant devant la porte. Cette sortie utile en préviendrait probablement d'autres qui dérangent les classes.

§ II.

Des Pensionnats.

Le premier soin d'un maître ou d'une maîtresse de pension est de choisir une maison saine et bien située, avec jardin ou cour pour les récréations des élèves. Les dortoirs, autant que possible, doivent être placés à un étage supérieur ; la propreté sera le seul luxe des dortoirs où les élèves n'entreront que pour se coucher. Il faut y entretenir la nuit une veilleuse qui donne à la fois de la lumière pour mieux surveiller et de l'eau chaude qui puisse servir dans le cas où un enfant serait indisposé.

Tout doit être prévu pour le soulagement des élèves, toute prolongation de leurs souffrances serait un tort. Il convient donc d'avoir sous la main tout ce qui peut dissiper un évanouissement, arrêter une hémorragie, cicatriser une coupure, prévenir les suites d'une chute, adoucir la piqûre d'un animal vénimeux, contenir une entorse, calmer une inflammation ; une indisposition soignée à temps prévient bien des maladies. Le médecin de la maison doit être consulté afin qu'il fasse connaître tout ce qui est nécessaire.

Si le maître ou la maîtresse du pensionnat ne couche pas dans les dortoirs, une personne qui mérite toute leur confiance doit les remplacer.

Comme l'exercice aide au développement du corps, qu'il double les forces, facilite la croissance, il faut que les élèves ne soient pas constamment enfermés. On doit leur procurer des jeux, des récréations, des promenades les jours de congé; mais en favorisant leurs jeux, il faut en faire un choix judicieux et proscrire ceux qui pourraient devenir dangereux ou inconvenants.

Il faut tenir la main à la propreté; qu'il y ait de l'ordre et de l'arrangement dans leurs vêtements; que tout annonce non le luxe, mais une noble et honnête simplicité. Que les parents, qui s'imposent déjà de bien grands sacrifices, ne se voient pas encore obligés à des dépenses de toilette inutiles, pour ne pas dire nuisibles et qui, dans certains pensionnats, surtout de demoiselles, doublent le prix de la pension.

Si la sobriété contribue à une bonne santé, cependant on doit procurer aux élèves une nourriture simple, mais saine, abondante, apprêtée avec soin, servie avec propreté et en rapport avec l'appétit de chacun. S'il est utile de les habituer à *manger de tout*, il ne faut pas oublier qu'on doit y arriver graduellement et qu'il est des estomacs qui ne peuvent véritablement pas supporter tel et tel mets.

Peu de sucre, peu de vin pur et ne pas souffrir qu'ils mangent hors des repas. Dans le moment des fruits qu'ils en fassent usage quand ils sont bien mûrs.

Si malgré les soins, la bonté, la régularité du régime, une maladie survient, il faut se dévouer tout entier à soigner ses élèves sous la direction d'un médecin habile qui mérite toute confiance. Que la famille du malade soit avertie et que les parents, en arrivant, trouvent le maître ou la maîtresse au chevet du lit de leur enfant. Il ne faut pas oublier qu'il est des maladies qui s'annoncent de loin et qu'on peut prévenir ou du moins dont on peut paralyser les effets : l'altération du teint, la tristesse, l'engourdissement, le manque d'appétit, un sommeil court, agité, sont souvent des symptômes avant-coureurs d'une maladie.

ARTICLE 4.

DE L'HYGIÈNE DES JEUNES GENS.

Si la jeunesse veut arriver à une heureuse vieillesse, elle ne le peut que par une conduite sage et vertueuse. Les passions et les désordres minent insensiblement nos forces, détruisent petit à petit les éléments de notre vie et conduisent à la mort ou à une vieillesse prématurée et souffrante.

L'exercice est une des lois de notre nature; l'exercice conserve la vie, donne de la souplesse à nos membres, de la force à nos muscles et prévient ainsi beaucoup de maladies. Il faut aussi s'accoutumer dès sa jeunesse à ne craindre ni le chaud ni le froid, ni la pluie, ni la neige, ni toutes les intempéries de l'air et des saisons. Quelle honte pour un jeune homme de n'oser faire un pas hors de la maison parce qu'il fait un brouillard, qu'il tombe un peu de pluie, qu'il gèle, qu'il neige ou parce que le soleil est trop ardent! On doit petit à petit endurcir son corps à toutes ces légères incommodités et bientôt on pourra les braver.

Après l'exercice, la sobriété et la tempérance sont extrêmement utiles; c'est une grande faute de charger outre mesure son estomac d'une nourriture trop abondante et de s'habituer à boire de ces liqueurs, de ces boissons fortes qui énervent le corps, troublent l'esprit et jettent trop souvent dans des écarts malheureux.

ARTICLE 5.

DE L'HYGIÈNE DES JEUNES PERSONNES.

La femme, privilégiée sous tant de rapports, a été condamnée par le Créateur à plus d'une douleur.

Plus faible en général et plus susceptible d'impression que l'homme, elle doit s'observer davantage, tous les excès doivent lui être interdits, elle ne peut impunément abuser de rien ; on doit donc lui recommander la tempérance, la sobriété, l'usage des aliments d'une facile digestion, l'abstinence de liqueurs fortes ou de vins trop généreux, un exercice modéré, un sommeil pas trop prolongé, surtout une manière de se vêtir qui l'expose moins aux intempéries des climats et des saisons. Que la jeune fille évite de se serrer la taille et de vouloir corriger le bel ouvrage du Créateur ; le corset, en pressant fortement la poitrine, l'estomac, les poumons, arrête la circulation du sang, paralyse les fonctions du cœur et prépare, si ce n'est pour le présent, du moins pour l'avenir, de bien graves et cruelles maladies. Mais la mode parle et parle impérieusement et on aime mieux souvent payer de sa santé, de sa vie même, une obéissance passive à ce despotisme, que d'écouter les conseils de la sagesse et de la raison.

ARTICLE 6.

DE L'HYGIÈNE DES OUVRIERS & DES HABITANTS DE LA CAMPAGNE.

Les habitants des campagnes, et on doit entendre par cette dénomination les laboureurs, le vigneron, le moissonneur, le manœuvre, etc., sont naturellement dans la condition et les circonstances les plus propres à entretenir la santé ; aussi n'est-ce guère que parmi eux qu'il se rencontre des centenaires.

Cependant il est certaines infirmités qui naissent de leur profession et qu'ils ne peuvent pas toujours éviter : l'air ordinairement si pur des campagnes se charge quelquefois de miasmes contagieux ou délétères, des maladies épidémiques se propagent sur une étendue considérable : ainsi les coups de soleil et les inflammations du cerveau se rencontrent plus fréquemment chez les ouvriers occupés à faucher les foins ou à moissonner les blés.

Les vignerons et tous ceux qui sont destinés à bêcher la terre se trouvent plus exposés aux suppressions de la transpiration, aux irritations et inflammations des poumons, de l'estomac ou des intestins ; alors aussi arrivent les fièvres dites intermittentes, principalement dans les vallons où l'air n'est pas renouvelé et rafraîchi, dans les lieux-bas où les eaux stagnent, où les fumiers croupissent, où les feuilles des arbres entassés se putréfient et détruisent, dans cet état de mort et de décomposition, le bien qu'elles avaient produit lorsque, vertes et en pleine végétation, elles chargeaient l'air de leurs exhalaisons salutaires.

Le défaut de linge, la malpropreté rendent extrêmement communes parmi les habitants des campagnes les maladies de la peau.

Indiquer la cause de la plupart des infirmités qu'ils ont à craindre, c'est leur donner le moyen de les prévenir.

La nature a multiplié dans la campagne les ressources propres à conserver la santé, telles que l'air pur, les eaux fraîches et limpides, les simples qui produisent des sucs salutaires, d'excellent laitage, etc. Mais l'ignorance et les préjugés ont introduit mille usages propres à rendre son retour plus difficile.

L'homme de la campagne est en général ennemi de la diète, qui est cependant le plus sûr moyen de guérison ; il ne comprend pas que ce n'est point ce que l'on entasse dans ses intestins qui peut rétablir les forces, mais seulement ce que l'estomac peut digérer. S'il perd l'appétit il s'inquiète davantage, car pour lui le *vin* et la *poule au pot* sont le remède universel.

Puis si la maladie se prolonge, si les rechutes se multiplient, il se décourage, s'ennuie des sages lenteurs d'un régime qui l'eût infailliblement rétabli pour se livrer aux charlatans. Les remèdes les plus absurdes, les plus âcres, les plus incendiaires, les plus dégoûtants sont reçus avec reconnaissance, pourvu qu'ils paraissent nouveaux et peu coûteux. Alors les fioles, les sachets, les baumes, etc., sont mis en usage. Il vaudrait beaucoup mieux ne rien faire du tout que de recourir à de pareils remèdes.

Lorsque les habitants des campagnes sont pris de fièvre ou de malaise, ils doivent faire diète ou au moins diminuer leurs aliments, boire de l'eau pure, que l'on rend plus légère en la transvasant souvent, ne pas s'étouffer sous des couvertures, ouvrir les fenêtres de leurs chambres, écarter la foule de leurs parents et des commères qui viennent, par leur haleine, corrompre encore l'air malsain qu'ils respirent. Lorsque le voisinage le leur permet, qu'ils ne manquent pas d'appeler à leur secours des médecins instruits qui, tous, se font un devoir de visiter et de soigner le pauvre comme le riche.

Nous terminerons cet article par les avis suivants :

1° Que les habitants des campagnes s'exposent le moins possible la tête nue aux chaleurs du soleil.

2° Qu'ils aient soin de ne pas boire de l'eau de source, très-froide, lorsqu'ils se trouvent altérés par leurs travaux, mais qu'ils attendent jusqu'à ce qu'ils aient moins chaud; l'eau mêlée d'un peu de vinaigre est une boisson salutaire et qui les désaltérera beaucoup mieux que toute autre liqueur.

3° Que, pendant une transpiration, ils évitent de se reposer dans des endroits trop frais ou sur des bancs de pierre, car cette imprudence peut leur causer de violentes coliques et même la mort.

4° Ils seront à l'abri des *coups de soleil* en conservant sur leur tête des chapeaux de paille larges, légers et peu coûteux.

5° Ils éviteront les hernies et les douleurs en s'abstenant de lever de trop pesants fardeaux et en diminuant leurs efforts dans le travail. Ils ne doivent jamais, par ostentation, faire une épreuve inutile de leurs forces comme de vouloir lever des tonneaux pleins, des charrettes, de courir de façon à perdre haleine et autres folies semblables.

6° En modérant leur travail, en continuant par l'exercice de leur corps d'entretenir la transpiration, ils éviteront les rhumes, les érysipèles, les coliques et toutes les maladies du bas-ventre auxquelles ils sont sujets et qui ont pour cause la suppression de la sueur causée par le passage subit du chaud au froid.

Surtout que le dimanche devienne pour eux le jour du Seigneur, le jour du repos, repos qui leur est si nécessaire pour retremper leur moral et chercher dans les joies et les douceurs de la famille un délassement à leurs longs et si pénibles travaux, afin de pouvoir sans danger se livrer à de nouvelles fatigues.

7° Qu'ils prennent une nourriture saine et évitent de rester des journées entières sans manger, ou de trop manger et surtout de trop boire, ce qui est pis encore.

8° Qu'après leur travail ils se lavent les mains dans de l'eau froide et les essuient avec un linge très-sec.

ARTICLE 7.

DE L'HYGIÈNE DES VIEILLARDS.

La diète est la principale chose que les vieillards doivent observer ; ils doivent respirer un air pur et serein, éviter les aliments âcres et échauffants, ne prendre qu'une nourriture douce et humectante : les liqueurs spiritueuses leur sont extrêmement contraires. Ils peuvent faire usage du vin, mais jamais pur, quoique le vulgaire pense que le vin est le lait des vieillards. Ils doivent faire le plus d'exercice qu'ils peuvent, dormir peu, parce que la transpiration se supprime quand le sommeil est trop long ; se frotter la peau tous les matins et le soir avec une flanelle, afin d'ouvrir les pores et d'exciter la transpiration, pourvu cependant que cette friction soit douce et n'aille pas jusqu'à la sueur. Il faut également que les vieillards prennent beaucoup de dissipation, qu'ils cherchent la gaîté et qu'ils évitent les méditations et le chagrin. Quoiqu'en général ils aient rarement soif, il faut cependant qu'ils boivent beaucoup pour éviter la sécheresse et corriger l'âcreté du sang ; ils pourront, par exemple, faire usage de la tisane que nous allons décrire, qu'ils continueront pendant quinze jours, qu'ils suspendront ensuite pendant un pareil temps ; et qu'ils recommenceront au bout de quinze autres jours.

On doit éviter autant que possible de purger les vieillards, parce que les purgations ne servent qu'à échauffer leur tempérament et à dessécher davantage leur sang ; il vaut mieux avoir recours aux lavements et à la tisane suivante :

Prenez : Racines de chiendent,   30 grammes.
      —— de patience sauvage,   15 ——
   Feuilles de bourrache,   } de chaque,
      —— de buglose,   } une poignée.
   Sel de nitre,   75 centigramm.

Faites bouillir le tout dans un litre et demi d'eau, afin de réduire à un litre, pour en faire prendre deux verres le matin, à deux heures de distance l'un de l'autre.

Les saignées ne sont pas moins contraires aux vieillards que les purgations, parce qu'elles détruisent leurs forces et ne font qu'augmenter leurs incommodités.

La propreté est essentielle aux vieillards ; les bains tièdes, les frictions répétées de temps en temps entretiendront la souplesse de leurs fibres. Ils doivent se bien couvrir en hiver, particulièrement les mains, les bras et les jambes ; que leurs appartements soient chauds, même avant que de se lever.

En suivant ces conseils, les vieillards parviendront à entretenir leur santé ; mais qu'ils n'oublient pas que tous les secours de la médecine seraient impuissants, s'ils étaient isolés de ceux de la religion. L'esprit influe sur le corps, le moral sur le physique, à cet âge surtout où l'on s'approche du tombeau ; c'est-à-dire que le meilleur moyen de se procurer une heureuse vieillesse est d'avoir une conscience calme.

CHAPITRE DIXIÈME.

DE L'ÉCONOMIE DOMESTIQUE.

A la campagne et dans les pays où l'on ne tue que toutes les semaines, ou plus rarement encore, on ne peut se procurer de la viande en tout temps ou en quantité suffisante, parce qu'elle se gâterait promptement. Voici un moyen bien simple de la conserver. On coupe la viande en autant de morceaux que l'on désire former de plats ou de cuites de 3 à 4 livres au plus ; on place les morceaux dans des vases en terre ou en bois, puis on les saupoudre et on les recouvre de charbon en poudre fine. On est obligé, quand on veut faire cuire cette viande, de la laver avec soin, voilà tout. De cette manière, il est possible de conserver 15 jours de la viande aussi fraîchement que si l'animal venait d'être tué. Il faut ne pas craindre d'employer le charbon en poudre fine à un pouce ou deux d'épaisseur.

Conservation de la viande.

La manière suivante de conserver le lard est d'autant plus utile, qu'elle est simple et peu coûteuse. Après que le lard a été 15 jours dans le sel, il faut avoir une caisse où il puisse en entrer trois pièces ; on mettra du foin au fond, on enveloppera chaque pièce de lard dans du foin, et on mettra une couche entre deux ; cela l'empêche de rancir, et on le trouve, au bout d'un an, aussi frais que le premier jour. Il faut seulement avoir soin de le garantir des rats et des insectes qui peuvent s'introduire dans la boîte.

Conservation du lard.

Conservation des œufs.

Dans la saison où les œufs s'achètent à bas prix, on réunit dans des pots bien propres jusqu'à six ou dix douzaines d'œufs à la fois ; on a soin de se les procurer frais et de veiller à ce qu'aucun ne soit cassé.

On doit délayer un kilo de chaux dans 15 litres d'eau fraîche de source ; on verse de ce mélange sur les œufs de manière à couvrir la superficie, et pendant l'hiver, on a l'attention de ne pas manquer d'eau de chaux, pour le cas ou le liquide contenu dans les pots aurait diminué ; car il faut que les œufs en soient toujours abondamment couverts.

Pommade pour les cheveux.

Prenez : Moelle de bœuf très-fraîche, 25 grammes.
Huile d'amandes douces, 1/2 verre.
Sel broyé très-fin, une petite poignée.
Rhum, 2 ou 3 gouttes.

Aromatisez avec

Essence de bergamotte pour 10 centimes à peu près.

Faites fondre la moelle de bœuf au bain-marie, passez-la ensuite dans un linge très-fin. Ajoutez-y l'huile d'amandes, le rhum et le sel, remettez sur le feu jusqu'à ce que tout soit bien mêlé, ensuite retirez et aromatisez.

Pommade pour les yeux.

Prenez : Pommade rosat ou axonge, 30 grammes.
Oxide de Mercure (précipité rouge), 2 —

Mêlez exactement.

Moyen de nettoyer les cols d'habits.

Versez dans une cuvette ou tout autre vase propre, de l'eau naturelle autant qu'il en faut pour remplir un grand verre ordinaire.

Ajoutez-y la quantité d'*alcali volatil* qui tiendrait dans une cuiller à bouche. Imbibez légèrement dans cette préparation le coin d'une serviette propre, frottez le collet gras avec ce linge mouillé. Il se forme aussitôt une écume qu'il faut enlever avec un bois taillé en lame de couteau, ayant soin d'appuyer un peu pour mieux faire sortir l'humidité qui aura pénétré le drap. Imbibez de nouveau un autre endroit de la serviette, frottez, enlevez l'écume, et recommencez jusqu'à ce que le drap soit bien net. Trois ou quatre fois suffisent ordinairement.

Passez ensuite sur le collet un linge propre imbibé d'eau naturelle. L'opération terminée, si elle est bien faite, le collet est à peine mouillé. Cette eau ravive la couleur bleue; on peut en faire l'expérience sur les coutures qui commencent à blanchir.

Les habitants de la campagne trouveront facilité et économie dans la manière suivante de laver la flanelle. Le moyen le plus économique est l'emploi de la farine, ou celui de la pomme de terre cuite.

Délayez deux cuillerées de farine dans 2 litres d'eau de savon légère ; mettez le vase sur le feu en ayant l'attention de remuer pour que la farine ne se grumèle point ; versez moitié de cette colle claire et bouillante sur votre flanelle, imbibez-en bien l'étoffe et quand la liqueur permettra d'y tenir les mains, frottez comme si vous employiez du savon ; retirez la flanelle, faites-la dégorger dans de l'eau claire, puis versez dessus l'autre moitié de colle bouillante ; frottez de nouveau, lavez ensuite à plusieurs eaux et la flanelle se trouvera parfaitement nettoyée ; elle n'aura conservé aucune odeur, sera très-blanche et on pourra l'appliquer avec d'autant plus d'assurance sur la peau que l'étoffe sera plus propre.

Si l'on emploie les pommes de terre, il faut qu'elles soient bien cuites, épluchées, écrasées et mélangées également avec une eau de savon très-légère, de manière à en faire une pâte épaisse ; on fait tremper la flanelle dans de l'eau chaude, puis on la frotte avec la pâte de pomme de terre ; lorsque toute la crasse a disparu on rince la flanelle à l'eau bouillante, on la lave à grande eau et on la fait sécher. Le linge des enfants à la mamelle lavé par ce moyen perd toute odeur et devient même plus blanc que par l'emploi du savon.

Lorsque la tache est récente et que l'encre n'a pas encore eu le temps de sécher, il suffit de laver la partie endommagée soit avec du vinaigre, soit avec de l'eau salée ; ce lavage n'altère en rien les couleurs, même les plus délicates.

Quand la tache a vieilli sur l'étoffe on mouille l'endroit avec un peu d'eau, on la frotte avec du *sel d'oseille* pulvérisé ou mieux encore avec de l'*acide oxalique* et la tache ne tarde pas à disparaître. On lave ensuite l'étoffe dans de l'eau claire et on la fait sécher ; quand la couleur est altérée il est presque toujours facile de la rétablir en versant sur l'endroit deux ou trois gouttes d'*ammoniaque* ou *alcali volatil*.

Les taches de rouille s'enlèvent de la même manière que les taches d'encre.

Etendez une couche légère d'esprit de térébenthine sur des feuilles de papier et posez ces feuilles à revers sur les meubles et hardes attaqués par les teignes, ces insectes mourront bientôt.

On peut arroser aussi les fourrures ou les étoffes en laine, ainsi que les tiroirs et les coffres qui les renferment, avec de l'esprit de térébenthine.

L'exposition des étoffes à l'air suffit pour faire évaporer l'odeur désagréable de cette matière.

On voit beaucoup de marchands de draps et de laine mettre des morceaux de camphre de la grosseur d'une noix muscade dans du papier sur les tablettes de leurs boutiques ; avec cette précaution et en nettoyant leurs étoffes tous les deux, trois ou quatre mois, ils les sauvent de la teigne. On peut se servir du même moyen pour les étoffes enfermées dans des coffres.

CHAPITRE ONZIÈME.

DES DIVERSES PLANTES OFFICINALES LES PLUS USITÉES

AVEC LEURS PROPRIÉTÉS,

RANGÉES PAR CLASSES ET FAMILLES SELON LE SYSTÈME DE LINNÉ
ET DE CANDOLLE, POUR EN FACILITER L'ÉTUDE.

Liste des signes et des abréviations.

R. racine ou racines. — **T.** tige ou tiges. — **Fe.** feuilles. — **F.** fleurs. — **Co.** ou **C.** corolle. — **Ca.** calice. — **P.** propriétés. — **U.** usage. — **D. et M.** d'ad. dose et mode d'administration. — **Gram.** grammes. — **Centig.** centigrammes.

MONANDRIE.

CLASSE 1.

MONANDRIE. — MONOGYNIE.

Criste marine. — Salicorne herbacée.

R. très-courte, se divise et se subdivise; elle est pourvue de nombreux filaments; — T. herbacée, d'environ 16 cent., plus ou moins rameuse, formée d'articulations un peu comprimées, emboîtées les unes dans les autres, aplaties à leur sommet; — F. jaunes, petites et ramassées trois à trois; — Ca. ventru, sans corolle.

Famille des chenopodées.

Elle ne présente qu'une seule semence, recouverte par le calice qui est persistant. (*Vivace.*)

Fleurit en été. Croît sur les bords de l'Océan et de la Méditerranée.

Il est une autre espèce qu'on appelle PASSE-PIERRE, qui est commune dans les marais salés, Forbach, Dieuze, etc. On la fait confire dans du vinaigre pour la table.

U. Cette plante est estimée apéritive, vermifuge.

DIANDRIE.

CLASSE II.

DIANDRIE. — MONOGYNIE.

Véronique officinale.

Famille des rhinantacées.

R. chevelue ; — T. de 16 à 17 centim., un peu ligneuse, velue, couchée, rameuse ; — Fe. opposées, ovales, un peu obtuses, velues, dentées ; — F. bleu-pâle, rayées, grappes axillaires paraissant terminer la tige ; — Co. en roue ; — Ca. à 4 divisions. (*Vivace.*)

Fleurit en juin-juillet. — Croît ordinairement sur les côteaux arides des bois, le long des haies.

U. *Feuilles et sommités fleuries.* La véronique est un excitant très-peu énergique. On l'emploie en infusion théiforme dans les catarrhes pulmonaires chroniques ; boisson un peu excitante et sudorifique. Le suc de ses feuilles est antiscorbutique. — D. et M. d'ad. *Infusion*, 2-3 pincées pour un litre d'eau ; *suc exprimé*, de 30 à 60 grammes.

La VÉRONIQUE BECABUNGA, qui croît dans les fontaines et sur le bord des ruisseaux, — T. charnue, couchée ; — Fe. glabres, dentées en scie ; — F. violettes, — est un excitant plus énergique que la précédente. — P. les mêmes.

Gratiole officinale.

Famille des personnées.

R. noueuses, horizontales, blanchâtres, rampantes ; — T. dressée, simple, glabre, de 18-33 cent.; — Fe. amplexicaules, opposées, marquées de trois nervures principales, dentées en scie, surtout au sommet de la tige où elles sont plus rapprochées ; — F. d'un blanc-rougeâtre, axillaires, grandes ; — Co. tubuleuse à 2 lèvres peu distinctes, la supérieure échancrée, l'inférieure à 3 divisions égales ; — Ca. à 5 divisions, muni de 2 bractées. (*Vivace.*)

Fleurit en été. — Croît dans les prés, fossés humides.

U. *Racines et feuilles.* La racine est émétique; on la donne en poudre depuis 75 jusqu'à 150 centigr. Ses feuilles, de 7-15 grammes en infusion dans un verre d'eau pour purger. Cette plante, dite *herbe au pauvre homme*, étant très-énergique, ne doit s'employer qu'avec la plus grande réserve.

Sauge officinale.

R. ligneuse et dure ; — T. rameuse, velue, ligneuse, haute de 33 à 40 cent. ; — Fe. pétiolées, un peu épaisses, à bords denticulés ; — F. en épis, violacées ; — C. lèvre supérieure en voûte, inférieure trilobée ; — Ca. à 5 échancrures ; fruit, 4 semences dans le fond du calice.

Fleurit en été. — Plante du Midi qu'on cultive dans les jardins. (*Vivace.*)

U. Cette sauge est stimulante et tonique. On l'emploie avec avantage dans les mauvaises digestions, dans les diarrhées anciennes, les vomissements spasmodiques, etc. On la regarde comme emménagogue et carminative. Son *infusion* est employée en gargarisme dans les cas d'angine atonique avec relâchement de la luette.

D. et M. d'ad. Pour un litre d'eau, *infusion* de 8 à 16 gr. de feuilles.

Les diverses espèces de *sauges*, dites des prés, des bois, sclarée, même classe, même famille, même propriété.

Famille
des labiées.

CLASSE III.

TRIANDRIE. — MONOGYNIE.

Valériane officinale.

R. chevelue, fibreuse, noirâtre en dehors, blanchâtre en dedans ; — T. velue, droite, cannelée, divisée au sommet en rameaux qui portent des fleurs, hauteur d'un mètre à deux ; — Co. blanche ou purpurine, petite, à 5 divisions inégales ; — Fe. ailées, avec impaire ; folioles dentées, lancéolées, à l'exception de leur sommet qui est nu ; — F. formant une large panicule.

Fleurit en été. — Croît dans les bois élevés, les prés humides. (*Vivace.*)

U. *La racine.* La valériane est un excitant général trèspuissant ; mais dont l'action se porte principalement sur le cerveau. A hautes doses elle occasionnerait des éblouissements, des contractions, des agitations, etc. A petites doses elle agit comme antispasmodique et tonique. On l'emploie

Famille
des valérianées.

avec avantage dans l'hystérie, l'épilepsie, certaines migraines ; d'habiles médecins l'emploient comme fébrifuge, etc.

D. et M. d'AD. *Poudre*, de 10 centig. à 4 grammes, deux ou trois fois le jour, et progressivement jusqu'à 16 à 20 gr. pour un litre d'eau. — *Décoction* pour un litre d'eau, de 4 à 16 grammes.

Iris germanique.

Famille des iridées.

R. charnue, oblongue, rampante, noueuse ; — T. dressée, feuillée dans sa partie inférieure, haute de 50 à 100 centimètres ; — Fe. ensiformes, simples, entières, aiguës, amplexicaules ; — F. violettes, très-grandes, au nombre de 4 à 5 sur la panicule ; — C. à 6 divisions ; style court portant trois lanières pétaloïdes. (*Vivace.*)

Fleurit en été. — Croît sur les vieux murs ; on cultive encore cette plante dans les jardins.

U. *Sa racine* a une odeur de violette ; on s'en sert pour parfumer le linge comme celle de l'iris de Florence ; elle est âcre, caustique, fortement émétique. Son suc est employé contre l'hydropisie.

Iris de Florence, iris des marais ou faux acore, même famille.

Safran.

Même famille.

R. Bulbeuses, plusieurs oignons les uns sur les autres ; — Fe. elles partent de la racine sans tige, dressées, vertes en dessus, blanches en dessous ; — F. de 1 à 3 très-grandes, violettes à veines rouges ; Ca. pétaloïdes à tube long et grêle. Trois stygmates, grêles, roulés. (*Vivace.*)

Fleurit au printemps. — Croît dans le midi et dans les parterres.

U. On ne se sert que des *stygmates*, mais on doit craindre de les donner à trop fortes doses ; ils provoqueraient l'assoupissement, le délire. Le safran pris à petites doses est un bon stimulant, antispasmodique et surtout emménagogue. Le célèbre médecin Laray faisait usage du cérat safrané dans le pansement des brûlures, contre les gerçures du sein, les excoriations ; il calme la douleur et dissipe l'inflammation.

TRIANDRIE. — DIGYNIE.

Froment rampant ou Chiendent.

Famille
des graminées.

R. rampantes, longues, articulées ; — T. dressées, coudées, longues de près d'un mètre, feuillées jusqu'à l'épi ; — FE. molles, planes, assez longues, terminées en pointe ; — F. en épi de 10 centimètres, valves des balles et des glumes aiguës, contenant 3 à 8 fleurs glabres ou un peu pubescentes. (*Vivace.*)

Fleurit en été. — Croît dans les lieux cultivés.

U. Le *chiendent* est une des substances les plus fréquemment employées. On l'administre en *décoction* dans la plupart des maladies inflammatoires et surtout dans celles des voies urinaires. Avant de s'en servir, il est bon de le frapper avec un marteau.

ORGE. Plante connue ; même classe.

C'est une des substances les plus employées en *tisanes, décoctions, lotions, fomentations, gargarismes, lavements.*

AVOINE, même classe. Les *balles* s'emploient pour faire les coussinets dont on se sert dans les fractures, et les oreillers dans les affections de la tête ; dans les maladies aiguës on recommande la tisane d'avoine. — Fricassée avec un peu de vinaigre et appliquée bien chaudement, entre deux linges, sur les douleurs de côtés et des autres parties du corps, elle les calme.

FROMENT, même classe. On emploie la farine de *froment* dans le traitement de l'érysipèle comme un excellent calmant, ainsi que dans la goutte. Le son est adoucissant, rafraîchissant, émollient en boisson, en lavements, en fomentations, en cataplasmes et en bains. L'eau panée (croûte de pain rôtie dans l'eau), forme une boisson nourrissante et d'une saveur agréable, qu'on emploie dans les fièvres et particulièrement dans les fièvres typhoïdes lorsque les malades ne veulent pas prendre d'autre médication.

CLASSE IV.

TÉTRANDRIE. — MONOGYNIE.

Garance.

Famille
des rubiacées.

R. noueuses, rougeâtres en dehors, jaunâtres en dedans, saveur amère ; — T. de près d'un mètre

de hauteur, sarmenteuses, noueuses, carrées, hé-
rissées de poils durs ; — FE. sessiles, ovales, rudes,
couvertes de poils, légèrement dentées, de 4, 5
ou 6 à chaque nœud ; — F. corolle monopétale en
forme de cloche, à 4-5-6 découpures rangées en
étoile ; fruit noir. (*Vivace.*)

U. Cette plante est cultivée dans le Midi de la France pour
en extraire une teinture rouge. Sa racine est regardée comme
légèrement astringente, tonique, et on l'administre dans le
rachitis, dans la dyssenterie, les flux muqueux, en *décoction* depuis 50 jusqu'à 60 grammes, en *poudre* depuis 1 gr.
80 cent. jusqu'à 5 gr. 60 cent.

Aspérule odorante ou Reine des bois.

Même famille.

R. fibreuses ; — T. hautes de 20 à 25 centimètres,
carrées ; — FE. verticillées au nombre de 8, lancéolées, ovales ; — F. terminales, pédonculées, d'une
seule pièce, en cloche, au nombre de 12 à 15,
blanches ; — FR. un peu velus. (*Vivace.*)

Fleurit en mai-juin. — Croît dans les lieux couverts et les bois. Elle répand, lorsqu'elle est sèche,
une odeur suave.

Son infusion théiforme passe pour diurétique, emménagogue ; mais on en fait rarement usage.

Gaillet jaune ou Caille-lait.

Même famille.

R. fibreuses ; — T. de 33 à 66 cent. de hauteur,
un peu velues inférieurement, souvent couchées,
très-rameuses ; — FE. verticillées par 8-12, linéaires, glabres, très-aiguës, roulées en dessous ; —
F. nombreuses, petites, de couleur jaune, odeur
de miel ; — Co. en roue ; — CA. à 4 dents, style
bifide. (*Vivace.*)

Fleurit tout l'été. — Croît dans les prés secs, le
long des haies, sur le bord des chemins.

U. Elle passe pour astringente, vulnéraire, céphalique, anti-
épileptique, antihistérique. Ses sommités fleuries *faisaient,*
dit-on, *cailler le lait.*

Cette plante et la précédente ont beaucoup perdu de leur
ancienne réputation médicale.

Globulaire Turbith.

R. rameuse, ligneuse; — T. espèce de sous-ar- Famille des globulariées.
brisseau, ligneuse de 35 à 60 cent., conservant ses feuilles pendant l'hiver; — Fe. sessiles, lancéolées à trois dents; — F. bleues, sessiles, petites, globuleuses, solitaires au sommet de la tige. (*Vivace.*)

Fleurit au printemps. — Plante du Midi.

U. Les *feuilles*. A dose double, elles remplacent le séné. Pour 100 grammes d'eau, 10 à 30 grammes de feuilles.

TÉTRANDRIE. — TÉTRAGYNIE.

Houx épineux.

Arbrisseau de 2 à 3 mètres de hauteur, écorce Famille des frangulacées.
lisse et verdâtre; — Fe. alternes, ovales, légèrement pétiolées, d'un beau vert, ondulées sur les bords, armées de pointes aiguës; — F. axillaires, petites, blanches; — Co. 4 pétales; — Ca. 4 dents très-petites; baies rouges.

Fleurit au printemps. — Croît dans les bois montagneux. (*Ligneux.*)

U. Les *feuilles* de houx administrées en décoction conviennent dans les fièvres; on leur attribue la propriété du quinquina. L'*écorce* de houx sert à préparer la *glu*.

D. et M. d'ad. *Poudre*, de 4 à 8 grammes dans du vin blanc ou de l'eau, à prendre 5 heures avant l'accès.

Vin de houx.

Pour une seule dose,

Prenez : Feuilles pulvérisées, 8 grammes.
Vin, 120 —

PENTANDRIE.

CLASSE V.

PENTANDRIE. — MONOGYNIE.

Pulmonaire officinale.

R. rameuses, dures, ligneuses; — T. de 15 à Famille des borraginées.
20 cent., dressée, velue, hérissée; — Fe. radicales, ovales, maculées de taches blanches en vieillissant, entières, aiguës, courtes, les caulinaires sessiles, ovales, plus allongées; — F. terminales en corymbe;

— Co. monopétale, infundibuliforme, 5 divisions ;
— Ca. à 5 angles ; — Fleurs d'un rouge-bleuâtre.
(*Vivace*.)

Fleurit au printemps. — Croît dans les bois.

Buglosse officinale.

Même famille.

R. assez grosse, fibreuse, rameuse, mucilagi-
neuse, gluante ; — T. de 33 à 66 cent. de hauteur,
dressée, garnie de poils raides ; — Fe. un peu luisantes, hispides, sessiles, lancéolées, embrassantes,
finissant en pointe, comme ciliées ; — F. à corolle
bleue, monopétale, en roue, à 5 divisions, sont
terminales ; — Ca. velu, 5 divisions aiguës. (*Vivace*.)

Fleurit en été. — Croît le long des chemins dans
les lieux secs et stériles.

Grande consoude.

P. U. *Racine et feuilles*.

Même famille.

R. très-grande, fibreuse, épaisse, charnue, noire
en dehors, blanche en dedans, gluante ; — T. de 33
à 66 cent. de hauteur, branchue, velue, sillonnée
et ailée d'une feuille à l'autre ; — Fe. alternes,
grandes, lancéolées, rudes et velues ; — F. peu
nombreuses, grandes, rouges, jaunâtres ou blanches ; — C. infundibuliforme à 5 lobes courts, tube
muni de 5 écailles en alène, fistuleuses ; — Ca. à
5 divisions. (*Vivace*.)

Fleurit en mai-juin-juillet. — Croît dans les prés
humides, le long des fossés et des rivières.

U. La grande consoude est un émollient actif et astringent.
On l'emploie dans les hémorragies actives des poumons et
dans la dyssenterie.

D. et M. d'ad. Pour un litre d'eau *décoction* de 50 gram.
de la racine.

La buglosse et la pulmonaire ont les mêmes propriétés.

Bourrache.

Même famille.

R. presque fusiforme, pivotante, fibreuse, blanchâtre ; — T. de 33 à 50 cent., rameuse, revêtue
de poils rudes et piquants ; — Fe. larges, ovales,
sessiles, les inférieures pétiolées ; — F. terminales

disposées en une sorte de panicule étendue, portées sur de longs pédoncules simples et souvent penchés ; — C. couleur bleue, quelquefois rosée ou blanche, monopétale, 5 divisions et en roue ; — CA. à 5 divisions. (*Annuelle.*)

Fleurit tout l'été. — Croît dans les jardins et autres lieux cultivés.

P. U. *Feuilles et fleurs.* La bourrache est très-employée comme émolliente, diurétique dans un grand nombre de maladies inflammatoires.

D. et M. D'AD. *Décoction et infusion,* une ou deux poignées des feuilles et des fleurs pour un litre d'eau ; *suc exprimé,* 60 à 80 grammes.

Cynoglosse officinale.

R. pivotante, épaisse, noirâtre en dehors, blanche en dedans ; — T. très-velue, cannelée, branchue, s'élevant de 33 à 66 cent.; — FE. longues, molles, couvertes d'un duvet blanchâtre, les inférieures sont pétiolées, les supérieures embrassantes, lancéolées ; — F. pourpres, en épis longs, droits, unilatéraux, lâches ; — Co. en entonnoir, 5 lobes courts, obtus, à tube muni d'écailles convexes, rapprochées ; — CA. à 5 divisions. (*Bisannuelle.*)

Fleurit en mai-juin. — Croît dans les lieux incultes, pierreux, sur le bord des chemins; son odeur de souris est insupportable.

U. *La racine.* Elle passe pour narcotique et calmante; elle entre dans la composition des pilules dites de *cynoglosse.*

Ményanthe (Trèfle d'eau).

R. en anneaux, blanchâtre, traçante et horizontale ; — T. inclinée, cylindrique, un peu rampante, rameuse, de 33 à 50 cent.; — FE. radicales, portées sur de longs pétioles, glabres, composées de trois folioles ovales ; — F. blanches un peu rosées, en épi court, supportées par un pédoncule commun ; — Co. en entonnoir, 5 divisions, barbues intérieurement ; — CA. 5 lobes. (*Vivace.*)

Fleurit en avril-mai. — Croît sur les bords des ruisseaux, des marais.

U. *Tiges et feuilles.* Le trèfle d'eau jouit de propriétés toniques assez énergiques, mais administré à doses un peu fortes il cause très-souvent des nausées, vomissements, coliques, évacuations, ce qui démontre qu'il irrite l'estomac; à doses modérées on l'emploie avec avantage dans les faiblesses d'estomac, la goutte, les rhumatismes, le scorbut, le traitement des maladies de la peau, l'hydropisie. On le conseille comme emménagogue quand cette maladie a pour cause la faiblesse.

D. et M. D'AD. *Décoction et infusion*, 50 grammes pour un litre d'eau; *suc exprimé* des feuilles fraîches, 4 à 50 gram.

Violette odorante.

Famille
des violacées.

R. rampante, fibreuse, inégale et écailleuse, d'un blanc sale; — T. petite hampe de 8 à 12 cent.; — Fe. pétiolées, cordiformes, crénelées, naissant par touffes de la tige et de ses ramifications; — F. solitaires, odorantes, violettes ou blanches; — Co. 5 pétales inégaux; — Ca. 5 divisions. (*Vivace.*)

Fleurit en mars-avril. — Croît le long des haies, dans les lieux couverts.

U. On cultive dans les jardins la violette double avec les fleurs de laquelle on fait un sirop très-employé comme pectoral et adoucissant. Ses *feuilles et sa tige* sont laxatives, les *semences* sont diurétiques; ses *racines* émétiques à la dose de 1 à 2 grammes; les *fleurs* sont béchiques et pectorales. On doit toujours donner la préférence aux fleurs doubles.

Pensée sauvage. — Violette des champs.

Même famille

R. fibreuse, rampante; — T. glabre, rameuse; — Fe. radicales, ovales, crénelées, glabres, les supérieures dentées, sessiles; — F. portées sur des pédoncules munis de deux écailles, mélangées de blanc et de jaune, ou bien de blanc jaunâtre et de violet pâle; — C. 5 pétales dont le supérieur plus grand; — Ca. 5 divisions aiguës, plus longues que la corolle. (*Annuelle.*)

Fleurit tout l'été. — Dans les champs, les terrains cultivés.

U. *Les tiges et les feuilles.* On s'en sert contre les dartres, les croûtes laiteuses, la teigne, les scrofules, dans les accès nerveux qui sont la suite de la suppression des croûtes laiteuses.

D. et M. d'ad. *Infusion* et *décoction* de la plante fraîche ou sèche de 50 à 60 gram. pour un litre d'eau ; — *Poudre*, 2 à 3 gram. dans du lait.

Molène (Bouillon blanc).

R. oblongue, ligneuse, blanche, rameuse ; — T. 1^m à 1^m,33 de hauteur, dressée, ferme, cotonneuse, ainsi que toute la plante ; — Fe. grandes, entières, les inférieures décurrentes, les supérieures embrassantes ; — F. jaunes terminales, paniculées ou en épi, agglomérées ou solitaires, placées dans l'aisselle d'une bractée ; — Co. monopétale, en forme de roue ; — Ca. en 5 parties. (*Bisannuel.*)

Fleurit en été. — Croît sur les bords des chemins, dans les endroits secs, sablonneux et incultes.

U. *Fleurs et feuilles.* Les fleurs sont très-pectorales, les feuilles émollientes.

Famille des solanées.

Belladone.

R. grosse, longue, branchue ; — T. haute de 66 à 100 cent., très-rameuse, pubescente, cylindrique ; — Fe. alternes, ovales, glabres ou légèrement pubescentes, géminées, finissant en un court pétiole ; — F. d'un pourpre obscur ou ferrugineux, axillaires, pédonculées ; — Co. en cloche, 5 lobes égaux, étamines à anthères distantes ; — Ca. court, 5 divisions ; baies rondes, noires. (*Vivace.*)

Fleurit en été. — Croît dans les bois montagneux.

U. *Toute la plante.* A fortes doses, comme les plantes narcotiques, elle donne promptement la mort ; les médecins en font cependant usage dans la coqueluche, dans l'épilepsie, la phthisie, l'inflammation des yeux, mais à faibles doses. La belladone ne peut être employée que par des hommes de l'art très-expérimentés ainsi que les suivantes, qui ont les mêmes propriétés et que nous signalons seulement comme *poisons.*

Même famille.

Mandragore.

R. grosse, pivotante ; — T. nue, radicale, ne portant qu'une fleur ; — Fe. grandes, ovales, radicales ; — F. monopétale, campaniforme, 5 parties.

Croît en Italie, en Suisse, en Russie, en Espagne ; on la cultive dans les jardins.

Même famille.

Stramoine (Pomme épineuse).

Même famille.　R. fibreuse, rameuse, blanche; — T. de 66 à 100 cent., très-branchue, glabre; — Fe. ovales, pétiolées, larges, anguleuses, pointues, glabres; — F. blanches ou violettes; — Co. infundibuliforme, très-grande, 5 divisions; — Ca. tubuleux, caduc, anguleux, 5 divisions, capsule grosse comme une noix, hérissée de pointes aiguës; graines noires. (*Annuelle.*)

Fleurit tout l'été. — Croît dans les terrains gras et sablonneux, autour des jardins et des chemins.

Plante très-dangereuse.

Jusquiame.

Même famille.　R. épaisse, longue; — T. de 33 cent., cylindrique, rameuse, laineuse dans le haut; — Fe. sessiles, alternes, grandes, ovales, profondément découpées sur le bord, velues et visqueuses; — F. jaune sale sur les bords, noirâtre au milieu; — Co. infundibuliforme, 5 divisions inégales; — Ca. grand, 5 divisions, à pointes aiguës; graines rougeâtres, creusées sur une face. (*Bisannuelle.*)

Fleurit tout l'été. — Croît dans les lieux pierreux, au bord des chemins, autour des habitations.

Plante dangereuse. On emploie cependant ses feuilles en cataplasmes dans les tumeurs cancéreuses.

Morelle (Douce-amère).

Même famille.　R. chevelue, ligneuse, fibreuse; — T. de 2 à 3 mètres, grimpante, pubescente; — Fe. cordiformes au bas de la tige, alternes, lancéolées profondément, trilobées; — F. d'un bleu violet, en grappes; — Co. en roue à tube court, 5 lobes, étamines à anthères presque soudées; — Ca. très-petit, 5 divisions; baie rouge. (*Vivace, demi-ligneuse.*)

Fleurit en juillet-août-septembre. — Croît dans les haies humides et au bord des eaux.

U. *Les tiges.* Cette plante qui n'est pas sans danger, surtout les baies, est recommandée dans le traitement des maladies de la peau.

Pomme de terre, de la même classe. De bons médecins emploient les tiges et les feuilles en décoctions édulcorées avec le miel, le sucre ou l'extrait de réglisse dans les toux sèches, la coqueluche, la diarrhée avec irritation. On peut encore couper cette décoction avec celle de lierre-terrestre, de marrube-blanc. Avec la feuille on fait d'excellents cataplasmes., cette substance jouit de propriétés émollientes et s'emploie fréquemment comme aliment léger dans les convalescences. Même famille.

Piment annuel, (*Poivre d'Inde.*) Plante annuelle des Indes de la cinquième classe et cultivée en Europe. Cette substance jouit de propriétés stimulantes, très-énergiques. Introduite dans l'estomac, elle y excite une chaleur qui se répand dans tout le corps, sans augmenter le pouls, au moins d'une manière sensible. Les médecins anglais en font un grand cas et l'administrent à petites doses dans la goutte, certains cas d'hydropisie, de scarlatine, de variole, de rougeole et surtout dans les angines, alors en forme de gargarisme. Le poivre d'Inde est un rubéfiant aussi actif que la moutarde. Même famille.

D. et M. d'ad. 50 à 60 centigr. en poudre pour *pilules* ; — *En gargarisme* de 10 à 15 gram. pour 20 gram. d'eau.

Chironie (petite centaurée).

R. menue, blanche, fibreuse ; — T. de 15 à 18 centimètres, anguleuse, divisée au sommet en rameaux opposés qui forment un corymbe ; — Fe. opposées, sessiles, ovales oblongues, entières, à trois nervures ; — F. d'un rose foncé, sessiles ; — Co. infundibuliforme, 5 divisions ; — Ca. à 5 divisions, anthères roulées en spirale, style bifurqué portant 2 stigmates, Gentianées.

Fleurit en juillet-août. — Croît dans les grands bois, les lieux arides. (*Annuelle.*)

U. *Les sommités fleuries.* La petite centaurée est un des amers les plus estimés ; on l'emploie dans les fièvres intermittentes, dans les affections goutteuses, la chlorose et autres maladies qui réclament les toniques.

D. et M. d'ad. *Décoction et infusion*, de 16 à 24 gram. pour un litre d'eau.

Nerprun.

Frangulacées.

R. ligneuse; — T. arbrisseau épineux qui s'élève de 3 à 4 mètres; — Fe. ovales, opposées, glabres, pétiolées, aiguës, de 5 à 6 nervures; — F. souvent dioïques, petites, verdâtres, pédonculées; — Co. à 4 pétales, petites; quand la fleur est dioïque, les fleurs mâles ont 4 étamines et 1 pistil et les fleurs femelles des ovaires globuleux à 4 loges monospermes; 4 stigmates; baies noires, petites. (*Ligneux*.)

Fleurit en mai. — Croît dans les bois, les haies, les lieux incultes.

U. *Les fruits*. La pulpe des baies de nerprun est un purgatif énergique qui fait souvent éprouver des coliques violentes, de la sécheresse, de la soif et autres symptômes d'une grande irritation. Ce médicament est encore vermifuge.

Sirop purgatif de nerprun. Parties égales de suc de baies et de sucre.

Même famille.

BOURGÈNE, (*Bourdaine*.) Arbrisseau sans épines, de la cinquième classe à fleurs verdâtres, baies d'abord rouges, ensuite noirâtres, se trouve abondamment dans les haies, les bois, taillis, et les terrains frais. L'écorce moyenne est vomitive quand elle est fraîche et purgative quand elle est sèche.

FUSAIN, (*Bonnet de prêtre*.) Arbrisseau de la même famille et de la même classe, croît dans les bois et les haies. Ses fruits, à la dose de 3 ou 4, sont fortement émétiques et purgatifs; leur décoction est usitée contre la gâle et pour détruire les poux. Les vétérinaires s'en servent contre la gâle.

Pervenche.

Famille
des apocinées.

R. fibreuse, traçante, blanchâtre; — T. de 16 à 33 centim., couchées, presque ligneuses, grêles, glabres, rampantes; — Fe. ovales, opposées, lancéolées, presque sessiles, glabres, fermes et luisantes; — F. bleues, axillaires, solitaires, portées sur des pédoncules plus longs que les feuilles; — Co. infundibuliforme, à 5 divisions; tube plus long que le calice, et marqué de 5 lignes; — Ca. à 5 parties. (*Ligneuse*.)

Fleurit en avril et mai. — Croît dans les bois et les haies.

U. *Les feuilles*. Cette plante est regardée comme amère, légèrement astringente et fébrifuge; elle est employée avec utilité, en tisane et en lavement, dans les maladies laiteuses, etc. Elle entre dans les vulnéraires suisses.

Coqueret alkékenge.

R. Articulée, grêle, fibreuse; — T. de 30 à 40 centim., diffuse, rameuse, étalée, quelques poils épars; — Fᴇ. géminées, pétiolées, plissées, glabres; — F. blanches, solitaires, portées sur des pédoncules filiformes, plus courts que les pétioles; — Co. en roue; — Cᴀ. 5 lobes, se renflant et formant une espèce de vessie d'un rouge vif. — Baie rouge, grosse comme une cerise. (*Vivace.*)

Famille des solanées.

Fleurit, juin-juillet. — Croît dans les lieux ombragés, autour des haies, des vignes.

U. Tᴏᴜᴛᴇ ʟᴀ ᴘʟᴀɴᴛᴇ, ᴛɪɢᴇs, ᴄᴀᴘsᴜʟᴇs, ʙᴀɪᴇs. — Il faut les dessécher à l'étuve plutôt qu'au plancher. La *poudre* de l'alkékenge se donne depuis 4 jusqu'à 18 grammes dans du vin ou de l'eau, pour couper les fièvres, mais elle est peu usitée. C'est encore un léger diurétique.

Vɪɢɴᴇ, même classe. Arbuste sarmenteux, originaire de l'Asie et cultivé dans le midi de l'Europe. C'est un des végétaux les plus utiles. *Les feuilles, le bois, les fruits ou raisins* sont en usage. Les feuilles sont astringentes, on les emploie dans la dyssenterie, la diarrhée chronique, les pertes abondantes. Elles doivent être séchées à l'ombre, réduites en poudre et administrées à la dose de 3 à 4 gram. dans un demi-verre de vin rouge. Dans les hémorragies nasales, on prend de cette poudre comme celle du tabac. Il ne faut pas cependant oublier qu'il est des hémorragies quelquefois nécessaires et qu'on ne peut arrêter sans consulter un homme de l'art.

Famille des viniférées.

Les *cendres des sarments* sont diurétiques. Les *raisins* sont rafraîchissants, laxatifs, antiputrides; ils rétablissent le cours de la bile, calment les douleurs des dyssenteries. Le *suc des raisins verts* ou *verjus*, calme les chaleurs d'entrailles, arrête les diarrhées bilieuses. Les *raisins secs* sont béchiques, émollients. On les prescrit dans les tisanes, dans les affections catarrhales. Le *vin*, pris avec modération, ranime les forces, donne la gaîté ; pris avec excès, il nuit. D'excellents médecins l'ont employé avec succès dans le choléra asiatique, à son début, ainsi que dans les fièvres typhoïdes, surtout quand il y a prostration, faiblesse très-prononcée : les docteurs Pinel, Petit, etc. Des fièvres intermittentes, rebelles au quinquina, ont été guéries avec le vin.

Le *vinaigre*, second produit de la fermentation, est rafraîchissant, antiputride, mais il faut qu'il soit étendu d'eau ; car on a observé qu'à grande dose et répété, il amaigrissait et conduisait souvent au marasme. Combien de jeunes personnes qui sont mortes ou qui ont mené une vie languissante pour avoir bu du vinaigre dans l'intention de diminuer un embonpoint excessif, ou de conserver une taille svelte !

Le *vinaigre* est le spécifique des poisons narcotiques. On l'emploie en gargarisme, dans le relâchement de la luette, des gencives. On a pu arrêter de violents maux de tête, des hémorragies nasales en appliquant des compresses de vinaigre sur les tempes et sur le front. Un mélange à parties égales de vinaigre et d'eau-de-vie réussit parfaitement en lotions continuelles dans les brûlures. — Quand l'épiderme s'enlève ou que les escarres se détachent on panse avec le cérat safrané.

L'alcool, eau-de-vie, esprit de vin, sont les produits de la distillation du vin. L'eau-de-vie, étendue dans l'eau, est tonique, stimulante et peut être utile dans le typhus, l'adynamie, les convalescences des maladies graves ; elle convient encore dans les entorses.

Cette liqueur sert de base à un grand nombre d'élixirs.

Famille des primulacées.

PRIMEVÈRE, (*Coucou*). Cette plante, de la même classe, est très-répandue dans les prairies et le long des haies. La fleur est estimée pectorale et employée comme telle dans les rhumes et les affections catarrhales légères.

Dans cette classe de Linné on range encore :

La VIPÉRINE, humectante et pectorale.

Le LISERON DES HAIES, qui contient une résine purgative.

Le GROSEILLER ROUGE et BLANC, si connu et dont les fruits en sirop, en confitures, sont si utilement employés dans diverses maladies.

Le LIERRE GRIMPANT. Les feuilles s'appliquent sur les cautères, les baies sont purgatives, vomitives.

Le Tabac, employé en lavements dans l'asphyxie, les hernies étranglées, les ascarides. A l'extérieur contre la gale, la teigne ; en fomentations dans les cas de dyssenterie.

PENTANDRIE. — DIGYNIE.

Gentiane jaune.

R. Spongieuse, grosse, charnue, brune à l'extérieur, jaune à l'intérieur ; — T. de 60 à 100 centim. ; — Fe. sessiles, opposées, embrassantes, caulinaires, luisantes, à nervures très-saillantes ; — F. jaunes en épi ; — Co. monopétale à 5 ou 8 divisions. (*Vivace.*)

Fleurit en mai. — Croît dans les terrains secs et montagneux de l'Auvergne, des Vosges, des Pyrénées, des Alpes.

U. *La racine.* La gentiane est, sans contredit, le plus puissant et le plus usité de tous les amers indigènes ; elle exerce sur l'économie une action franchement tonique, surtout quand elle est sèche. On l'administre avec le plus grand succès dans les mauvaises digestions, les diarrhées séreuses, dans les affections scrofuleuses, la goutte, la jaunisse, la chlorose, l'hystérie, dans les fièvres intermittentes.

D. et M. d'ad. *Poudre,* depuis 5 centigr. jusqu'à 4 gr. *Décoction,* depuis 8 grammes jusqu'à 16 pour un litre d'eau.

Vin amer de Parmentier : teinture de gentiane 24 gr. pour un litre de vin blanc.

Non-seulement cette *gentiane* mérite l'attention de la médecine, mais encore plusieurs autres :

1° La gentiane croisette, à fleurs bleues ; terminales presque sessiles, verticillées ; racines poussant plusieurs tiges simples, courbées ; feuilles opposées, formant deux à deux des gaînes larges qui enveloppent la tige, ayant trois nervures ; corolle tubulée, à quatre divisions. Croît dans les paturages secs et montagneux.

2° La gentiane amarella, corolle en entonnoir, divisions au nombre de 5, obtuses, barbues à l'entrée du tube ; fleurs bleues, terminales, axillaires, pédoncules longs.

Famille
des gentianées.

3° La GENTIÁNE PNEUMONANTHE ou des marais : feuilles étroites. offrant à leurs aisselles une seule fleur, en cloche d'un bleu clair ; corolle à 4 ou 5 divisions nues. Croît dans les marais et les prairies humides.

Ciguë commune.

Famille des ombellifères.

R. fusiforme ; — T. un mètre, dressée, très-branchue, glabre, chargée à la base de taches noirâtres ; — FE. alternes, bipinnées, dont les folioles sont écartées et pinnatifides au sommet, glabres d'un vert foncé, ombelle ayant environ dix rayons inégaux, longs, écartés ; — F. rosacées, blanches ; — Co. 5 pétales inégaux, courbés en cœur ; — CA. entier. (*Bisannuelle.*)

Fleurit en été. Croît au bord des chemins, des haies, dans les décombres.

U. *Les feuilles.* La ciguë est un poison, mais administrée sagement, cette plante jouit d'une grande propriété contre le cancer, la scrofule ; les engorgements des viscères, des mamelles. On l'emploie dans les affections squirrheuses.

D. et M. D'AD. *Poudre* 5 centigrammes.

Cataplasme.

Ciguë	8	grammes.
Mie de pain,	150	—
Eau ,	50	—

Emplâtre :

Ciguë,	500	grammes.
Huile de ciguë,	32	—
Gomme ammoniaque,	125	—
Résine,	240	—
Cire,	160	—
Poix blanche ,	112	—

Angélique (Angelica archangelica).

Même famille.

R. Fusiforme, volumineuse, brune et ridée en dehors, blanche en dedans ; — T. tendre, herbacée, fistuleuse, rougeâtre, rameuse, de 70 à 120 centim. ; — FE. très-grandes, ovales, simples, lancéolées, amplexicaules, deux fois ailées, à dents de scie ; — F. Rosacée, en ombelle, 5 pétales lancéolés d'un jaune vert. (*Vivace.*) Toute la plante exhale une odeur douce et aromatique très-agréable.

Fleurit en été. — Croît dans divers lieux de l'Europe et en particulier dans les Pyrénées ; on la cultive dans les jardins.

U. *La racine, les tiges et la graine.* L'angélique convient dans les indigestions, les vomissements spasmodiques, les coliques flatuentes, dans le tremblement des membres, la chlorose, l'hystérie, etc. On l'emploie comme emménagogue, diaphorétique et pour faciliter l'expectoration. Les tiges confites au sucre forment une conserve très-recherchée qui est tonique et stomachique.

D. et M. D'AD. Racine et semences en *infusion* de 8 à 16 grammes pour 1 litre d'eau bouillante. — *En teinture* une partie des racines pour 6 parties d'alcool.

Séseli carvi (Cumin des prés.)

R. Fusiforme, de la grosseur du pouce, elle a une odeur analogue à celle de la carotte ; — T. de 33 à 66 centim., dressée, rameuse, lisse, un peu anguleuse, glabre ; — Fe. grandes, deux fois ailées, folioles comme verticillées autour du pétiole, découpées en deux ou trois lobes ; ombelle de 8 à 10 rayons inégaux ; — F. blanches rosacées, 5 pétales bifides courbés en cœur ; — Ca. peu apparent, fruit petit, ovoïde, allongé, strié.

Même famille.

Fleurit en mai-juin. — Croît dans les prairies. (*Bisannuel.*)

U. *Graines.* Les graines sont douées de vertus excitantes très-énergiques. On les emploie ordinairement dans les maladies des voies de la digestion, les flatuosités, les coliques des enfants, dans certaines diarrhées séreuses, etc. Elles passent pour augmenter le lait chez les nourrices. Ses *racines* ont une saveur agréable et servent d'aliments dans l'Europe septentrionale.

D. et M. D'AD. F. *Graines* à l'intérieur, *poudre de 5* centig. à 4 grammes ; *infusion* de 8 à 12 grammes pour un litre d'eau bouillante.

Dans la même famille et dans la même classe, et ayant les mêmes vertus et propriétés, se trouvent :

Le FENOUIL, qui croît dans le midi de la France et

qu'on cultive dans nos jardins, ayant des fleurs jaunes, à 3 pétales roulés, une tige herbacée, rameuse, lisse, de 1 à 2 mètres.

L'anis: fleurs blanches; pétales égaux, cordiformes; tige herbacée, rameuse de 33 centim.; feuilles radicales pétiolées, dentées, découpées en lanières; originaire du levant, cette plante est cultivée en France.

Le cumin, qui nous vient aussi d'Orient, tige de 33 à 66 centim., rameuse, feuilles découpées en lanières très-étroites; fleurs jaunes ou blanches; involucres et involucelles formées d'un petit nombre de folioles; pétales égaux, échancrés, cordiformes.

L'aneth qui croît naturellement dans le midi de la France; tige herbacée, cylindrique, composée de branches alternativement blanches et rougeâtres; feuilles alternes, deux fois ailées; fleurs jaunes, corolle 5 pétales lancéolés, repliés en dedans.

L'ammi, plante rare du midi.

L'ache odorante du midi.

Le persil; — la carotte; — le cerfeuil; plantes connues et indigènes.

Le *suc* exprimé des feuilles du cerfeuil fait partie des sucs tempérants et diurétiques. La *racine* de carotte convient en cataplasme dans les ulcères cancéreux et les gerçures du sein des nourrices.

Le meum, plante des Alpes, de la Suisse et d'Espagne (*persil des montagnes*). Sa racine est carminative, diurétique, sudorifique, etc. Nous avons dans nos contrées une espèce de *meum* qui porte le nom d'athamante libanotide; tige de 60 à 90 centim., glabre, dressée, peu feuillée; feuilles bipinnées, longues, glabres, presque toutes radicales, les feuilles supérieures sont courtes, ombelles à fleurs serrées 18 à 20 rayons; fruit velu, blanchâtre; calice entier, corolle 5 pétales échancrés, courbés au sommet, fleurs blanches. Croît sur les coteaux secs et pierreux.

Impératoire.

R. charnue, tubéreuse, articulée, grise en dehors, blanche en dedans ; — T. de 100 à 150 centim., dressée, cylindrique, creuse, d'une couleur purpurine ; — Fe. pinnées, 3 divisions principales, dentées en scie, lobées ; — F. rosacées en ombelle, blanches, teintes de couleur de chair ; — C. de 5 pétales courbés, presqu'égaux ; — Ca. entier. (*Vivace.*)

Fleurit en été. — Croît dans les pâturages des montagnes.

U. La *racine* a une saveur chaude et très-aromatique et paraît jouir des propriétés stimulantes aussi énergiques que celles de l'angélique. Elle est employée dans l'inappétence, les flatuosités, les coliques venteuses. On la regarde comme emménagogue.

D. et M. d'ad. *Infusion* pour 1 litre d'eau 12 à 25 gram.

Sanicle d'Europe.

R. napiforme ; — T. simple, rougeâtre, de 15 à 25 cent ; — Fe. radicales, pétiolées à 5 lobes, dentées, incisées ou trifides ; — F. blanches ; — C. à 5 pétales en tiers ; — Ca. à 5 fides. (*Vivace.*)

Fleurit au printemps ; — Croît dans les bois ombragés.

Cette plante a une réputation comme résolutive des douleurs extérieures. Elle entre dans les vulnéraires Suisses ; cependant elle est peu employée.

Le CHÉNOPODE AMBROISIE, plante du midi, cultivée dans nos jardins, connue encore sous le nom de *camphrée de Montpellier ;* racines brunes, capillaires ; tige peu élevée, cylindrique ; feuilles glabres, pétiolées, anguleuses, sinuées ; fleurs en grappes, axillaires, à plusieurs divisions. — Croît en Espagne et dans le Languedoc.

Les feuilles ont une odeur de camphre ; cette plante est béchique, stomachique, antispasmodique.

PENTANDRIE. — TRIGYNIE.

Sureau.

Arbrisseau de 4 à 6 mètres de hauteur, à écorce grise et fendillée, bois cassant, rameaux creux, remplis de moelle ; — FE. d'un vert foncé, opposées, pinnées avec impaire ; folioles au nombre de 5-7, dentées dans les deux tiers de leurs bords supérieurs, pointues, glabres ; — F. blanches, nombreuses, portées sur des pédoncules rameux, au nombre de 4-5 principaux, imitant une ombelle ; — Co. en roue, 5 lobes ; — CA. 5 parties ; baies noires à leur maturité. (*Ligneux*.)

Fleurit en juin-juillet. — Se trouve dans les haies et les bois.

U. L'*écorce moyenne* du sureau est regardée comme purgative à la dose de 30 à 50 grammes qu'on fait bouillir dans un verre d'eau ; comme diurétique, infusion seulement de 15 grammes, on l'emploie dans l'hydropisie. Les *fleurs* sont d'un usage journalier en lotion, tisane, cataplasme et sont regardées à juste titre comme sudorifiques.

Le SUREAU HIÈBLE qui ne s'élève pas au-dessus de 1 mètre à 1,50 et qui croît au bord des chemins, des fossés humides, répand une odeur nauséabonde.

Les *fleurs et les feuilles* bouillies dans le vin sont résolutives et s'appliquent en fomentation sur les entorses.

PENTANDRIE. — PENTAGYNIE.

LIN.

Famille des linacées.

R. Chevelue, fibreuse ; — T. simple, glabre de 30 à 40 centim. ; — FE. éparses, sessiles, lancéolées, pointues, 2 nervures ; — F. bleues, terminales ; — Co. pétales crénelés ; — CA. à folioles ovales, surmontées d'une pointe.

Fleurit en juin-juillet. — Se trouve dans les lieux cultivés. (*Annuelle*.)

U. *Les graines.* La graine s'emploie comme émollient dans les maladies des voies urinaires, dans les affections inflammatoires du poumon et des autres organes. La farine de graines de lin donne d'excellents cataplasmes.

D. et M. D'AD. à l'intérieur. *Décoction* 14 grammes pour un litre d'eau.

Infusion.

Graine de lin,	2 parties.
Eau,	64 —
Réglisse,	une —

Lavement adoucissant.

Graine de lin,	60 grammes.
Huile d'olive,	60 —
Eau,	1 litre.

HEXANDRIE.

CLASSE VI.

HEXANDRIE. — MONOGYNIE.

Scille maritime.

R. C'est un bulbe ovoïde, très-gros, à plusieurs tuniques charnues, visqueuses, portant une hampe de 66 à 90 centim.; — FE. radicales, ovales, lancéolées, d'un vert foncé, luisantes; — F. blanches, pédonculées en épi terminal, toujours accompagnées d'une bractée; — Co. 6 pétales, calice à sépale. Étamines à filets simples. (*Vivace.*)

Plante qui croît sur nos côtes maritimes et fleurit en août.

U. *Les écailles de bulbe* ou *squammes de scille*. Cette plante convient dans les hydropisies, dans le cas où l'on veut obtenir une grande quantité d'urine; on en conseille aussi l'usage à la fin des catarrhes pulmonaires, des toux chroniques pour faciliter l'expectoration. On donne rarement la scille seule. On l'unit à d'autres médicaments. Comme à hautes doses il peut produire des effets dangereux, ce médicament doit être dirigé par une main habile.

D. et M. D'AD. Poudre 5 centigr. à 50 centigr. en pilules.

Poudre diurétique.

Scille,	15 centigrammes.
Opium,	2 —
Canelle,	50 —

Deux fois par jour.

Narcisse des prés.

R. bulbeuse; — T. ou hampe de 15 à 25 cent., portant à son sommet une seule fleur, grande, penchée, d'un jaune pâle, remarquable par un nectaire ou limbe intérieur en forme d'entonnoir un peu frangé sur les bords d'un beau jaune; — FE. radicales, longues, glauques, étroites, au nombre de 3. (*Vivace.*)

Fleurit au printemps dans les bois et prés humides.

U. L'illustre botaniste Loiseleur-Deslonchamps, médecin distingué, a employé avec succès le narcisse des prés pour couper les fièvres intermittentes; 4 à 8 grammes de fleurs pulvérisées, délayées dans de l'eau sucrée et aromatisée en quantité suffisante pour en donner, de deux heures en deux heures, dans le paroxysme de la fièvre. Quatre doses étaient suffisantes.

C'est un vomitif doux et expectorant dans l'asthme, la coqueluche, les affections pulmonaires : — 1 gram. des fleurs pulvérisées et délayées dans 300 gram. d'eau, avec 50 gram. de sirop d'écorce d'orange et donné par cuillerées d'heure en heure produit les vomissements. Le bulbe, réduit en poudre de 1 gram. à 2 gram., provoque aussi d'abondants vomissements. Les hommes de l'art en retirent d'excellents avantages dans l'épilepsie, l'hystérie, les maladies convulsives.

Même famille. LYS, *hexandrie-monogynie.* — Cette fleur qui embellit nos parterres par l'éclatante blancheur de son calice, donne un oignon mucilagineux, émollient, maturatif. Cuit dans l'eau ou le lait il diminue la douleur, hâte la maturation des tumeurs inflammatoires.

Même famille. OIGNON, même classe, même famille, est cultivé dans nos jardins. Cru, l'oignon est excitant, diurétique; appliqué sur la peau il produit une rougeur. Cuit, l'oignon est émollient, adoucissant, pectoral; placé sur les tumeurs il est maturatif.

Muguet de Mai.

Famille des asparagées. R. noueuse traçante; — T. de 10 à 15 centim., grêle, triangulaire; — FE. ovales, pointées, glabres, s'engaînant les unes dans les autres, plus hautes que la hampe ou tige, au nombre de 2 ou 3; — F. blanches, petites, 4 à 6 placées à l'extrémité de la hampe; — Co. ou périanthe globuleux, échancré à 6 lobes. (*Vivace.*)

Fleurit en mai. — Croît dans les bois et les haies.

U. *Fleurs.* Cette plante d'une odeur suave est sternutatoire quand elle est réduite en poudre.

Acore ou **Calamus aromaticus** (Jonc odorant).

R. spongieuse, en anneaux, articulée, grosse comme le doigt, d'une odeur agréable, d'une saveur piquante, chaude, amère; — T. simple, comprimée, haute de 30 à 60 centim.; — Fe. radicales, en manière de gaîne, longues, étroites, pointues; — F. très-serrées en chaton cylindrique, latéral; calice ou enveloppe à 6 folioles glumacées, ovaire qui devient une capsule à trois loges. (*Vivace.*)

Aroïdées.

Fleurit en juillet. — Croît sur les bords des rivières dans les endroits marécageux.

U. *La racine.* Le calamus aromaticus possède des propriétés stimulantes bien constatées. Il est employé comme stomachique avec beaucoup de succès. Il convient dans les fièvres intermittentes et dans l'hystérie. Ce médicament très-actif est peut-être trop négligé.

D. et M. d'ad. *Poudre* de 5 centigrammes à 4 grammes. *Infusion* depuis 4 jusqu'à 24 grammes pour 1 litre d'eau bouillante.

Épine-vinette commune.

Arbrisseau de 1 à 2 mètres, d'un bois jaunâtre, à écorce cendrée, chargée d'épines disposées 3 à 3 à la base; Fe. disposées par bouquets de 3-4, dentées sur les bords, pétiolées, fermes et luisantes; — F. jaunes, disposées en grappes pendantes, pédicelle muni de petits crochets épineux; — Co. à 6 pétales; — Ca. à 6 folioles opposées aux pétales; étamines irritables, lorsqu'on les touche; baies rouges, ovoïdes. (*Ligneuse.*)

Famille des berbéridées.

Fleurit en mai. — Se trouve dans les haies et sur le bord des bois.

U. *Fruit.* Le suc de l'épine-vinette est acide, rafraichissant, astringent et antiputride; il convient dans les fièvres aiguës, inflammatoires, dans la dyssenterie bilieuse et le catarrhe de la vessie.

L'asperge est connue par ses racines diurétiques. Le sirop d'asperges a la double propriété de calmer les irritations du cœur et d'augmenter la sécrétion de l'urine.

L'ail administré à l'intérieur, cru ou cuit dans de l'eau ou du lait, est un bon vermifuge.

Les *bulbes* écrasés et appliqués sur la peau, produisent un effet semblable à celui de la moutarde et des cantharides.

HEXANDRIE. — TRIGYNIE.

Colchique d'automne.

Famille des colchicacées.

R. bulbe solide et charnu, de la grosseur d'une noix, contenant un suc laiteux, très-âcre ; — T. très-courte ou, pour mieux dire, cette plante n'a qu'une espèce de hampe avec une fleur terminale d'une couleur lilas pâle, à tube blanc qui parait en automne ; — les Fe. ne paraissent qu'au printemps suivant ; elles sont lancéolées, entières, larges, luisantes, au nombre de 3-4 avec une gaine 3 ou 4 fois plus large que la tige qu'elles renferment. La capsule est ventrue à 3 lobes terminés par une pointe aiguë. Les graines sont globulaires, noires. Corolle ou périanthe à 6 divisions. (*Vivace.*)

Fleurit en août-septembre. — Croît dans les prés.

U. *Le bulbe et les graines.* A petites doses, elle convient pour combattre les douleurs si cruelles de la goutte et des affections rhumatismales aiguës. Elle devient aussi un bon purgatif dans l'hydropisie. A hautes doses, c'est au contraire un médicament des plus irritants.

D. et M. D'AD. *Poudre* de 5 à 20 centigrammes en pilules.

Teinture.

* Colchique,	Une partie.
Alcool,	2 —

De 10 à 15 gouttes.

Vin.

Colchique récente,	1 gr. 50 centigr.
Vin,	1 litre.
Alcool,	60 grammes.

On donne de 30 à 40 gouttes deux fois par jour.

Rumex (Patience frisée, Parelle).

Famille des polygonées.

R. longue, fibreuse, fusiforme, brunâtre en dehors, jaunâtre en dedans ; — T. de près d'un mètre, branchue, arrondie, marquée de cannelures saillantes ; — Fe. lancéolées, linéaires, pétiolées, crépues et un peu déchiquetées sur les bords, les supérieures sessiles et plus étroites; — F. verdâtres, paniculées, semi-verticillées; pétales arrondis, entiers, chargés d'un grain globuleux. Périanthe à 6 divisions. (*Vivace.*)

Fleurit en juin. — Croit le long des chemins et des fossés un peu humides.

U. *La racine et quelquefois les feuilles.* La racine est employée dans le traitement des maladies cutanées et surtout de la gale. Ses feuilles sont antiscorbutiques.

Le RUMEX AQUATIQUE ou patience, parelle d'eau.

Le RUMEX AIGUE ou patience sauvage, jouissent des mêmes propriétés.

Le RUMEX OSEILLE qui croit dans les prés et qu'on cultive dans les jardins, est connu comme un excellent acide qui l'a fait ranger parmi les médicaments tempérants. Le suc de l'oseille est vanté comme antiscorbutique et ses feuilles pilées comme cataplasmes maturatifs; bouillies dans l'eau elles facilitent l'action des purgatifs.

HEPTANDRIE.

CLASSE VII.

HEPTANDRIE. — MONOGYNIE.

Marronnier d'Inde.

Arbre très-élevé; — FE. digitées, composées de 5 à 7 folioles ovales renversées, à dents irrégulières terminées par un prolongement pointu; — F. en grappes, blanches, parsemées de taches roses, portées sur des pédoncules pubescents; pétales rétrécis à la base au nombre de 5 inégaux; — CA. campaniforme à 5 dents, fruits épineux. (*Ligneux.*)

Famille des érables.

Fleurit en avril-mai. — Il est originaire de l'Inde mais il est acclimaté dans nos pays.

U. *Son écorce.* Elle jouit de propriétés toniques et astringentes très-énergiques.

D. et M. D'AD. *Poudre* 30 grammes. *En infusion* pour 1 litre d'eau 50 grammes.

OCTANDRIE.

CLASSE VIII.

OCTANDRIE. — MONOGYNIE.

Airelle myrtille.

Famille
des éricacées.

Sous-arbrisseau de 25 à 33 centim., à rameaux anguleux, comme ailés, glabres; — Fe. alternes, presque sessiles, glabres, denticulées, obtuses; — F. rougeâtres, axillaires, solitaires, pendantes, à pédoncules courts; — Co. en cloche à 4 divisions; — Ca. 4 divisions courtes, étamines insérées sur le réceptacle, anthères à 2 cornes sur le dos, baie bleue. (*Ligneuse.*)

Fleurit en avril-mai. — Croît parmi les bruyères.

U. *Fruits.* On en fait des boissons acidulées très-agréables, des sirops, des confitures.

Daphné (bois gentil).

Famille
des thymélées.

Arbrisseau de 80 à 140 cent., rameux, couvert d'une écorce grisâtre, un peu couturée; — Fe. non persistantes, dégénérant en pétiole, ovales, lancéolées, minces, obtuses, très-entières, d'un vert un peu plus pâle en dessous; — F. purpurines, naissant avant les feuilles, sessiles, réunies en paquets de 3 à 4, odorantes; — Co. périanthe à 4 dents, style court. (*Ligneux.*)

Fleurit en mars-avril. — Croît dans les bois.

U. *L'écorce.* Elle est employée avec succès comme vésicatoire et elle n'a pas, comme les cantharides, de l'action sur la vessie. On l'a employée à l'intérieur, mais ce médicament présente trop de danger. Comme *vésicant*, faites macérer un morceau dans du vinaigre et appliquez sur la peau.

En pommade.

Axonge,	10	parties.
Garou,	4	—
Cire,	1	—

On nomme encore cette plante GAROU parce qu'elle a les mêmes propriétés que le *daphné garou* ou *Sainbois*, qui vient dans le midi. Le DAPHNÉ LAURÉOLA possède les mêmes vertus.

OCTANDRIE. — TRIGYNIE.
Renouée bistorte.

R. grosse comme le doigt, fibreuse, deux ou trois fois contournée sur elle-même avec articulation, brune à l'extérieur, rougeâtre à l'intérieur; —T. herbacée de 33 à 66 cent.; — Fe. radicales, lancéolées, larges, dégénérant en un long pétiole, blanches en dessous, les caulinaires sessiles, cordiformes ; — F. roses, en épi terminal, ovoïde, oblong, périanthe à 5 divisions ; graines triangulaires. (*Vivace.*)

Fleurit en juin-juillet. — Croît dans les prés et pâturages humides des montagnes.

U. La *racine.* C'est un des meilleurs astringents indigènes que possède la médecine; on l'emploie avec avantage dans les flux chroniques, les hémorragies passives du poumon et des intestins, les diarrhées atoniques, etc. On a vanté la bistorte unie à la gentiane contre les fièvres intermittentes.

D. et M. d'ad. *Poudre,* 4 grammes. *Décoction* de 30 à 60 grammes pour un litre d'eau.

Potion stomachique.

Bistorte,	4 grammes.
Rob de sureau,	12 —
Sirop de sucre,	30 grammes.
Eau ,	120 —

Lavement astringent.

Bistorte,	50 grammes.
Têtes de pavots ,	50 —
Eau ,	un litre.

Les feuilles de la *renouée* ou *poivre d'eau* qui croît dans les marais, appliquées sur les vieux ulcères, en facilite la cicatrisation.

Renouée centinode. — Herbe des Saints-Innocents.

R. longue, fibreuse ; — T. couchée, 15 à 30 centim., rameuse, ronde, glabre ; — Fe. lancéolées, entières, un peu ondulées, munies d'une grande bractée blanche, un court pétiole ; — F. axillaires, nombreuses, blanches, variées de rouge, périanthe à 5 divisions. (*Annuelle.*)

Fleurit en été. — Commune dans les champs, le long des chemins et dans les lieux incultes.

U. Cette plante convient dans les diarrhées et les dyssenteries chroniques. Un célèbre médecin de Lyon, en 1842, après avoir employé plusieurs remèdes en usage, n'a pu arrêter des flux de diarrhées et dyssenteries que par une forte décoction de renouée sucrée.

Persicaire brûlante. — Poivre d'eau.

Famille des cariophyllées.

R. fibreuse, grêle ; — T. glabre, cylindrique, souvent rougeâtre, un peu rameuse, de 15 à 25 centim.; — Fe. lancéolées, glabres, aiguës, accompagnées de stipules courtes ; — F. en épis, axillaires, garnies de bractées en écailles ; — Ca. à 4 lobes, qui peut passer pour une corolle, blanchâtre ou coloré en rouge. Dans quelques variétés les étamines sont au nombre de 6. (*Annuelle.*)

Fleurit en été. — Croît dans les marais, les fossés humides.

U. Elle convient comme détersive sur les ulcères scrofuleux, dans les engorgements glanduleux et lymphatiques. On a appliqué avec succès des feuilles cuites de persicaire et de noyer sur des ulcères scrofuleux, fétides, sordides et de dates anciennes, situés sur les jambes, les cuisses.

D. et M. D'ADM. *Infusion*, pour un litre d'eau de 5 à 15 grammes.

OCTANDRIE. — TÉTRAGYNIE.

Parisette.

Famille des asparagées.

R. horizontale, articulée, grosse comme une plume, brune en dehors, blanche en dedans ; — T. simple, dressée, de 20 à 30 cent., glabre ; — Fe. 4 à 5, rangées en croix au sommet de la tige, ovales, pointues, glabres, marquées de 5 nervures délicates ; — F. verte, terminale, pédonculée, périanthe verdâtre, 4 folioles extérieures qui forment comme le calice et 4 folioles intérieures toutes en forme de croix ; baie noire. (*Vivace.*)

Fleurit en mai-juin. — Croît dans les bois montueux.

U. Son *fruit* passe pour vénéneux, ses *racines* pour émétique ; ses *feuilles*, à la dose d'un gramme en poudre, conviennent dans l'hystérie et la coqueluche.

ENNÉANDRIE.

CLASSE IX.

ENNÉANDRIE. — MONOGYNIE.

Laurier noble.

Cet arbrisseau croît spontanément dans le midi de la France ; il est cultivé dans nos jardins. (*Ligneux.*)

Les huiles qu'on retire de cette plante sont calmantes, incisives et toniques ; les *feuilles sèches* et pulvérisées sont cordiales, stomachiques, antispasmodiques.

Famille des lauriers.

ENNÉANDRIE. — TRIGYNIE.

Rhubarbe.

On distingue trois espèces principales de rhubarbes : la RHUBARBE DE MOSCOVIE, la plus estimée ; la RHUBARBE DE LA CHINE ; la RHUBARBE INDIGÈNE, qui vient des premières et qu'on cultive dans le Morbihan.

Famille des polygonées.

La *rhubarbe* est tonique et purgative à la fois ; à petites doses elle agit comme astringent. On l'emploie avec beaucoup de succès dans les cas de faiblesse de l'estomac, d'inappétence, de diarrhée, en général lorsqu'un purgatif doux et non débilitant est indiqué. Elle convient très-bien aux enfants, on en vante l'usage dans le début du carreau ; on l'emploie dans une foule de circonstances qu'il serait trop long d'énumérer. La *rhubarbe indigène* doit être employée ordinairement à triple dose.

D. et M. D'AD. *Sirop de chicorée composé.*

Rhubarbe,	6 parties.
Fumeterre, Scolopendre,	3 parties.
Racine de chicorée sauvage,	9 parties.
Alkekenge ou coqueret,	2 parties.
Canelle, Santal citrin,	1 partie.
Eau,	192 parties.
Sucre,	80 parties.

On donne depuis 4 grammes jusqu'à 50 grammes.

Pilules.

Rhubarbe,	16 parties.
Aloès succotrin,	12 parties.
Myrrhe,	8 parties.
Huile essentielle de menthe poivrée,	1 partie.

Poudre tonique, depuis 16 jusqu'à 50 centigrammes. — *Poudre purgative*, de 5 centigrammes à 50 grammes.

La RHAPONTIC, qui nous vient de la Scythie, a des propriétés très-voisines de la précédente.

DÉCANDRIE.

CLASSE X.

DÉCANDRIE. — MONOGYNIE.

Rue.

Famille des rutacées.

R. jaune, fibreuse, rameuse ; — T. de 66 cent., rameuse, formant buisson, striée, ligneuse à la base ; — FE. alternes, pétiolées, folioles impaires ; — F. jaunâtres, en corymbe, pédonculées ; — Co. à 5 pétales dans la première fleur et 4 dans les autres, étamines en nombre double des pétales ; — CA. persistant, 4 à 5 folioles.

Fleurit en juillet-septembre. — Cette plante vient du midi, mais elle est cultivée dans nos jardins.

U. *Toute la plante*, mais particulièrement les *feuilles*. C'est un stimulant très-énergique ; on l'emploie dans la chlorose, l'hystérie, etc., on l'administre encore comme vermifuge : c'est un remède qu'il faut donner avec circonspection, surtout aux femmes irritables.

D. et M. D'AD. *Poudre*, 60 cent. en pilules ; *infusion*, une ou deux pincées pour un litre d'eau.

DÉCANDRIE. — DIGYNIE.

Saponaire.

Famille des cariophyllées.

R. cylindrique, noueuse ; — T. dressée, de 35 à 66 cent., branchue, glabre, anguleuse au sommet ; — FE. entières, opposées, lancéolées, ovales, glabres, sessiles, marquées de 5 nervures dont 3 plus apparentes ; — F. rosées, presque sessiles, en panicule terminale, resserrée ; — Co. 5 pétales à onglet. — CA. tubuleux, 5 dents. (*Vivace.*)

Fleurit en juillet-août. — Croît sur les bords des chemins, des fossés, dans les champs.

U. Les *sommités fleuries et la racine.* M. le docteur Alibert s'en est servi avec avantage dans certaines affections dartreuses ; on l'emploie fréquemment dans la jaunisse, la goutte, le rhumatisme, dans les engorgements du foie, etc. Elle a une vertu savonneuse qui enlève parfaitement les taches des étoffes de laine.

D. et M. d'ad. *Décoction,* 30 grammes pour un litre d'eau.

DÉCANDRIE. — PENTAGYNIE.

Sédum âcre ou Joubarbe.

R. petite, chevelue ; — T. redressée, tendre, de 6 à 8 cent. ; — Fe. courtes, charnues, succulentes ; — F. d'un jaune vif, sessiles, ordinairement au nombre de 5 ; — Co. 5 pétales, 5 écailles ; — Ca. à 5 divisions ; le fruit est composé de 5 capsules. (*Vivace.*)

Famille des crassulacées.

Fleurit en juin-juillet. — Se trouve communément sur les toits, les murs, les lieux arides.

U. Cette plante connue sous le nom *d'orpin* passe pour un spécifique contre l'épilepsie ; le *suc* appliqué sur les cors, les verrues et autres excroissances les ronge.

Alleluia (Oxalide, Oseille, Surelle).

R. nouée, articulée ; — T. 3 à 4 centim. ; — Fe. portées sur des pétioles longs et velus, composées de 3 folioles en cœur renversées, un peu velues ; — F. blanches ; — C. 5 pétales à onglets ; — Ca. 5 folioles. (*Vivace.*)

Famille des géraniées.

Fleurit au printemps et croît dans les bois ombragés.

U. *Toute la plante.* Elle est acidule, rafraîchissante, antiscorbutique, diurétique ; on fait avec l'alleluia une limonade des plus agréables qui favorise l'écoulement des urines, lâche quelquefois le ventre et apaise la soif ainsi que l'ardeur fébrile. A l'extérieur, l'alleluia, employé comme cataplasme, sur les tumeurs scrofuleuses, abcès froids, est maturatif, mais la petite oseille sauvage est préférable.

DODÉCANDRIE.

CLASSE XI.

DODÉCANDRIE. — MONOGYNIE.

Asaret (Cabaret).

R. menue, rampante, fibreuse ; — T. herbacée, presque nulle, terminée par deux feuilles longue-

Famille des aristoloches.

ment pétiolées, réniformes, un peu velues ; — F. solitaire, noirâtre, rouge-brun, un peu velue en dehors ; — C. nulle. Périanthe monophylle à 5 divisions. (*Vivace.*)

Fleurit au printemps et croît dans les bois montagneux et couverts.

U. Les *racines* et les *feuilles* purgent et excitent le vomissement. Après 6 mois, la racine n'est plus ordinairement vomitive, elle devient purgative ; après deux ans, elle ne purge presque plus, mais elle est diurétique. Si quelques médecins ont mis cette plante de côté, c'est que, dans les pharmacies, ayant été gardée plus ou moins de temps, elle n'a pas toujours répondu à leur attente; mais aujourd'hui des docteurs distingués lui ont rendu la place qu'elle occupait parmi les anciens et lui attribuent les mêmes vertus que l'ipécacuanha.

D. et M. D'ADM. — 60 à 80 cent. de poudre de racine pour vomitif. L'*Infusion* de 6 à 15 feuilles provoquent la purgation et excitent surtout le vomissement.

DODÉCANDRIE. — DIGYNIE.

Aigremoine.

Famille des rosacées.

R. rameuse, horizontale, noirâtre ; — T. de 35 à 66 cent., velue ainsi que toute la plante, dressée, blanchâtre ; — FE. alternes, longues, ailées avec impaire, pubescentes, surtout en dessous, folioles ovales, dentées, entremêlées de folioles encore plus petites ; — F. jaunes, en long épi terminal simple, ayant une bractée trifide à la naissance de chaque pédicelle, une sorte d'involucre hérissé à deux dents au-dessous de la fleur ; — Co. 5 pétales ; — CA. 5 lobes, hérissé en dehors de pointes crochues. (*Vivace.*)

Fleurit en juillet-août. — Croît le long des haies dans des terrains secs.

U. *Toute la plante.* C'est un astringent peu énergique que l'on emploie dans les engorgements de la rate, du foie, dans les hémorragies passives, dans les inflammations de la gorge en gargarisme.

L'AIGREMOINE ODORANTE qui est le double en hauteur donne un excellent thé.

DODÉCANDRIE. — TRIGYNIE.

Euphorbe ésule. — Epurge (Tithymales).

Nous réunissons toutes ces plantes parce qu'elles sont de la même famille, de la même classe, qu'elles ont à peu près les mêmes caractères et les mêmes propriétés. Leur classification présente aux botanistes certaines difficultés que nous allons essayer d'aplanir. Famille des euphorbiacées.

Ces plantes offrent un périanthe monophylle à 4 divisions, portant entre chacune d'elles et au sommet une production lamelleuse, colorée (selon Linné, *pétales*), 12 étamines au plus, à anthère didyme, attachées au réceptacle, entremêlées de filaments ou écailles multifides, capsule pédonculée, à 3 coques, 5 loges monospermes.

Il y a des botanistes qui considèrent chaque fleur comme un assemblage de plusieurs fleurs mâles, à une étamine dont le périanthe est formé par l'écaille multifide, ayant au milieu d'elles une seule fleur femelle, sans périanthe, composée d'une capsule à 3 coques, 3 styles. (*Annuelles.*)

Les plantes de ce genre ont un suc laiteux, âcre et caustique, très-abondant, qui les rend très-actives et très-dangereuses.

ICOSANDRIE.

CLASSE XII.

Dans cette classe se trouvent :

Le PRUNIER ÉPINEUX OFFICINAL connu par son fruit.

La PRUNELLE, qui autrefois était très-employée comme astringent, mais aujourd'hui un peu trop abandonnée.

Les PRUNIERS DOMESTIQUES, surtout le *damas*, qui produisent d'excellents pruneaux qui agissent comme laxatif. Leur décoction sert à purger les enfants, et s'emploie comme excipient d'autres médicaments purgatifs.

Les CERISIERS si renommés par leurs fruits acidulés et rafraîchissants.

Le **PÊCHER COMMUN** dont les fleurs purgent doucement sans occasionner de coliques.

Le **CITRONNIER** dont les sucs du fruit sont si propres
à rafraîchir, à exciter l'appétit et à rendre la digestion plus facile.

L'**AMANDIER** qui par son fruit procure tant de
ressources à la médecine.

Le **GRENADIER** dont l'écorce de la racine est si vantée à juste titre contre le ténia ou ver solitaire. Mais
ce médicament exige beaucoup de prudence.

ICOSANDRIE. — PENTAGYNIE.

Spirée ulmaire (Reine des prés).

Famille des
rosacées-ulmaires.

R. Odorante, fibreuse, noirâtre en dehors, rouge
en dedans; — T. haute de près d'un mètre, rameuse; — FE. ailées, à folioles ovales, doublement
dentées, pubescentes, blanchâtres, entremêlées
d'autres folioles très-petites, la terminale a trois
lobes; — F. blanches à panicules terminales, rameuses, assez considérables, 6 à 8 styles; — Co.
5 pétales; — CA. 5 divisions, capsules à une loge
contenant 2-3 graines. (*Vivace.*)

Fleurit de juin à septembre. Croît dans les prés,
les bois humides

U. *Toute la plante.* Nous en avons parlé ailleurs.

Le **POMMIER** qui fournit la pomme reinette employée dans
les tisanes, est rangé dans cette classe, ainsi que les autres
pommiers et le **COIGNASSIER**, dont la pulpe sert à confec-
tionner les sirops de coings réputés astringents.

ICOSANDRIE. — POLIGYNIE.

Tormentille.

Famille des
rosacées-dryadées.

R. Irrégulière, noueuse, épaisse, tuberculeuse,
brune en dehors, rougeâtre en dedans; — T. de
16 à 20 centim., pubescente, menue, quelquefois
redressée, plus souvent couchée; — FE. sessilles,
3-5 folioles ovales, dentées dans leur moitié supérieure;—F. jaunes, nombreuses, petites, axillaires,
solitaires;—Co. 4 pétales;—CA. 8 divisions.(*Vivace.*)

Fleurit en juin-juillet. — Croît dans les terrains secs et sablonneux.

U. *La racine.* Cette substance est très-astringente et s'emploie souvent en gargarismes. *Décoction* de 8-16 gr. pour 1 litre d'eau.

Potentille argentine.

R. Noire, fibreuse ; — T. de 33 centim., rampante, velue ; — Fe. ailées, 15 à 17 folioles ovales, dentées-incisées, velues, vertes en dessus, argentées-soyeuses en dessous, avec d'autres folioles très-petites ; — F. jaunes, solitaires, portées sur de longs pédoncules ; — Co. 5 pétales, échancrés en cœur ; — Ca. ouvert à dix découpures. (*Vivace.*)   Même famille.

Fleurit en juin-juillet. — Croît dans les lieux frais, sur les bords des chemins et des fossés.

U. *Racine.* Mêmes vertus que la précédente ainsi que la potentille rampante.

Benoîte commune.

R. Fibreuse, cylindrique, rougeâtre en dehors, blanche en dedans ; — T. de 12 à 15 centim., dressée, un peu velue ; — Fe. radicales, pinnées, à folioles inégales, les supérieures plus larges, ovales, dentées, pubescentes ; les caulinaires ternées, simples, trilobées en haut de la tige ; F. jaunes, dressées ; — Co. 5 pétales ; — Ca. 10 divisions. Graines terminées par des barbes longues, souvent plumeuses ou crochues. (*Vivace.*)   Même famille.

Fleurit en juin-juillet. — Croît dans les haies, les lieux ombragés.

U. *Racine.* La benoîte jouit de propriétés astringentes et toniques, qui la font employer avec succès dans les diarrhées chroniques, les hémorragies utérines, les fièvres intermittentes, etc.

Décoction 50 grammes pour 1 litre d'eau réduit au tiers.

Dans cette classe on place :

La RONCE dont les feuilles conviennent surtout en gargarisme.

La FRAMBOISE rafraîchissante, ainsi que la FRAISE, fruit du *fraisier*.

La ROSE, fleur du *rosier*. Les pétales de la rose pâle jouissent de quelque vertu laxative. Le sirop de cette rose s'emploie pour purger les enfants à la dose de 8 à 30 gr.

Pétales,   une partie.
Sucre,   3 —
Eau bouillante,   4 —

Onguent rosat pour les gerçures des lèvres et du mamelon.

Pétales frais,   2 parties.
Axonge,   une —

Les pétales des *roses rouges de Provins*, rosier du midi de la France, si renommés pour leurs vertus astringentes et toniques dans les hémorragies passives, les écoulements muqueux, les diarrhées, etc. *Infusion* 2 à 4 pincées pour 1 litre d'eau.

POLYANDRIE.

CLASSE XIII.

POLYANDRIE. — MONOGYNIE.

Chélidoine (Éclaire).

Famille des papavéracées. R. Fibreuse ; — T. de 33 à 66 centim., dressée, rameuse, glabre ou un peu velue dans sa partie inférieure surtout ; — FE. minces, glabres, alternes comme ailées, profondément pinnatifides, à folioles ovales, à dents arrondies ; F. jaunes, axillaires, portées sur un pédoncule commun qui se divise ensuite en ombelle simple de 4 à 5 rayons ; — Co. 4 pétales ; — CA. à 2 folioles. (*Vivace.*)

Fleurit en mai-juin-juillet. — Croît dans les haies, sur les vieux murs.

U. Son suc détruit les verrues, et pourrait au besoin exciter sur la peau des rougeurs et inflammations. On s'en sert peu en médecine.

Coquelicot.

Même famille. Tout le monde connaît cette plante indigène très-commune dans les moissons et dont les pétales sont si remarquables par leur belle couleur rouge.

U. Les pétales sont employés en infusion comme fleurs pectorales ; ils forment une boisson convenable aux personnes délicates et principalement aux enfants.

L'Extrait des capsules de 10 à 40 cent., peut remplacer avec avantage l'opium sans en avoir les inconvénients.

Nénuphar blanc (Lys des étangs).

R. grosse, jaunâtre, recouverte d'écailles écartées, rampante au fond de l'eau ; — T. n'est pour ainsi dire que la racine elle-même ; — Fe. épaisses, glabres, circulaires, charnues, nageant sur la surface de l'eau, fendues à la base jusqu'au pétiole ; — F. blanches, fort grandes ; — Co. à pétales nombreux, disposés sur plusieurs rangs ; — Ca. 4 à 5 folioles, baie sèche. Le fruit ressemble assez à une capsule de pavot.

Famille des nymphéacées.

Fleurit en juin-juillet. — Croît dans les étangs, rivières, mares d'eau, etc. (*Vivace.*)

U. *Fleurs.* On lui attribuait autrefois la vertu de calmer les passions. On prépare encore aujourd'hui un sirop avec ses fleurs auxquelles ont joint de l'opium. Cette plante est émolliente.

Nénuphar jaune, même classe, mêmes propriétés.

Le pavot est connu par sa vertu somnifère et son huile.

Le tilleul comme antispasmodique.

La pivoine par sa racine antispasmodique puissante.

Aconit napel.

R. forme d'un petit navet ; — T. haute d'un mètre et demi, herbacée, dressée simple ; — Fe. alternes, pétiolées, à 7 lobes, incisées en lanières étroites ; — F. bleues, violettes, grandes, en épi à la partie supérieure de la tige ; — Ca. pétaloïde, à 5 pétales inégaux, la supérieure en forme de casque, corolle 2 pétales irréguliers, à onglet, 50 étamines au moins, 3 pistils.

Famille des renonculacées.

Fleurit en juin-juillet.—Se cultive dans les jardins.

U. *Fleurs et racines.* A hautes doses cette plante est un poison violent. A petites doses les médécins l'emploient dans la goutte, le rhumatisme, le cancer, l'hydropisie depuis 5 centig. jusqu'à 2 grammes en poudre.

L'ACONIT TUE LOUP à fleurs jaunâtres, qui se trouve dans les bois ombragés, jouit des mêmes propriétés ; on se sert de ses racines réduites en poudre pour faire périr les rats, les souris et les taupes. Dans l'Inde on trempe les armes dans l'ACONIT ATROCE pour les empoisonner.

POLYANDRIE. — POLIGYNIE.

Ellébore fétide (Pied-de-griffon).

Même famille.

R. fibreuse ; — T. de 33 à 40 centim., très-rameuse, épaisse, coriace, irrégulière, glabre ainsi que toute la plante ; — FE. pétiolées, digitées à folioles-lancéolées-linéaires, épaisses, longues, à dents de scie éloignées ; — F. vertes, bordées de rouge, terminales, assez nombreuses, à pédoncules à peine pubescents ; — CA. 5 folioles ; — Co. nulle, 5 nectaires tubuleux. Capsules terminées par une pointe, à plusieurs semences. (*Vivace.*)

U. La *racine.* Comme son action est très-irritante, un homme de l'art peut seul l'employer.

Clématite (Herbe-aux-Gueux).

Même famille.

Petit arbrisseau qui croît dans les bois, les haies, de 3 à 4 mètres ; — FE. glabres, ailées, dont les pétioles se roulent et s'accrochent aux corps voisins, 5 folioles pétiolées, cordiformes, terminées en languette, 3 nervures ; — F. blanches, en grappes latérales, pédoncule rameux, plusieurs fois trifides ; — Co. 4 pétales ; — CA. nul ou réduit à une petite écaille ; graines terminées par une longue arête plumeuse. (*Vivace.*)

U. Les *feuilles.* Appliquées fraîches elles produisent la rougeur, l'inflammation même des ulcérations. Les *renoncules* connues sous le nom de *bacinet*, qui croissent dans les prés humides, près des fontaines, des ruisseaux et qu'on cultive même dans les jardins sous le nom de *boutons d'or*, jouissent de la même vertu, surtout les *renoncules bulbeuses, âcres, scélérates* et sont de la même classe et de la même famille.

DIDYNAMIE.

CLASSE XIV.

DIDYNAMIE. — GYMNOSPERMIE.

Germandrée (Petit Chêne).

R. ligneuse, traçante ; — T. de 15 à 16 cent., ligneuse, souvent couchée, ronde, velue ;—Fe. ovales,
un peu cunéiformes, crénelées, petites, dures, pâles
en dessous ; — F. purpurines, verticillées par 4, axillaires ; — Co. n'a pas de lèvre supérieure, mais elle
se trouve remplacée par 4 étamines ; la lèvre inférieure est divisée en 5 parties, celle du milieu est
en forme de cuillère. (*Vivace.*)

Fleurit en juillet-août. — Croît dans les bois secs
et coteaux stériles.

U. Les *sommités fleuries*. Cette plante s'emploie fréquemment dans les scrofules, le scorbut, les catarrhes chroniques,
l'aménorrhée, les rhumatismes, les fièvres intermittentes, etc.

D. et M. d'ad. *Infusion*, une à deux pincées pour un litre
d'eau. *Poudre*, 4 grammes.

Le BUGLE (*faux pin, ivette*), connu par son odeur qui rap-
pelle celle du pin par une saveur amère ; c'est un bon diaphorétique, jouissant des mêmes propriétés, mais n'étant
pas si employé. — Il en est de même pour la *germandrée
aquatique* qui croît dans les fossés et les lieux humides et
qu'on regarde encore comme un excellent vermifuge, dont
on se sert dans les maladies pestilentielles à cause de son
odeur forte et alliacée ; ses fleurs sont axillaires, presque géminées, rougeâtres ; ses feuilles sessiles, dentées en scie ; sa
tige tétragone, couchée à la base puis redressée, blanchâtre
ainsi que toute la plante.

Famille
des labiées.

Hysope officinale.

Petit arbuste indigène, 20 à 25 cent. ; — Fe. sessiles, linéaires, lancéolées, entières, un peu épaisses;
— F. bleues, axillaires, réunies en épis terminaux,
unilatéraux ; — Co. 2 lèvres, la supérieure courte,
échancrée ; l'inférieure à 3 lobes, celui du milieu
crénelé ; — Ca. strié, 5 dents. (*Vivace.*)

Fleurit en juillet-août.—Cultivée dans les jardins;
cette plante croît encore dans les champs.

Même famille.

U. *Feuilles et sommités fleuries.* Cette plante est vantée comme béchique, expectorante, s'emploie dans les catarrhes, les phthisies, les affections du poumon. *Infusion*, 2 à 3 pincées pour un litre d'eau.

Le *lierre terrestre*, de la même classe et de la même famille jouit des mêmes propriétés.

Mélisse.

Même famille. R. longue, ligneuse; — T. de 30 à 60 cent., rameuse; — FE. opposées, cordiformes; — F. blanches, verticillées; — Co. lèvre supérieure courte, échancrée; l'inférieure divisée en 3 parties, la moyenne, grande en forme de cœur, odeur de citron. (*Vivace.*)

Fleurit en été. — Vient dans le midi de la France; cultivée dans les jardins.

U. *Toute la plante.* C'est un excitant peu énergique qu'on emploie dans les affections nerveuses; deux ou trois pincées dans un litre d'eau *pour infusion.*

La *menthe poivrée*, cultivée dans les jardins, possède des propriétés stimulantes très-prononcées. Cette plante convient dans les maladies nerveuses, les vomissements spasmodiques, dans les coliques, les aménorrhées, la chlorose, l'hystérie; enfin on l'associe aux purgatifs pour masquer leur odeur. On se sert de *toute la plante. Infusion*, une ou deux pincées pour un litre d'eau.

Le *romarin* possède les mêmes vertus mais s'emploie particulièrement dans les digestions laborieuses. *Infusion*, feuilles et sommités fleuries, 4 à 6 grammes pour un litre d'eau.

La *lavande.* Ses SOMMITÉS FLEURIES s'emploient dans les mêmes proportions et pour les mêmes motifs. Toutes ces plantes du midi sont toutes de la même classe et de la même famille, ainsi que le *thym*, le *serpolet* qui croissent dans nos jardins et sur les pelouses sablonneuses et qui jouissent aussi des mêmes propriétés.

Marrube blanc.

Même famille. R. simple, fibreuse; — T. de 30 à 60 cent., rameuse du bas, cotonneuse, blanche; — FE. ovales, arrondies, rugueuses, crépues, crénelées, velues, blanches en dessous, finissant en pétiole, — F. blanches, nombreuses, verticillées, 10 dents, laineuses, épineuses, recourbées en crochets; — Co. 2 lèvres, la supérieure étroite, bifide, l'inférieure 3 lobes, celui du milieu plus grand, échancré; — Ca. cylindrique, 10 stries, 5 à 10 dents. (*Vivace.*)

Fleurit en juillet-août. — Croît le long des chemins, dans les décombres et les lieux arides.

U. *Les feuilles.* C'est un stimulant énergique, très-employé à la fin des catarrhes, dans la phthisie, les engorgements du foie. On le donne comme emménagogue, antispasmodique; *infusion*, une à deux pincées pour un litre d'eau.

Origan.

R. ligneuse, rameuse; — T. 60 à 80 centim., un peu velue à angles arrondis, rameuse; — Fe. ovales, un peu velues, portées sur un court pétiole; — F. rougeâtres, quelquefois blanches, en panicule, avec bractée ovale, ramassées au sommet des rameaux; — C. à deux lèvres, la supérieure échancrée, l'inférieure à 3 lobes presqu'égaux; — Ca petit, à 5 lobes. (*Vivace.*) *Même famille.*

Fleurit en été. — Croît dans les bois montagneux, le long des haies.

U. *Sommités fleuries.* Cette plante d'une odeur aromatique très-agréable et d'une saveur chaude, est stimulante, stomachique, expectorante; hachée et chauffée dans une poêle et appliquée sur les rhumatismes, les torticolis, elle procure un grand soulagement. Son infusion, de 5 à 30 gram., est très-convenable dans l'asthme humide, les débilités d'estomac et les catarrhes chroniques. On s'en sert à l'extérieur en lotions, bains, fumigations, etc.

Bétoine officinale.

R. chevelue, de la grosseur du petit doigt; — T. simple, dressée, tétragone, un peu hispide, velue, de 80 à 120 cent.; — Fe. cordiformes, crénelées, pubescentes, pétiolées; — F. rouges, formant un épi interrompu, bractées presque glabres; — Co. à tube cylindrique, 2 lèvres; la supérieure dressée, l'inférieure à 3 lobes dont le moyen est plus *Même famille.*

large, échancré et denté; — CA. 5 dents égales. (*Vivace.*)

Fleurit en juin-juillet. — Croît dans les bois et le long des haies.

U. *Feuilles et racines.* Les racines passent pour purgatives mais elles sont peu usitées, ses feuilles pilées sont employées comme sternutatoires.

Le *basilic*, le *cataire officinal* ou *herbe aux chats*, la *sarriette*, l'*ortie blanche*, l'*agripaume*, même classe, même famille, ont été employés autrefois, mais ils sont aujourd'hui complètement inusités, quoiqu'ils possèdent des propriétés stimulantes très-prononcées.

DIDYNAMIE. — ANGIOSPERMIE.

Digitale pourprée.

Famille des personnées.

R. fusiforme, rougeâtre; — T. 80 à 150 cent., simple, ronde, velue; — FE. ovales, lancéolées, molles, velues; — F. pourpres, marquées dans l'intérieur de beaucoup de points d'un pourpre foncé entourés de blanc, penchées, grandes, disposées en épi terminal, entremêlées de bractées foliacées; — Co. campaniforme irrégulière; — CA. 5 divisions profondes. (*Bisannuelle.*)

Fleurit en juin-juillet. — Croît dans les bois élevés et siliceux.

U. Les *feuilles.* La digitale est très-usitée en médecine; on l'administre principalement comme calmant dans les palpitations nerveuses, l'hémoptysie, l'asthme, les toux nerveuses, l'hydropisie, la scrofule, dans les maladies inflammatoires. A hautes doses elle produit une grande irritation, des vomissements, des convulsions, etc.; elle doit donc être administrée sagement.

D. et M. D'AD. *Poudre*, de 10 à 55 centigrammes en pilules. *Infusion*, de 4 à 10 grammes pour un litre d'eau.

Teinture.

Digitale,	1 partie.
Alcool,	8 parties.

De 6 à 12 gouttes dans une potion.

TÉTRADYNAMIE.

CLASSE XV.

TÉTRADYNAMIE. — SILICULEUSE.

Raifort (Moutarde des Capucins).

R. charnue, grosse ; — T. rameuse, 70 à 90
cent. ; — Fe. radicales, très-grandes, crénelées,
dentées, la caulinaire moins grande ; — F. blanches,
petites, en épi ; — C. à pétales étalés ; — Ca. 4 sépales.
(*Vivace.*)

Famille des crucifères.

Fleurit en été. — Plante indigène qu'on cultive
dans les jardins.

U. La *racine fraîche.* Cette plante dont on fait un fréquent
usage, jouit de propriétés stimulantes très - énergiques.
Appliquée sur la peau elle agit comme rubéfiant. On en fait
usage dans le scorbut, dans certains catarrhes chroniques,
certaines hydropisies, les affections scrofuleuses, les rhumatismes chroniques et quelques maladies de la peau.

D. et M. d'adm. 50 gram. de racine fraîche de raifort et
autant de baies de genièvre concassées pour un litre de vin
blanc, à prendre plusieurs cuillerées par jour dans l'hydropisie, cachexie, la chlorose, etc.

Infus. de 15 à 50 gram. pour un litre ou demi-litre d'eau.

Apozème composé, raifort, patience, cochléaria, cresson
de fontaine, trèfle d'eau de chaque une partie sur 64 parties
d'eau à prendre par petites tasses.

La racine doit être fraîche; sèche elle perd de ses propriétés.

TÉTRADYNAMIE. — SILIQUEUSE.

Sisymbre officinal (Herbe-aux-Chantres).

R. cylindrique, tortueuse, fibreuse ; — T. redressée, rameuse, pubescente, grisâtre ainsi que
toute la plante, haute de 50 à 60 cent., rameaux
écartés, à angles droits ; — Fe. alternes, pubescentes, communément en forme de lyre, à segments dentés, presque hispides ; — F. jaunes,
petites, épis grêles, longs ; — Co. cruciforme ; —
Ca. à folioles ovales, oblongues, colorées, qui tombent.

Même famille.

Fleurit en juin-août. — Croît le long des murs,
chemins, lieux incultes. (*Annuelle.*)

U. *Tiges et sommités fleuries.* Cette plante est incisive, expectorante, antiscorbutique, diurétique, et fournit le *sirop d'érysimum* qui est très-préconisé contre l'enrouement.

La CARDAMINE AMÈRE qui croit dans les lieux et prés humides, le CRESSON DES FONTAINES, le COCHLÉARIA OU RAIFORT (sa racine), le PASSERAGE OU CRESSON DES JARDINS, toutes ces plantes de la même famille sont rangées parmi les antiscorbutiques, les diurétiques.

La *cardamine amère*, le *passerage* sont de la classe *tétradynamie siliqueuse.*

Moutarde noire.

Même famille.

R. fibreuse ; — T. droite, cylindrique de 60 à 90 centim. ; — FE. lyrées, grandes, sessiles, glabres ; — F. jaunes, petites, disposées en épis ; — Co. 4 pétales ; — CA. 4 folioles.

Fleurit en mai-juillet. — Croit dans les champs, les lieux arides ; on la cultive.

U. *Les graines.* Les graines réduites en farine, sont tous les jours employées comme rubéfiant et même comme vésicant.

La MOUTARDE BLANCHE jouit des mêmes propriétés ; mais à un degré moins prononcé. Ses graines prises entières après avoir été un peu ramollies dans l'eau, produisent un bon effet dans les mauvaises digestions. On les administre à la dose de 3 cuillerées à café par jour.

Alliaire.

Même famille.

R. napiforme ; — T. cylindrique un peu velue, de 33 à 60 cent. ; — FE. presque glabres, cordiformes, larges et courtes, à dents sinuées, profondes, portées sur des pétioles vélus ; — F. blanches, en corymbes ; — C. 4 pétales ; — CA. 4 folioles, dont deux opposées, bossues à la base. (*Bisannuelle.*)

Fleurit au printemps. — Se trouve principalement le long des haies.

U. *Les sommités fleuries et récentes ;* la dessication lui ôte une grande partie de son énergie et le goût d'ail. On la regarde comme antiscorbutique et antiseptique. Son suc exprimé et appliqué avec de la charpie sur des ulcères sordides et gangréneux a produit d'excellents effets.

D. et M. D'ADM. *Infusion*, de 50 à 60 gram. pour un litre d'eau.

Le *chou-rouge*, même classe, même famille, est connu comme béchique. La gelée de chou-rouge est employée avantageusement dans le rhume et la bronchite aiguë, la phthisie.

Gelée.

Chou-rouge ,   10 grammes.
Eau ,   quantité suffisante.

On fait cuire, on passe et après on fait fondre 2 grammes de colle de poisson. — On passe de nouveau et on ajoute sur le feu 25 gram. de sucre. On clarifie avec deux blancs d'œufs, on fait évaporer jusqu'à consistance de sirop. A prendre par cuillerées à café. En décoction : 16 gram. pour un litre d'eau.

M. Récamier, ce célèbre praticien, faisait appliquer à nu sur les douleurs rhumatismales, les névralgies, principalement de la face, trois ou six feuilles de chou-rouge chauffées et flétries.

Navet, même classe et même famille, produit de bons effets dans la coqueluche, l'asthme et les rhumes. Une forte décoction de racine de navet prise chaude avec du miel, ou du sucre candi, convient dans les affections de poitrine. Dans nos campagnes on prépare un sirop de navet en creusant, en forme de tasse, la racine du navet que l'on remplit avec du sucre candi en poudre et un peu d'eau. Le sirop qui passe à travers se donne par cuillerées et souvent il apaise la toux, la coqueluche et facilite l'expectoration.

MONADELPHIE.

CLASSE XVI.

MONADELPHIE.—DÉCANDRIE.

Géranium (Herbe-à-Robert).

R. fibreuse ; — T. de 15 à 35 centim., rameuse, rougeâtre, velue, enflée aux articulations ; — Fe. ailées, 3-4 folioles pinnatifides, larges, à découpures ovales, obtuses, entières, pédoncules biflores ; — F. rouges, 5 pétales entières ; — Ca. très-vélu, rouge, 10 stries, 5 folioles. Fruit en forme de bec allongé très-pointu et long.

Fleurit en mai-juillet. — Croît dans les haies, les vieux murs. (*Annuelle.*)

U. *Tiges.* Plante astringente peu usitée.

Famille
des géraniées.

MONADELPHIE. — POLYANDRIE.

Dans cette classe se trouve :

Famille des malvacées.

La GUIMAUVE. Ses feuilles, ses fleurs, ses racines sont connues par leur vertu éminemment adoucissante.

La MAUVE, ses fleurs sont pectorales, ses feuilles et tiges émollientes.

DIADELPHIE.
CLASSE XVII.
DIADELPHIE. — HEXANDRIE.
Fumeterre officinal.

Famille des fumariacées.

R. oblongue, pivotante, blanchâtre ; — T. herbacée, rameuse, diffuse, glauque, de 30 centim. de hauteur ; — FE. alternes découpées, bipinnées et souvent tripinnées, folioles dentées, obtuses ; — F. purpurines avec une tache noir au sommet, en épis terminaux ; — Co. 4 pétales, le supérieur se termine en éperon, l'inférieur libre ; — CA. très-petit, à 2 folioles colorées. Fruit akène, globuleux. (*Annuelle.*)

Fleurit en juin-juillet. — Croît communément dans les champs, les jardins, les lieux cultivés.

U. *Toute la plante.* C'est un tonique faible, très-employé dans les affections cutanées, la jaunisse, le scorbut, les engorgements des viscères.

D. et M. D'AD. *Décoction ou infusion,* une poignée pour 1 litre d'eau. *Suc exprimé,* 30 à 40 grammes, 2 ou 3 fois le jour et plus.

Polygala amer.

Famille des polygalées.

R. ligneuse, grêle ; — T. de 8 à 12 centim., couchée, diffuse, rameuse, redressée à l'extrémité ; — FE. les supérieures linéaires, les inférieures arrondies, obtuses, grandes ; — F. bleues mais quelquefois blanches, roses, en grappes unies latérales, bractées, colorées à la base des pédoncules ; — Co. monopétale en forme de papillon, fendue supérieurement en deux lèvres, concave et bifide inférieurement. (*Vivace.*)

Fleurit en avril-mai. — Croît dans les pâturages montagneux, les collines sèches.

U. *La racine.* Elle jouit d'une amertume très-prononcée ; elle agit comme les médicaments toniques, mais en même temps elle provoque des évacuations alvines. Lorsque les sujets ne sont pas irritables, on l'emploie dans l'asthme muqueux, le catarrhe du poumon. *Décoction* 30 grammes pour 1 litre. *En poudre* depuis 5 centigr. jusqu'à 4 gr.

DIADELPHIE. — DÉCANDRIE.

Mélilot officinal.

R. fibreuse ; — T. de 50 à 60 centim., dure, rameuse, cylindrique, glabre ; — Fᴇ. alternes, pétiolées, 3 folioles ovales, denticulées, glabres ; — F. jaunes, petites, nombreuses, en épis linéaires, axillaires, 2 fois plus longues que les feuilles ; — Co. papilionacée, l'étendard plus grand que les autres pétales ; — Cᴀ. bossu d'un côté, tubuleux, 5 dents. (*Bisannuelle.*)

Famille des légumineuses.

Fleurit en juillet-août. — Croît le long des prés, des haies, dans les champs.

U. *Sommités fleuries.* Cette plante est aromatique, résolutive, émolliente.

La ɴᴇ́ɢʟɪssᴇ, petit arbrisseau qui vient dans le midi de la France, et qui est cultivé dans nos jardins, fait partie de la même classe et de la même famille ; on vante sa racine laxative, adoucissante, diurétique et sucrée.

Genêt à balais.

R. rameuse, ligneuse ; — T. arbrisseau d'un mètre et plus, à rameaux verdâtres, nombreux, dressés, anguleux ; — Fᴇ. ovales, lancéolées, pubescentes, ternées ; — F. jaunes, grandes, en épis dans la partie supérieure des rameaux ; — C. papilionacée ; — 5 pétales. (*Ligneux.*)

Même famille.

Fleurit au printemps. — Croît dans les sols sablonneux, les bois secs.

U. *Les tiges, les fleurs et les semences.* Le genêt est tout à la fois purgatif et diurétique. La fleur a plus de vertu comme purgative que la semence. Le vin préparé avec la cendre de genêt est un excellent diurétique.

Vin diurétique.

Cendre de genêt,	de 30 à 40 grammes.
Vin blanc,	un litre.

Faites infuser à froid ; — prendre plusieurs fois le jour un demi-verre.

La *décoction* de l'herbe ou des fleurs, de 30 à 60 gram. pour un litre d'eau, convient dans l'hydropisie. Le *suc* des jeunes pousses de 15 à 30 grammes est un bon purgatif. On peut édulcorer avec le miel.

L'*Infusion* pendant la nuit de 2 ou 3 gram. de la semence en poudre, dans un verre de vin blanc, est émétique et purgative.

Des compresses imbibées dans la lessive des cendres du genêt ont produit d'heureux effets dans les engorgements scrofuleux et des mamelles.

L'ARRÊTE-BOEUF, plante si connue, de la même classe et famille, ne mérite pas l'oubli dans lequel elle est tombée.

Les feuilles et les fleurs conviennent en gargarisme dans l'angine. Les racines sont diurétiques.

POLYADELPHIE.

CLASSE XVIII.

POLYADELPHIE. — POLIANDRIE.

Millepertuis.

Famille des hypéricées. R. fibreuse ; — T. de 30 à 60 centim., droite, dure, glabre, rameuse, ponctuée de noir ainsi que toute la plante, marquée de 4 lignes peu saillantes ; — FE. ovales-lancéolées, marquées de 3 nervures, criblées de petits trous ; — F. jaunes, grandes, paniculées ; — Co. 5 pétales ; — CA. 5 divisions. (*Vivace.*)

Fleurit en juin-août. — Croît dans les bois, les lieux incultes.

U. *Les sommités fleuries.* Cette plante passe pour vulnéraire, incisive, bon excitant du système pulmonaire ; son huile est employée pour cicatriser les plaies.

L'ORANGER (*Polyadelphie icosandrie*), arbre originaire d'Asie et cultivé en France, est connu par les propriétés de ses fleurs, de ses feuilles, de ses fruits et de leur écorce.

SYNGÉNÉSIE.

CLASSE XIX.

SYNGÉNÉSIE. — POLYGAMIE égale.

Bardane à têtes cotonneuses.

R. charnue, noirâtre à l'extérieur, blanche intérieurement, grosse comme le doigt; — T. très-rameuse, haute de 1 à 2 mètres, rougeâtre, un peu cotonneuse; — Fe. ovales, cordiformes, denticulées, violettes, réunies comme en corymbe terminal, folioles de l'involucre entrelacées de fils cotonneux, terminées par un crochet. Les têtes de la bardane s'attachent volontiers aux vêtements. (*Bisannuelle.*)

Fleurit en juin-juillet-août. — Croît autour des villages, des bords des chemins, des bois.

U. *Racine et quelquefois les feuilles.* On emploie journellement ses racines dans les maladies de la peau, les affections goutteuses, rhumatismales. Plusieurs médecins doutent si ces avantages sont bien réels. Ses feuilles pilées font bon effet sur les ulcères rebelles, les croûtes laiteuses, etc.

La LAITUE, la CHICORÉE AMÈRE, le PISSENLIT, de la même classe, ont des propriétés trop connues pour en faire ici mention.

Famille des cynarocéphales.

SYNGÉNÉSIE. — POLYGAMIE SUPERFLUE.

Armoise commune.

R. fibreuse; — T. de 65 à 95 centim., rougeâtre, cannelée, un peu rameuse; — Fe. caulinaires, pinnatifides, velues, blanches en dessous; — F. roussâtres, nombreuses, sessiles, en grappe longue et rameuse; — Co. du centre 5 dents, celles de la circonférence presque entières. (*Vivace.*)

Fleurit en juillet-août. — Croît au bord des chemins, des fossés, des haies.

U. Les *sommités fleuries.* Ses propriétés se rapprochent beaucoup de celles de l'absinthe, seulement elles sont moins énergiques. Elle est emménagogue. *Infusion,* 4 à 5 grammes pour un litre d'eau.

Famille des corymbifères.

Absinthe.

Même famille.

R. fibreuse; — T. herbacée, couverte d'un duvet blanchâtre; — Fe. tripinnatifides, blanchâtres des deux côtés; — F. flosculeuses, petites, jaunâtres, formant un panicule très-allongé et pyramidal; fleurons du centre hermaphrodites, fertiles, à 5 dents; ceux du disque femelles, à 2 dents; fruit sans aigrette. (*Vivace.*)

Fleurit en été. — Croît dans les lieux pierreux et incultes. On la cultive dans les jardins.

U. *Les feuilles et sommités fleuries.* Cette plante jouit de propriétés stimulantes et toniques très-énergiques. Administrée à trop fortes doses, elle irrite l'estomac; son usage trop prolongé peut exciter des maux de tête et de l'inflammation dans les yeux. A doses modérées, elle excite l'appétit, rend les digestions plus faciles, accélère la circulation et porte dans toute l'économie une influence fortifiante. On l'emploie avec avantage dans les faiblesses, les fièvres intermittentes, les aménorrhées, les diarrhées rebelles, les maladies vermineuses, la chlorose. Sur 50 grammes de feuilles et de sommités, on

Vin d'absinthe.

verse le soir un litre de vin blanc, qu'on soumet pendant la nuit à une douce chaleur et dès le lendemain on peut s'en servir.

D. et M. d'ad. *Infusion*, 20-50 gram. pour un litre d'eau froide. — *Poudre*, 2-4 gram. — *Sirop*, une partie sur deux de sucre. — *Vin*, 50-60 gram. pour un litre de vin.

Aunée (ænula campana).

Même famille.

R. tubéreuse, allongée, grosse; — T. de 1 à 2 mètres, cannelée, velue, un peu rameuse; — Fe. radicales, très-grandes, oblongues, pubescentes en dessous, les caulinaires embrassantes, petites, aigües, cotonneuses; — F. jaunes à l'extrémité des rameaux, formant un panicule, écailles de l'involucre larges et ovales. (*Vivace.*)

Fleurit en juillet-août. — Croît dans les bois, les friches, les terrains frais.

U. La *racine.* Cette plante est recommandée dans les maladies des voies de la digestion, dans certains cas de toux humide avec expectoration abondante, mais sans fièvre ni chaleur à la peau; dans les catarrhes chroniques de la vessie, dans les diarrhées séreuses, rebelles. On la dit vermifuge, emménagogue.

Décoction et infusion, de 15 à 30 grammes pour un litre d'eau.

La CAMOMILLE ROMAINE, stimulant énergique qui jouit par son amertume de propriétés toniques et qui est devenu un remède populaire pour une foule de maladies. On se sert de ses fleurs sèches avec avantage pour réveiller les forces digestives dans les mauvaises digestions, la chlorose, la goutte, les coliques venteuses; on en obtient de bons effets dans les affections spasmodiques, les fièvres intermittentes; comme vermifuge et pour aider l'action des vomitifs. *Infusion* dans un vase clos de 4 à 8 grammes pour un litre d'eau.

Les autres *camomilles vulgaires*, *puantes*, etc., jouissent des mêmes propriétés.

La TANAISIE, plante vivace, indigène, dont l'odeur est forte, camphrée; fleurs jaunes, en corymbe terminal, involucre glabre, à folioles obtuses; feuilles profondément pinnatifides; tige droite, branchue, striée, de 65 à 95 centimètres.

Fleurit en août-septembre. — Croît au bord des chemins et des lieux pierreux. On la regarde comme un puissant antivermifuge et antispasmodique.

Tussilage (Pas-d'âne).

R. traçante, d'où s'élèvent des tiges simples, hautes de 8 à 16 cent., cotonneuses, garnies d'écailles rougeâtres, portant chacune une seule fleur assez grande, radiée; — FE. radicales, naissant après les fleurs, pétiolées, arrondies, cordiformes, dentées, vertes en dessus, blanches et cotonneuses en dessous; — F. jaunes. (*Vivace.*)   *Même famille.*

Fleurit en mars-avril. — Croît dans les terres argileuses, un peu humides.

U. Ses fleurs sont pectorales, toniques, béchiques; on employait autrefois le suc de ses racines et de ses feuilles dans les maladies scrofuleuses, mais aujourd'hui il est inusité.

La CENTAURÉE CHAUSSE-TRAPPE, connue sous le nom de *Chardon bénit,* qui croît dans les lieux secs, stériles, pierreux; la CENTAURÉE JACÉE, la GRANDE CENTAURÉE, communes dans les prés, les buissons, sont regardées comme toniques, anti-vermifuges et appartiennent à la *syngénésie-polygamie frus-tranée.*

Le SOUCI DES CHAMPS est rangé dans la *syngénésie-polygamie nécessaire.*

Balsamite ou Menthe-Coq.

Famille des synanthérées. R. fibreuse, longue; — T. 50 à 60 cent., velue, rameuse, blanchâtre; — FE. dentées, ovales, les inférieures pétiolées, celles du sommet sessiles; — F. jaunes, petites, en corymbe terminal, composées, flosculeuses; — CA. en involucre, écailles aiguës, imbriquées. (*Vivace.*)

Fleurit en été. — Croît dans le midi; on cultive la plante dans les jardins à cause de son odeur agréable.

U. *Les sommités fleuries, les semences et les feuilles.* Elle est stomachique, vermifuge. Les sommités fleuries et la semence peuvent être administrées comme vermifuges.

Jadis on préparait l'*huile de Baume,* très-employée dans les plaies et contusions, en faisant digérer les feuilles de cette plante dans l'huile d'olive.

Arnique (Bétoine des montagnes).

Même famille. R. menue, fibreuse, noirâtre en dehors, blanche en dedans; — T. simple, pubescente, 30 cent.; — FE. sessiles, ovales, formant une rosette à la base de la tige; — Involucre, composé de plusieurs folioles égales; — Fruits allongés, surmontés d'une aigrette plumeuse. (*Vivace.*)

Fleurit en été. — Elle se plait sur les lieux élevés, froids, ombragés, dans les Vosges, les Alpes, etc.

U. Les *feuilles,* les *fleurs* et les *racines.* Cette plante très-énergique s'emploie dans les rhumatismes, les paralysies, les fièvres typhoïdes avec prostration. Mais il n'appartient qu'à une main habile et prudente de l'administrer.

D. et M. D'ADM. Fleurs en poudre 50 cent., même à 2 gram. progressivement. — *Décoction* et *infusion* de 8 à 30 gram. pour 1 litre d'eau.

GYNANDRIE.

CLASSE XX.

GYNANDRIE. — DIANDRIE.

Orchis mâle (Salep).

Tubercules radicaux, ovales, entiers, au nombre de deux; — T. de 25 à 40 cent., un peu rougeâtre en haut; — Fe. oblongues, lancéolées, glabres, souvent tachées;—F. purpurines, grandes, à épi lâche et allongé, tablier très-prononcé, à 3 lobes qui en forment 4, parce que celui du milieu est fortement échancré, éperon obtus. (*Vivace.*)

Fleurit en mai-juin. — Croît dans les prés et dans les pâturages des bois.

U. Les *tubercules* connus sous le nom de *salep* donnent une fécule excellente pour les estomacs délabrés. Dans les temps de disette ils pourraient offrir de grandes ressources à la classe pauvre.

Famille des orchidées.

MONOECIE.

CLASSE XXI.

MONOECIE. — PENTANDRIE.

Arum (Pied-de-veau, Gouet).

R. tubéreuse, charnue; — T. 25 à 50 cent.; — dressée, simple, nue, glabre; — Fe. radicales, portées sur de longs pétioles, grandes, en forme de flèche; tachetées d'un pourpre noirâtre; — F. d'un vert pâle, enveloppées dans une spathe monophylle, ventrue, fleurs mâles et femelles au bas d'un chaton jaune ou pourpre; baies d'un beau rouge à la maturité. (*Vivace.*)

Fleurit au printemps. — Dans les bois et lieux ombragés.

U. *Racine et feuilles.* Plante longtemps abandonnée mais que plusieurs médecins emploient aujourd'hui dans l'asthme humide, la cachexie, l'hydropisie. Sa racine est purgative, diurétique; fraîche elle produit sur la langue une saveur brûlante qu'on ne peut dissiper qu'avec de l'huile douce ou de l'oseille. Si on soumet la racine à des ébullitions répétées, ou à la torréfaction, il ne reste plus rien de son acrimonie, surtout si elle est vieille; elle donne une fécule blanche nourrissante.

Famille des aroïdées.

D. et M. d'adm. 2 ou 3 gram. de sa racine en poudre dans de la tisane d'orge. — Un mélange d'oseille et de feuilles d'arum cuites sous la cendre dans une feuille de chou, mélangées ensuite avec du saindoux, est un excellent onguent maturatif sur les abcès froids, tumeurs scrofuleuses. Les feuilles fraîches et la racine récente deviennent un rubéfiant et vésicant énergiques.

Le NOYER, même classe, est originaire de Perse et acclimaté dans nos contrées. Cet arbre précieux est trop connu pour en donner la description.

U. *Feuilles, brou, écorce, fleurs.* D'après un célèbre mémoire de M. le docteur Négrier, d'Angers, il a été reconnu que les feuilles de *noyer* produisaient les effets les plus étonnants dans le traitement des scrofules ; — Engorgements non ulcérés ; — Ophtalmies scrofuleuses ; — Engorgements avec abcès ; — Gonflements et carie scrofuleux des os et des articulations.

La guérison est plus ou moins longue, selon que le mal est plus ou moins ancien, plus ou moins étendu et que le sujet est aussi plus ou moins bien constitué. Cet habile docteur prescrit les feuilles sèches ou vertes en infusion édulcorée de 15 à 20 gram. pour un litre d'eau, 2 à 3 tasses par jour. — Il emploie la décoction des feuilles pour les lotions et injections. Il prépare pour les ophtalmies scrofuleuses un collyre composé de 192 gram. de décoction de feuilles de noyer, d'un gram. de belladone et d'un gram. de laudanum de Rousseau.

On emploie les feuilles fraîches ou sèches en décoction pour bains, lotions, injections, fumigations, cataplasmes, gargarismes, pansements, etc. Les *brous* de noix servent encore en décoction, 50 à 60 gram. pour un litre d'eau. On fait avec les feuilles des sirops, pilules, etc.

Famille des conifères.

PIN, SAPIN, MÉLÈZE. Ces divers arbres se rencontrent aujourd'hui partout, inutile de les décrire, ils appartiennent à la classe *Monœcie-Monadelphie.*

U. Les jeunes pousses ou sommités de pin et de sapin, en décoction, sont antiscorbutiques, diurétiques ; elles conviennent dans les rhumatismes, dartres, mauvais rhumes, la phthisie, les affections scrofuleuses, en infusion dans le vin, la bière, le lait, l'eau.

Térébenthine. On tire de ces arbres la thérébenthine en faisant au tronc des pins et des sapins des entailles de trois pouces de large et d'un pouce environ de profondeur ; on reçoit dans des vases le suc qui s'écoule de ces plaies, puis on le purifie en le faisant chauffer au feu ou au soleil et en le passant à travers un filtre de paille. On emploie avec avantage la térébenthine dans la dernière période des catarrhes chroniques de la vessie, également dans les catarrhes pulmonaires chroniques pour faciliter l'expectoration. On en retire de bons effets dans les diarrhées muqueuses, dans les cas de goutte, de rhumatisme, de phthisie. On s'en sert à l'extérieur pour aviver les plaies, les ulcères ; elle entre dans la composition d'un grand nombre d'onguents et d'emplâtres irritants.

D. et Mod. d'adm. *Intérieur*. En émulsion, pilules ; — Térébenthine de Venise de 50 cent. à 25 grammes.

Extérieur, de 5 à 30 grammes ; en lavement, liniment, emplâtre.

Essence de térébenthine. On retire de la térébenthine une essence ou *huile essentielle*. M. Récamier et beaucoup d'autres praticiens ont employé cette substance en petites doses, avec beaucoup de succès dans le traitement des névralgies, dans la sciatique, le tic douloureux.

A l'extérieur, on l'emploie comme excitant dans les névralgies, le lumbago, les tumeurs froides, les ulcères chroniques, la pourriture d'hôpital ; des médecins la préfèrent comme rubéfiant à la pommade stibiée et à l'huile de croton.

D. et M. d'adm. *Intérieur ;* comme stimulant en général 10 à 20 gouttes dans du miel ou une émulsion ; comme antinévralgique de 2 à 10 gram. en plusieurs doses avec miel ou dans une émulsion. — *A l'extérieur*, en lotions, frictions, topiques de 15 à 30 grammes.

Poix de Bourgogne. La poix de Bourgogne n'est autre chose que de la térébenthine desséchée sur l'arbre par le contact de l'air ; s'emploie étendue sur de la peau comme détersif dans les douleurs vagues, etc.

Goudron. Le goudron est un produit impur que l'on retire du tronc des sapins, pins, mélèzes, qui ont été épuisés par des incisions et que l'on brûle lentement dans un four. L'eau de goudron que l'on prend à la dose de 500 gram., par verrées le matin à jeun, seule ou sucrée, ou mélangée avec du lait, du vin, excite l'appétit, accélère la digestion, augmente le cours des urines. Les médecins la prescrivent dans le scorbut, l'asthme, la cachexie, la phthisie pulmonaire. Elle s'emploie aussi en injections dans les ulcères scrofuleux, les conduits fistuleux à suppuration abondante, etc.

MONOECIE. — POLYANDRIE.

Chêne.

Famille
des amentacées.

Arbre; — fleurs mâles, chatons grêles, pendants, écaille caliciforme, plane, lobée, 6, 8, 10 étamines insérées à son centre; — fleurs femelles, 3 stigmates, involucre uniflore, formées d'écailles imbriquées; le fruit est un gland entouré d'une capsule écailleuse. (*Ligneux.*)

Fleurit en mai.

U. *Écorce.* Son écorce est un des astringents les plus énergiques, aussi faut-il l'administrer à l'intérieur avec ménagement. Il convient de l'employer dans certaines dyssenteries, diarrhées rebelles, hémorragies passives, leucorrhées et autres écoulements. A trop hautes doses ou donnée trop souvent, elle fatigue l'estomac. On s'en sert à l'extérieur en lotions et gargarismes.

D. et M. D'AD. *Décoction,* de 8 à 16 grammes pour un litre d'eau.

MONOECIE. — SYNGÉNÉSIE.

Bryone.

Famille des
cucurbitacées.

R. fusiforme, souvent très-grosse; — T. de 2 à 3 mètres, herbacée, grimpante, rameuse; — Fe. alternes, échancrées, en cœur, divisées en 5 lobes; — F. mâles solitaires; — Ca. à 5 dents aiguës; — Co. 5 divisions, 5 étamines, 4 réunies deux à deux par les filaments et les anthères; — F. femelles solitaires; — Ca. et Co. idem, style trifide; — Fruit petit, globuleux; — Fleurs d'un blanc verdâtre, en grappes. (*Vivace.*)

Fleurit en juin-juillet. — Croît dans les haies.

U. *Racine.* A l'extérieur, sa racine fraîche y produit une rubéfaction très-forte, comme à l'intérieur elle peut produire de très-fâcheux résultats; il vaut mieux s'en abstenir.

DIOECIE.

CLASSE XXII.

Le SAULE BLANC, très-commun au bord des ruisseaux et des rivières (*diœcie-diandrie*), est vanté à juste titre pour son écorce astringente et fébrifuge.

Le HOUBLON (*diœcie-pentandrie*). Ses *fruits* et ses *sommités* s'emploient journellement avec avantage comme fortifiants pour remédier aux voies digestives, dans les affections scrofuleuses, le carreau, le rachitisme, certaines maladies de la peau, etc.

Le PEUPLIER NOIR, de la classe *diœcie-octandrie*, donne des bourgeons oblongs, pointus, d'un vert-jaunâtre et enduits d'une matière résineuse, d'une odeur aromatique. Ces bourgeons sont employés pour préparer l'*onguent populeum*.

Famille des amentacées.

Bourgeons de peupliers,	125 grammes.
Feuilles fraîches de pavot,	
— de belladone,	de chacune
— de jusquiame noire,	32 grammes.
— de morelle noire,	
Axonge,	375 grammes.

La MERCURIALE ou *foirolle* (*diœcie-ennéandrie*) jouit de propriétés émollientes et laxatives. Peu employée à l'intérieur. On prépare des cataplasmes avec son herbe bouillie.

On connaît *le miel de mercuriale* qui s'emploie à la dose de 60 à 100 grammes pour un *lavement*, (suc de mercuriale et miel parties égales.)

Sirop de *mercuriale* ou de *longue vie*.

Suc de mercuriale,	32 grammes.
— de bourrache,	8 —
— de buglosse,	de chaque.
— d'Iris des marais,	2 grammes.
Gentiane,	une partie de
Séné,	chaque.
Miel,	48 parties.
Vin blanc,	12 —

On le prend à la dose de 10 à 50 grammes.

GÉNÉVRIER (*diœcie-monadelphie*). Les baies s'emploient avec avantage dans le scorbut, les hydropisies, dans les aménorrhées, dans les faiblesses d'estomac. Leur vapeur soulage dans les douleurs de la goutte et autres semblables.

Infusion de 15 à 30 grammes pour un litre d'eau.

POLYGAMIE.

CLASSE XXIII.

POLYGAMIE. — MONOECIE.

Pariétaire officinale.

Famille
des urticées.

R. chevelue, rougeâtre; — T. de 15 à 33 centim. étalée, rameuse, cylindrique, un peu redressée, pubescente; — FE. ovales, alternes, allongées, pétiolées, pubescentes, luisantes en dessus; — F. blanchâtres, petites, réunies par trois dans une espèce d'involucre composé de plusieurs folioles, périgone ou calice à 4 divisions; étamines élastiques quand on les touche; anthères laineuses, blanches. (*Vivace.*)

Fleurit de juin à septembre. — Croît ordinairement dans les fentes des vieux murs et dans les ruines.

U. *Toute la plante.* Elle jouit de propriétés diurétiques; elle est émolliente, rafraîchissante. On l'emploie dans les affections inflammatoires des voies urinaires. *Décoction* une poignée pour un litre d'eau.

Le FIGUIER (*polygamie triœcie*). Justement vanté pour son fruit béchique, adoucissant, pectoral. Croît dans le midi.

POLYGAMIE. — DIOECIE.

Le Frêne.

Famille
des jasminées.

Fleurs mâles rares, le plus souvent hermaphrodites, fleurs femelles semblables; aussi quelques botanistes placent cet arbre dans la 2e classe, *diandrie-monogynie.*

U. *Les feuilles.* M. le docteur de Laruc de Bagerac emploie avec succès la feuille de frêne plutôt sèche que verte, contre la goutte et les rhumatismes; voici sa méthode: ramassée vers la fin de juin et convenablement séchée, 10 à 20 gram. en décoction pour 200 gram. d'eau, à prendre après l'avoir ou non sucrée et aromatisée, par tasse à thé toutes les trois heures, ou seulement le matin à jeun, et le soir après la digestion du dernier repas suivant l'intensité de l'affection. — En lavements *fractionnés* au nombre de 2-5 par jour, ayant pour base la même formule que la tisane. — Appliquée et maintenue pendant quelques heures sur les points douloureux, d'autres fois sur tout le corps, le visage excepté; chaque fois on doit la faire chauffer un peu dans une étuve quelconque.

MODE D'ADMINISTRATION de MM. les docteurs Pouget et Peyraud. On fait infuser pendant trois heures dans deux tasses d'eau bouillante, une prise de poudre de feuilles de frêne, qu'on passe et qu'on édulcore à volonté.

Dans le cas de goutte aiguë et au commencement surtout de l'attaque, avec ou sans fièvre, on doit faire infuser deux prises dans trois tasses d'eau que l'on prendra, l'une le soir au moment de se coucher, l'autre le matin au lit ou en se levant, et la troisième au milieu de la journée entre deux repas. On doit continuer cette médication pendant huit jours, après la disparition des symptômes, à la dose seulement d'une seule prise de poudre pour deux tasses d'infusion.

Dans la goutte chronique on peut se contenter de deux tasses par jour, une le matin et l'autre le soir; mais le traitement doit être continué pendant longtemps.

En ayant recours à ce même mode de médication, pendant 8-10 jours, les attaques peuvent être éloignées plus ou moins indéfiniment. Mêmes résultats pour les rhumatismes chroniques, articulaires, musculaires, nerveux. Pendant la médication il est inutile de rien changer au mode de vivre, ni de s'assujettir à aucun régime particulier si ce n'est à celui d'une sage hygiène.

CRYPTOGAMIE.

CLASSE XXIV.

On range ordinairement dans cette classe :

La MOUSSE DE CORSE, connue comme vermifuge.

La FOUGÈRE MALE, dont la racine est si recommandée contre les vers, et surtout le ver solitaire.

La CORALLINE DE CORSE jouissant des mêmes vertus que la précédente.

Le LICHEN D'ISLANDE, si employé dans les affections de la poitrine et des poumons.

La SCOLOPENDRE ou *langue de cerf*, le CAPILLAIRE, qui croît dans les puits, dans les murailles humides, préconisés dans les catarrhes, les crachements de sang, etc.

Noms de quelques plantes étrangères usitées en Médecine.

Les JUJUBES, les DATTES sont connues par leurs propriétés émollientes.

Le TAMARIN est classé dans les tempérants, laxatifs.

Les écorces de QUINQUINA, de QUASSIA AMARA, de QUASSIA SIMAROUBA appartiennent aux toniques amers, fébrifuges.

Le CACHOU, le RATANHIA, font partie des toniques astringents, le BENJOIN est expectorant et excitant ainsi que les *baumes de Tolu et de la Mecque.*

L'ALOÈS SUCCOTRIN, la SCAMMONÉE, le JALAP sont d'excellents purgatifs ainsi que la racine de TURBITH.

L'IPÉCACUANHA est un très-bon vomitif.

La SALSEPAREILLE est un excellent dépuratif.

La SQUINE, le SASSAFRAS, le GAYAC sont sudorifiques.

Le CAMPHRE est sédatif.

La GOMME est la base d'un grand nombre de préparations et surtout de pâtes adoucissantes.

OBSERVATION IMPORTANTE.

En général la plupart des remèdes indiqués dans ce cours de botanique, pour les diverses maladies qui affligent l'humanité, peuvent convenir aux animaux domestiques. Seulement il faut savoir proportionner les doses à leur force, à leur grandeur à leur âge. Voici quelques-unes des plantes ou des parties de plantes les plus usitées :

Ecorces de chêne, — racine de gentiane, — baies de genévrier, — racine d'angélique, — de valériane, — de jalap, — écorce de quinquina, — de quassia amara, — de simarouba, — l'aloës, — la rhubarbe, — la centaurée, — la tanaisie, — le trèfle d'eau, — l'absynthe, — l'arnica, — l'assa-fétida, — l'aunée, — la rue, — le raifort, — la camomille, — l'euphorbe, — la lavande, — l'orpiment, — la racine de turbith, — les feuilles et les fleurs d'oranger, — la guimauve, — l'acacia qui fournit la gomme, — le pavot dont on retire l'opium, — le camphre, — la digitale, — l'ipécacuanha, — les graines de lin et de moutarde, — la réglisse, — le safran, — la salsepareille, — la térébenthine.

CHAPITRE DOUZIÈME.

ÉPOQUES OU IL CONVIENT DE RÉCOLTER & DE CUEILLIR LES SUBSTANCES VÉGÉTALES.

Le moment de la récolte des végétaux a paru si important que la plupart des auteurs des pharmacopées en ont dressé un tableau indicatif pour chaque mois de l'année ; nous croyons devoir faire de même.

JANVIER. — Dans ce mois il ne se récolte aucune plante médicinale.

FÉVRIER. — Il en est de même pour ce mois. Cependant si l'hiver est doux, la floraison des violettes peut être avancée ; alors il convient de les cueillir dans ce mois.

MARS. — Dans ce mois la végétation commence à être active, on doit alors cueillir :

Les bourgeons de peuplier.	Les fleurs de pêcher.	Les fleurs de tussilage.
Les fleurs de violettes.	— d'amandier.	Le safran.

On doit encore cueillir quelques racines mucilagineuses, parce que c'est au printemps que le mucilage s'y trouve en plus grande abondance. Ces racines sont :

Celles de guimauve.	Celles de pivoine.

AVRIL. — Dans ce mois s'offrent à nos regards :

Les fleurs de roses.	Les fleurs de pied-de-chat.
— d'ortie blanche.	— de narcisse des prés.

Il convient de les cueillir à cette époque.

23

MAI. — On doit cueillir dans ce mois :

Les feuilles de ciguë.	Les feuill. de chicorée sauv^{ge}	Les fleurs de pensée
— d'absinthe.	— de cochléaria.	sauvage.
— de pulmonaire.	Le beccabunga.	Les fl^{rs} de muguet.
— de lierre terrestre.	Le cresson.	L'écorce de sureau.

JUIN. — On fait la récolte :

Du romarin.	Des feuilles d'ache.	Des fleurs de bourrache
Du thym.	— d'azarum.	— de buglosse.
Du fenouil.	— d'aconit.	— de camomille.
Du petit chêne.	— de bétoine.	— de coquelicot.
Du chardon bénit.	— d'angélique.	— de genêt.
De la sauge.	d'hypéricum.	— de rose.
De divers capillaires.	de petite centaurée	— de souci.
Des feuilles de menthe.	de calament.	— de sureau.
— de jusquiame.	d'origan.	— de bouillon blanc.
— de digitale pour-	de marjolaine.	— de lis.
prée.	de mélilot.	— d'oranger.
— de laitue vireuse.	de basilic.	

(Col. centrale, accolade : *Des sommit. fleuries*)

Les fruits, tels que :

Cerises.	Framboises.	Petites noix.
Mérises.	Groseilles.	L'écorce de garou.

JUILLET. — On peut cueillir dans ce mois :

Les feuilles d'acanthe.	Les fleurs de tilleul.	Capsules du pavot blanc
— de mauve.	— de mauve.	Les noix vertes.
— de mélisse.	— de gr^{de} chélidoine	Les feuill. d'angélique.
— de nicotiane.	— de mandragore.	— diverses menthes.
Les sommit. fleuries de	— du bon Henri.	Semences de psyllium.
caille-lait.	— de coquelicot.	Baies d'épine-vinette.
— de mille-feuilles.	— de verge d'or.	La moutarde.

AOUT. — Ce mois offre à cueillir :

La turquette.	Les feuill. de ménianthe	Les fleurs de grenadier
La scolopendre.	— de morelle.	— de guimauve.
Les feuill. d'azarum ou	— de stramonium.	— de houblon.
cabaret.	— de belladone.	— de nymphéa.
— de belle-de-nuit.	Les fleurs de stéchas.	Toute la plante de la
— de houblon.	— de bouillon blanc.	spirée ulmaire.

Les fruits, tels que :

Les jujubes.	Les citrouilles.	Les mûres.
Les concombres.	Les melons.	

Les fruits ou semences :

De carvi.	De coriandre.	La graine de lin.
D'anis.	Les baies d'hièble.	L'écorce de garou.
De fenouil.	— de sureau.	

Septembre. Dans ce mois on peut faire la récolte :

des feuill. de mercuriale	Des racines de patience	Des racines de valé-
— d'oranger.	— de persil.	riane (grande).
Des baies d'alkékenge.	— de petit houx.	— valériane (petite).
Des racines d'ache.	— de polypode de	— d'orchis.
— d'angélique.	chêne.	— d'arrête-bœuf.
— d'asperges.	— de réglisse.	— de canne.
— de chicorée.	— d'énula campana.	Des baies d'alkékenge.
— de chiendent.	— de gentiane.	Des fruits de cynorrho-
— de nymphéa.	— de raifort sauvage.	dons.

Octobre. Dans ce mois on fera la récolte des substances végétales suivantes :

Fruits : raisins.	Ecorces de saule.	Racines de cynoglosse.
— coings.	— marronn^{er}d'Inde.	— de fraisier.
— oranges vertes.	— d'orme pyramidal.	— de garance.
— noix.	— d'hièble.	— de rapontic.
Baies de genièvre.	— de racine de gre-	— de rhubarbe.
— de nerprun.	nadier.	Bulbes de colchique.
Semences de pivoine.	Racines de bardane.	— de scille.
— de ricin.	— de bryone.	Gui de chêne.
Ecorces de chêne.	— de consoude.	Noix de galle.

Novembre. Se récoltent dans ce mois.

Les racines de carottes.	Les lichens.
— de betteraves.	Les champignons.

Décembre. On récolte dans ce mois les mêmes substances végétales.

Nota. Si les saisons ont été dérangées et que le temps n'ait pas été favorable à la végétation, on récoltera dans les mois suivants ce que l'on n'aura pu recueillir à l'époque indiquée.

CALENDRIER DE FLORE

ou Indication des mois de l'année par la floraison de quelques
plantes.

JANVIER.
- L'hellébore noir.
- Le perce-neige.

FÉVRIER.
- L'aune.
- Le saule Marceau.
- Le noisetier.
- Le bois-gentil.

MARS.
- Le cornouiller mâle.
- Le pêcher.
- L'abricotier.
- La giroflée jaune
- La primevère.
- La renoncule ficaire.

AVRIL.
- Le prunier.
- La tulipe précoce.
- Le pissenlit.
- La jacinthe.
- La petite pervenche.
- L'impériale.
- L'ortie blanche.

MAI.
- Le pommier.
- Le lilas.
- Le cerisier.
- La pivoine.
- Le muguet.
- Le fraisier.
- Les iris.
- L'épine-vinette.
- Le marronnier d'Inde.

JUIN.
- Les sauges.
- Le coquelicot.
- Le tilleul.
- La vigne.
- Le cresson de fontaine.
- Les digitales.
- Le pied-d'alouette.
- Le bleuet.

JUILLET.
- L'hysope.
- Les menthes.
- La carotte.
- Les œillets.
- La petite centaurée.
- La salicaire.
- Les inules.

AOUT.
- La scabieuse.
- La gratiole.
- Le laurier thym.
- Les asters.
- La balsamine.

SEPTEMBRE.
- Le lierre.
- Le colchique.
- Le safran.
- L'œillet d'Inde.
- L'amaryllis jaune.

OCTOBRE.
- L'asther à grandes fleurs.
- Le topinambour.
- L'asther miser.
- L'anthémis à grandes fleurs.

NOVEMBRE, DÉCEMBRE.
- La nature est dans l'assoupissement.

HORLOGE DE FLORE

ou Tableau de certaines Fleurs qui, en s'épanouissant ou se fermant, peuvent indiquer les heures de la journée.

Succession des heures en commençant par 1 heure du matin.	NOMS DES PLANTES à observer.	HEURES DU LEVER ou de l'épanouissement des Fleurs.	HEURES du coucher des Fleurs ou heures auxquelles elles se ferment.
MATIN			
1ʰ	Barbe de bouc........	De 1 à 3 h. matin	
2	Picridium tintigitum...	De 2 à 4 h. matin	
3	Salsifis jaune.........	De 3 à 4 h. matin	
4	Lis jaune............	4 h. du matin	
"	Picride. — Vipérine...	*Id.*	
5	Pavot à tige nue.....	5 h. du matin	
"	Laiteron lisse	*Id.*	
"	Crépide des Alpes....	*Id.*	
6	Nénuphar blanc......	6 h. du matin	
"	Epervière pulmonaire..	*Id.*	
"	Laiteron des marais...	*Id.*	
7	Souci des champs....	7 h. du matin	
"	Laitue d'usage.......	*Id.*	
"	Anthéric blanc.......	*Id.*	
8	Epervière piloselle....	8 h. du matin	
"	OEillet prolifère......	*Id.*	
"	Laitue de Scandinavie..	*Id.*	
9	Mauve.............	9 h. du matin	
"	Mouron rouge.......	*Id.*	
"	Mouron bleu........		
10	Scorsonnère........		10 h. du matin
"	Laitue d'usage.......		*Id.*
"	Pourpier des jardins...	10 h. du mat.	
11	Laiteron des champs..		11 h. du matin
"	Pourpier des jardins...		*Id.*
"	Laiteron rampant.....		*Id.*
Midi.	Laiteron lisse		Midi.
"	Barbe de bouc.......		*Id.*
"	Porcelle de Condrille ..		*Id.*

23*

Succession des heures depuis 1 heure après midi.	NOMS DES PLANTES à observer.	HEURES DU LEVER ou de l'épanouissement des Fleurs.	HEURES du coucher des Fleurs ou heures auxquelles elles se ferment.
SOIR.			
1ʰ	Mauve.............		1 h. après midi
"	OEillet prolifère......		*Id.*
2	Epervière piloselle....		2 heures.
"	Epervière pulmonaire..		*Id.*
3	Souci des champs.....		3 heures.
"	Anthérie blanc.......		*Id.*
4	Nénuphar blanc......		4 heures.
"	Porcelle des prés.....		*Id.*
5	Epervière des marais...		5 heures.
"	Epervière des Savoyards		*Id.*
6	Pavot à tige nue......		6 heures.
7	Géranium triste......	7 h. du soir.	
8	Belle de nuit........	8 h. du soir.	
9	Siléné noctiflore......	De 9 à 10 h. soir.	
10	Cactus à grandes fleurs.	De 9 à 10 h. soir.	

De 11 heures à minuit la nature se repose.

Ainsi, dit Michaud, dans le *Printemps d'un proscrit :*

..... Dans les champs voisins, les fleurs épanouies,
Aux rayons du matin, à la chaleur du jour,
Fermant leur sein humide et l'ouvrant tour à tour,
Ont mesuré la marche et l'emploi des journées,
Et compté du printemps les heures fortunées.

TABLE DE QUELQUES MALADIES

LES PLANTES MÉDICINALES INDIGÈNES

Sont indiquées par la Science [1].

Abcès froids. — Arum (pied-de-veau). — Genét. — Sapin.

Aménorrhée. — Absinthe. — Armoise. — Aunée. — Camomille romaine. — Génévrier. — Hysope. — Marrube blanc. — Menthe. — Mille pertuis. — Romarin. — Safran. — Serpolet. — Thym. — Ményanthe. — Trèfle d'eau, etc.

Angine (mal de gorge). — Guimauve. — Noyer. — Moutarde. — Ortie. — Romarin. — Sauge. — Sumac. — Vigne. — Tormentille. — Ronces, etc.

Asthme. — Arnique. — Bétoine des montagnes. — Bistorte. — Belladone. — Carotte. — Digitale. — Douce amère. — Génévrier. — Iris des jardins. — Lavande. — Marrube blanc. — Mélisse. — Menthe. — Ményanthe. — Narcisse des prés. — Navet. — Raifort. — Romarin. — Safran. — Saponaire. — Valériane. — Violette.

Atonie. — *Faiblesse de l'estomac.* — Angélique. — Aulnée. — Camomille romaine. — Carvi. — Chicorée sauvage. — Coriandre. — Cresson de fontaine. — Hysope. — Menthe. — Sauge. — Chéne, café de glands.

Brûlure. — Citrouille. — Groseiller. — Lin. — Lys. — Oignon. — Peuplier. — Safran. — Tilleul.

Cachexie. — *Mauvaise constitution.* — Cresson. —

---

[1] M. Gazin, médecin à Boulogne, dans son *Traité des Plantes médicinales indigènes,* ouvrage couronné, indique environ 450 maladies ou souffrances que ces plantes peuvent soulager ou guérir.

Un Dictionnaire botanique, imprimé à Rouen en 1786, en désigne environ 500.

Pour nous, nous avons cru qu'il suffisait d'indiquer seulement les principales maladies et les principales plantes.

Cochléaria. — Frêne. — Génévrier. — Gratiole. — Houblon.
— Marrube blanc. — Ményanthe. — Raifort. — Saponaire.
— Sauge.

Cancer. — Belladone. —
Ciguë. — Douce amère. —
Pavot. — Stramoine. — Mous-
se de Corse. — Carotte.

Catarrhe pulmonaire. —
Ache. — Arnique. — Avoine.
— Aunée. — Bardane. — Bouil-
lon-blanc. — Bourrache. —
Chou-rouge. — Coquelicot. —
Cochléaria. — Guimauve. —
Lichen. — Lierre-terrestre. —
Marrube blanc. — Mélisse. —
Narcisse des prés. — Navet. —
Pulmonaire de chêne. — Ré-
glisse. — Salep français ou Or-
chis. — Saponaire. — Sauge. —
Sureau. — Serpolet. — Vio-
lette.

Catarrhe de la vessie. —
Chanvre. — Génévrier. — Oi-
gnon. — Belladone. — Lin. —
Pin. — Sapin.

Chorée, danse de St.-Gui.
— Stramoine. — Belladone. —
Valériane. — Narcisse des
prés.

Clous. — Lys. — Oignon. —
Tormentille.

Constipation. — Mercuriale. — Moutarde blanche. —
Ricin. — Seigle. — Sureau.

Contusions. — Ache. — Arnique. — Menthe. — Morelle.
— Persil. — Sauge. — Vigne.

Convulsions. — Arnique. —
Douce-amère. — Jusquiame.
— Narcisse des prés. — Valé-
riane.

Coqueluche. — Belladone.
— Coquelicot. — Menthe. —
Navet. — Serpolet. — Violette.

Croûte de lait. — Bardane.
— Chou. — Fumeterre. —
Mercuriale. — Pensée sauvage.

Dartres. Bardane. — Douce-amère. — Fumeterre. —
Ellébore. — Patience aquatique. — Pensée sauvage. —
Saponaire.

Diarrhée. — Dyssenterie.
— Aunée. — Bistorte. — Bouil-
lon-blanc. — Chêne. — Coignassier. — Eglantier. — Froment. — Gentiane. — Gui-
mauve. — Lin. — Narcisse des
prés. — Pavot. — Pomme de
terre. — Prunellier. — Renouée. — Ronce. — Sanicle. —
Sauge. — Tilleul. — Tormentille. — Vigne.

Erysipèle. — Cerfeuil. —
Laitue. — Sureau.

Fièvres : 1. **intermittente.**
— Absynthe. — Ail. — Asaret.
— Bistorte. — Camomille ro-
maine. — Petite centaurée. —
Chêne. — Chicorée amère. —
Génévrier. — Gentiane. —
Germandrée. — Houblon. —
Sauge. — Saule blanc. —
Vigne.

2. **Muqueuses.** — Camo-
mille romaine. — Chicorée
amère. — Génévrier. — Mou-

larde. — Pissenlit. — Citronnier.

3. **Putrides.** — Les mêmes.
— Groseiller.

4. **Typhoïdes.** — Menthe
poivrée. — Moutarde. — Oli-
vier. — Romarin. — Sauge. —
Vigne. — Oranger.

Flatuosités. — Coriandre.
— Gentiane. — Impératoire. —
Mélisse. — Menthe. — Mou-
tarde. — Serpolet. — Thym.
— Oranger.

Gangrène. — Absynthe. —
Camomille romaine. — Chêne.
— Persicaire brûlante. — Ger-
mandrée. — Gentiane.

Gâle. — Fusain. — Menthe.
Tabac. — Clématite.

Gerçures au sein. — Grande
consoude. — Lys. — Safran.

Goutte. — Bardane. — Fraisier. — Genêt à balai. — Ményanthe. — Moutarde. — Raifort. — Sauge. — Frêne. —
Colchique. — Tabac.

Gravelle. — Genêt à balai.
— Persicaire brûlante. — Gé-
névrier. — Raifort. — Fraisier.
— Asperge. — Seigle ergoté.
— Cresson des fontaines.

Hémoptysie. — Crache-
ment de sang. — Coignassier.
— Lin. — Ortie. — Renouée.
— Sanicle. — Sauge.

Hémorragies. — Bistorte.
— Chêne. — Fraisier. — Quin-
tefeuille. — Lin. — Rosier.
— Serpolet. — Vigne.

Hémorrhoïdes. — Bella-
done. — Morelle. — Stra-
moine. — Bouillon blanc. —
Guimauve.

Hoquet. — Menthe. — Va-
lériane.

Hydropisie. — Alleluia. —
Arum. — Asperge. — Bryone.
— Groseillier noir. — Cerisier.
— Épine-vinette. — Géné-
vrier. — Gentiane. — Hou-
blon. — Iris. — Lin purgatif.
— Patience. — Raifort. —
Reine des prés. — Sureau.

Hystérie. — Camomille. —
Marrube blanc. — Mélisse. —
Menthe. — Romarin. — Safran.
— Narcisse des prés. — Valé-
riane. — Belladone.

Incontinence d'urine. —
Belladone. — Chêne. — Seigle
ergoté.

Indigestion. — Menthe. —
Tilleul.

Jaunisse. — Alkékenge. —
Asperge. — Douce-amère. —
Épine-vinette. — Fumeterre.
— Gentiane. — Marrube blanc.
— Patience. — Pissenlit. —
Safran. — Sureau. — Airelle.

Migraine. — Belladone. —
Mélisse. — Tilleul.

Névralgie. — Belladone. —
Ciguë. — Ellébore. — Jus-
quiame. — Morelle. — Colchique.

OEdême. — Tumeur blan-
che. — Genêt à balai. — Gentiane. — Romarin. — Rosier.
— Sauge. — Sureau.

Ophtalmie.—Belladone.—Laitue.—Pommier.—Pavot.—Plantain. — Souci. — Stramoine. — Citronnier.

Palpitations du cœur. —Belladone. — Digitale. — Mélisse. — Valériane. — Citronnier. — Oranger.

Panaris.—Lys.— Morelle. — Oignon. — Belladone.

Paralysie. — Aconit. — Cochléaria. — Germandrée aquatique. — Jusquiame.— Mélisse.—Moutarde noire.— Piment des jardins. — Coquelourde.— Romarin. — Sauge. — Valériane. — Impératoire.

Phthisie pulmonaire. — Voyez *Cachexie.*—*Catarrhe.*

Rachitis. — Gentiane. — Houblon. — Serpolet. — Vigne.

Rhumatisme. — Voyez *Goutte.*

Rougeole.— Bourrache. — Figuier. — Sureau. — Vigne.

Scorbut.—Les cressons.— Génévrier. — Houblon. — Moutarde. — Ményanthe. — Oseille. — Patience.— Pissenlit. — Pomme de terre. — Vélar. — Vigne.

Scrofules. — Aunée.— Ciguë. — Les cressons. — Gentiane. — Houblon. — Marrube blanc.—Ményanthe.—Noyer. —Orge.—Pensée sauvage. — Romarin.—Serpolet.—Souci.

Spasmes.—Safran.—Oranger.

Teigne. — Bardane. — Les cressons.—Génévrier.—Pensée sauvage. — Tabac.

Tic douloureux de la face. —Belladone.— Jusquiame.— Pin. — Sapin.

Ténia. — *Ver solitaire.* — Citrouille.—Fougère mâle.— Grenadier.

Toux. — Digitale. — Guimauve. — Marrube blanc. — Navet.—Chou-rouge.— Pommier. — Mousse de chêne. — Tussilage. — Amandier.

Ulcères : 1. **En général.** — Camomille romaine. — Ciguë. Lierre-terrestre. — Mousse commune.

2. **Cancéreux.** — Carotte. Joubarbe. — Ciguë.

3. **Gangréneux.** — Alliaire. — Fusain. — Sabine. — Tanaisie.

4. **Putrides.** — Avoine. — Carotte. — Ortie. — Citron.

5. **Scrofuleux.** — Alliaire. Arum. — Digitale. — Gentiane.—Ményanthe.—Noyer. — Sauge. — Caille-lait jaune.

Variole. — Bourrache. — Figuier. — Sureau. — Vigne.

Vers. — Fougère mâle. — Citrouille.— Ail. —Houblon. — Ricin. — Tanaisie. — Valériane. — Vigne. — Absynthe.

Vomissements nerveux ou spasmodiques. — Angélique. — Menthe. — Pavot. — Romarin. — Souci. — Valériane. — Vigne. — Citronnier.

TABLEAU DES PLANTES INDIGÈNES

CLASSÉES D'APRÈS LEURS PROPRIÉTÉS MÉDICINALES.

Les hommes de l'art divisent ordinairement les médicaments en douze classes, non que cette classification soit tellement rigoureuse et parfaite qu'on ne puisse élever aucune objection ; mais, telle qu'elle est, elle ne laisse pas que d'être d'une très-grande utilité dans la pratique. Nous suivrons la même marche pour la classification des plantes indigènes médicinales.

1
Plantes toniques astringentes.

La propriété de ces plantes est de resserrer les tissus et de donner du ton, de l'énergie aux organes surtout internes. On les emploie dans les hémorragies, le cours de ventre, les écoulements excessifs.

Aigremoine.	Coignassier.	Ortie.	Ronce.
Airelle.	Grenadier.	Pervenche.	Rosier.
Argentine.	Frêne.	Patience.	Sanicle.
Benoite.	Joubarbe.	Prunellier.	Saule.
Bistorte.	Marronnier d'In-	Quintefeuille.	Tormentille.
Bugle.	de.	Renouée.	Vigne.
Chêne.	Noyer.		

2
Plantes toniques amères.

Ces plantes sont ainsi désignées parce qu'elles renferment un principe amer, et que, soit intérieurement ou extérieurement, elles ont la propriété de fortifier, d'augmenter l'énergie des organes.

Chicorée amère.	Noyer.	Marrube.	Trèfle d'eau.
Fumeterre.	Patience sauva-	Polygala amer.	Houblon.
Gentiane.	ge.	Saponaire.	Epine-vinette.
Houx.	Petite centaurée.		

Les plantes excitantes ou stimulantes passent pour jouir d'une puissance très-considérable pour augmenter immédiatement, mais souvent momentanément, l'énergie des fonctions vitales. Elles agissent tantôt sur tout le système animal, tantôt sur un organe en particulier. Aussi elles se divisent en *excitantes générales* et *excitantes particulières*.

EXCITANTES GÉNÉRALES.

Absynthe.	Bétoine.	Marrube blanc.	Persicaire âcre.
Ache.	Les camomilles.	Mélisse.	Pin.
Acore vraie.	Les cressons.	Mélilot.	Sapin.
Ail.	Germandrée a-	Les menthes.	Raifort.
Alliaire.	quatique.	Mille-feuille.	Les sauges.
Aneth.	Germandrée pe-	Millepertuis.	Sarriette.
Angélique.	tit chêne.	Moutarde.	Serpolet.
Armoise.	Hysope.	Oignon.	Thym.
Arnica.	Impératoire.	Passerage.	Véronique.
Balsamite.	Lavande.	Persil.	Vélar.
Beccabunga.	Lierre-terrestre.		

EXCITANTES PARTICULIÈRES.

Plantes antispasmodiques. — Ces plantes ont la vertu de dissiper les spasmes, de calmer l'agitation, les convulsions, quand l'inflammation du cerveau n'en est pas la cause. Mais de même que pour tous les excitants, leur usage peut être nuisible s'il existe une inflammation de quelque organe important.

Armoise.	Mélisse.	Primevère.	Souci.
Arroche fétide.	Muguet.	Pivoine.	Valériane.

Plantes sudorifiques. — Ces plantes augmentent la transpiration, provoquent les sueurs.

Bardane.	Génévrier.	Les patiences.	Sureau.
Douce-amère.	Houblon.	Saponaire.	Trèfle d'eau.
Fumeterre.			

Plantes expectorantes. — On désigne sous ce nom les plantes qui passent pour avoir la propriété de faire sortir, par des crachats, les humeurs qui se trouvent dans l'intérieur de la poitrine, etc.

Bourrache.	Vélar.	Pouliot.	Bouillon-blanc,
Buglosse.	Hysope.	Les capillaires.	Navet.
Chou-rouge.	Thym.	Les mauves.	Oignon.
Lierre-terrestre.	Serpolet.	Violette.	

Plantes diurétiques. — Ces plantes sont douées de la vertu d'exciter les urines.

Asperge.	Oignon.	Génévrier.	Vigne,
Arrête-bœuf.	Raifort.	Hièble.	Pariétaire.
Ache.	Violette.	Sureau.	Les queues de
Colchique.	Carotte.	Reine des prés,	cerises.
Epine-vinette.	Baies d'alkĕkenge	Houblon.	

Les plantes narcotiques émoussent le sentiment, provoquent le sommeil; à contre-temps ou à fortes doses elles peuvent donner la mort. Il n'appartient qu'à une main sage de les employer.

4
Plantes
narcotiques.

Pavot.	Ciguë.	Laitue vireuse.	Jusquiame.
Tabac.	Belladone.	Stramoine.	Aconit napel.
Digitale.			

Ces plantes excitent les nausées et les vomissements.

5
Plantes
émétiques.

Violette odorante.	Asaret.	Lierre grimpant.
Violette de chien.	Les genêts.	

Et beaucoup d'autres, mais qui présentent certains dangers.

Ces plantes prises intérieurement provoquent des évacuations plus ou moins abondantes.

6
Plantes
purgatives.

Pêcher.	Globulaire turbith.	Colchique.	Bourgène.
Sureau.	Bryone.	Nerprun.	Gratiole.

Ces plantes produisent des évacuations alvines plutôt comme émollientes que comme irritantes.

7
Plantes laxatives.

Mercuriale.	Lin purgatif.	Prunier.	Epinard.

8

Plantes
tempérantes.

Ces plantes ont la vertu de tempérer l'effervescence des humeurs, d'éteindre une chaleur extraordinaire.

Airelle.	Fraisier.	Pommier.	Oseille.
Cerisier.	Groseillier.	Ronce.	Alleluia.
Epine-vinette.	Mûrier.	Vigne.	

9

Plantes
émollientes.

Ces plantes amollissent les tissus avec lesquels elles sont en contact ; elles adoucissent les tumeurs, les duretés et peuvent même les résoudre, etc.

Blé.	Avoine.	Laitue.	Violette.
Pomme de terre.	Chiendent.	Vigne.	Pariétaire.
Seigle.	Guimauve.	Mélilot.	Lin.
Orge.	Grande consoude	Bouillon blanc.	

10

Plantes
rubéfiantes.

Ces plantes, par leurs sucs corrosifs, attirent fortement les humeurs en dehors.

Moutarde.	Arum.	Les euphorbes.	Les joubarbes.
Raifort.	Bryone.	Les renoncules.	

11

Plantes
caustiques.

Par leur âcreté corrosive, brûlante, ces plantes occasionnent des vessies, des escarres et tendent à désorganiser.

Grande ésule. | Clématite. | Ail. | Poivre d'eau. | Sainbois.

12

Plantes
vermifuges.

Ces plantes tuent les vers, les chassent du corps humain.

Les absynthes.	Mousse de Corse.	Gratiole.	Valériane.
Ail.	Persicaire brûlante	Grenadier.	Carotte.
Fougère.	Tanaisie.	Camomille.	Ricin.

En général toutes les plantes amères.

DICTIONNAIRE

DES TERMES TECHNIQUES DE BOTANIQUE

EMPLOYÉS DANS CET OUVRAGE.

A

AGéné, feuille terminée par une pointe aiguë.

Acotylédone, semence ou embryon dépourvu de lobes.

Agame, *voyez* cryptogame.

Aggloméré, ramassé en boule, ou en un groupe serré.

Agglutiné, réuni par une liqueur gluante.

Aggrégé, fleurs ayant un réceptacle commun, et chacune un calice particulier.

Aigrette, pinceau ou plumet de poils déliés qui terminent certaines graines, surtout de la famille des *composées*.

Aiguillon, piquant appliqué sur l'écorce, et qui s'en détache sans effort.

Aile, partie latérale de la corolle des *légumineuses*.

Ailé, semences, tiges, pétioles ou feuilles, bordés ou terminés par une membrane plus ou moins saillante.

Aisselle, angle formé par une feuille, ou par un rameau, sur une branche ou sur une tige.

Alène (en), feuille linéaire, diminuant insensiblement vers la pointe.

Alterne, parties d'une plante placées alternativement des deux côtés d'une branche ou d'une tige.

Amentacées, famille des plantes dont le caractère principal est d'avoir des fleurs disposées en *chaton*.

Amplexicaule, feuille ou pétiole dont la base embrasse la tige.

Angiosperme, fleurs labiées, dont les semences sont enfermées dans un péricarpe.

Anguleux, parties de plantes qui ont des angles.

Annuel. le, plante dont les racines et les tiges ne durent qu'un an.

Anomale, corolle polypétale irrégulière, qui a un nectaire en cornet ou en éperon.

Anthère, espèce de capsule ou boîte contenant le *pollen*, c'est-à-dire la poussière fécondante.

Aphylle, plante à tige dépourvue de feuilles.

Appendice, partie ajoutée à une autre. Pétiole à appendice, est celui qui est garni à sa base de lames feuillées.

Apétale, fleurs dépourvues de pétale ou corolle, mais non de calice.

Arête, pointe en alène, faisant partie de la balle des *graminées*.

Articulé, muni de nodosités comme la tige des graminées. Ce mot s'applique aussi aux racines, aux siliques et aux gousses.

Articulations, gonflements ou étranglements qu'on rencontre alternativement sur plusieurs parties des plantes.

Aspérité. s, parties d'une plante rudes au toucher ou raboteuses.

Atténué. e, partie d'une plante qui s'amincit et perd insensiblement de sa grosseur en s'allongeant.

Avorté, avortement, lorsque le pollen ou poussière séminale des étamines ne féconde pas les ovaires.

Axe, partie allongée sur laquelle plusieurs fleurs sont attachées. Dans les graminées, l'arrangement des fleurs autour de l'axe forme l'épi, et, dans ce cas, l'axe prend le nom de rafle.

Axillaire, partie sortant de l'aisselle des feuilles ou de la bifurcation des branches.

B

Bacciforme, fruit en forme de baie.

Baie, fruit mou et succulent, qui renferme des semences nues au milieu d'une pulpe charnue.

Balles, enveloppes intérieures, presque toujours à deux valves, munies d'une arête ou d'une barbe, dans les *graminées*, c'est-à-dire qui font l'office de la corolle.

Barbes, filets grêles ou barbus, plus ou moins longs, qui terminent les balles de plusieurs *graminées*.

Bidenté, feuille à deux dents.

Bifurqué. e, tige ou branche qui se subdivise en forme de fourche.

Bifurcation, point où commence la division en fourche.

Biloculaire, capsule à deux loges.

Bipinnatifide, feuille deux fois ou doublement pinnatifide.

Bipinné. e, feuille doublement ailée ou pinnée.

Bisannuel, racine ou plante qui ne subsiste que deux ans.

Bivalve, capsule ou balle à deux valves.

Bouquet, fleurs dites en bouquet, lorsque les pédoncules partant graduellement d'un axe commun et droit, forment une espèce de pyramide.

Bractées, petites feuilles qui naissent avec les fleurs et diffèrent des autres feuilles par leurs formes et leurs couleurs.

Branchu. e, racine ou tige divisée en rameaux ou branches.

Bulbeux. se, racine qui a un bulbe ou un oignon.

Bulleux. se, feuille comme boursoufflée, et bosselée par des rides convexes en dessus et concaves en dessous.

C

Caduc, se dit de quelques parties de plantes qui tombent promptement.

Calice, enveloppe extérieure de la fleur.

Calicinal, parties des plantes qui naissent immédiatement sur le calice, ou qui en viennent.

Caliculé. e, écailles inférieures du calice, imitant un calice accessoire dans les fleurs composées.

Calleux. se, sortes de nodosités qu'on voit sur les feuilles, les tiges et les calices.

CAMPANULÉ, corolle monopétale en forme de cloche.

CANALICULÉ, feuille ou pétiole creusé en gouttière, c'est-à-dire sillonné de petites rainures droites et parallèles.

CANNELÉ OU STRIÉ. E, tiges ou semences marquées de cannelures longitudinales peu profondes.

CAPILLAIRE, qui a une forme déliée et allongée comme des cheveux.

CAPITÉ, réunion de plusieurs fleurs ramassées presque en globe ou en boule.

CAPSULE, espèce de boîte ou étui, d'une consistance sèche ou coriace, qui contient les graines dans une ou plusieurs loges.

CAPSULIFORME, fruit en forme de capsule.

CARÈNE, pétale inférieur des fleurs des *légumineuses*, ainsi appelé à cause de sa ressemblance avec la carène d'un vaisseau.

CARÈNES, pétales ou feuilles creusées en gouttière, et relevées en avant comme une nacelle.

CASQUE, lèvre supérieure des corolles labiées, ou fleurs en gueules.

CAULESCENT, plante à une ou plusieurs tiges.

CAULINAIRE, feuilles ou fleurs prenant naissance sur les tiges.

CHAGRINÉ PONCTUÉ, parsemé de points remarquables, soit creux, soit élevés.

CHATON, fleurs incomplètes, souvent rassemblées et unisexées, attachées en anneaux à un pédicule commun, long,

flexible, ressemblant un peu à la queue d'un chat.

CHAUME, tuyau fistuleux, garni de nœuds ou d'articulations ; tige particulière aux *graminées*.

CILIÉ, feuilles ou pétales bordés de poils disposés comme les cils des paupières.

COLLERETTE, enveloppe propre des *ombellifères*.

COLLET, espèce de nœud ou de rebord qui sépare une tige de sa racine.

COMPOSÉ. E, fleur consistant en un grand nombre d'autres petites fleurs attachées au même réceptacle et réunies dans un calice commun.

CONGÉNÈRES, plantes qui se rapprochent par leurs caractères.

CONIQUE, parties de plante d'une forme arrondie et rétrécie vers le sommet comme un pain de sucre.

CONNÉ, étamines ou feuilles s'unissant par leur base et ne paraissant former qu'un seul corps.

COQUE, enveloppe membraneuse, allongée, qui s'ouvre d'un seul côté, ordinairement de bas en haut, et à laquelle les semences ne sont point adhérentes.

CORDIFORME, feuilles ou siliques qui ont la forme d'un cœur.

CORIACE, feuille, pétale ou écorce, qui sont d'une consistance épaisse et tenace, semblable à celle du cuir.

CORIOPSE, fruit sec, dont l'enveloppe est tellement adhérente avec le tégument de la semence, qu'elle se confond avec lui.

COROLLE, enveloppe intérieure ordinairement colorée des organes de la fructification.

CORYMBE, disposition de fleurs telle que les pédoncules qui les portent s'élèvent à la même hauteur, quoique partant de points différents.

COTYLÉDONS, lobes ou feuilles séminales, partie latérale des semences, entre lesquels la plumule et la radicule sont placées.

CRÉNULÉ, feuille dont le bord est découpé en dentelures ou crénelures arrondies.

CRUCIFÈRES, plantes dont la corolle est composée de quatre pétales disposés en forme de croix.

CRUSTACÉ, partie des plantes d'une consistance sèche, mince et fragile.

CRYPTOGAME, plantes dont les fleurs et les moyens de fécondation sont indistincts ou inconnus.

CUNÉIFORME, taillé en forme de coin.

CYATHIFORME, corolle ayant la forme d'un godet.

CYLINDRACÉ, approchant de la forme cylindrique.

CYLINDRIQUE, parties des plantes qui ont une figure ronde et allongée, et qui sont à peu près de la même grosseur dans toute leur longueur, sans saillies ni angles.

D

DÉBILE, tige ou pédoncule faible, et ne pouvant se soutenir dans une position verticale.

DÉCHIRÉ, parties des plantes dont le limbe est divisé, découpé en lanières, en lambeaux très-étroits et irréguliers.

DÉCOMPOSÉ, feuille dont le pétiole divisé une seule fois, porte à chaque division plusieurs folioles.

DÉCOUPÉ, calice, pétales ou feuilles, divisés en plusieurs segments qui ne vont pas jusqu'à la base.

DÉCURRENTE, feuille dont la membrane se prolonge sur le pétiole ou sur la tige et forme une espèce d'aile courante.

DÉHISCENT, fruit qui s'ouvre à sa maturité, pour laisser échapper les semences.

DEMI-FLEURONS, petite corolle tubulée à la base, et terminée en languette du côté extérieur.

DENT, incision marginale du calice, de la corolle.

DENTÉ, bords garnis de dents plus ou moins larges.

DENTICULÉ, qui porte des petites dents.

DICLINES, plantes dont les organes mâles et femelles ne sont pas réunis dans la même fleur.

DICHOTOME ou FOURCHU, tiges ou branches toujours partagées en deux à chaque division, et formant la fourche.

DICOTYLÉDONES, plantes dans lesquelles l'embryon ou le germe des graines est placé entre deux lobes.

DIFFUS, plante dont les branches et les rameaux lâches, étalés, prenant toutes sortes de directions, ne permettent pas de lui donner une forme régulière.

DIGITÉ. E, feuille composée de plusieurs folioles disposées à l'extrémité d'un pétiole commun, à peu près comme les doigts d'une main.

DISPERME, fruit ou baie à deux semences.

DIPHYLLÉ, à deux feuilles, calices qui n'ont que deux feuilles ou deux divisions.

DISQUE, réceptacle des fleurs composées.

DISTIQUES, fleurs disposées en deux séries opposées.

DIVERGENT, rameaux divergents, qui partent à angle droit du tronc.

DRAPÉ, parties des plantes qui sont velues, épaisses et d'un tissu serré.

DRESSÉ. E, tige droite, c'est-à-dire lorsqu'elle est perpendiculaire ou allongée sans courbure.

DRUPE, fruit à noyau recouvert d'une pulpe ou enveloppe charnue, plus ou moins succulente.

DUVET, poils courts et cotonneux, placés en recouvrement les uns sur les autres.

E

ÉCAILLES, productions minces, aplaties, souvent sèches, coriaces, quelquefois colorées, qui se trouvent sur les racines, les tiges, les rameaux, les pédoncules, les pétioles, les calices et les pétales.

ÉCAILLEUX, composé d'écailles placées en recouvrement les unes sur les autres.

ÉCHINÉ, tiges, fruits, semences, recouverts de pointes dures et piquantes.

ÉCORCE, enveloppe générale qui recouvre les racines, les tiges et les rameaux.

ELLIPTIQUE, feuille dont l'ovale est très-allongé.

EMBRASSANTE (*voyez* Amplexicaule).

EMBRYON, germe de la plante qui se développe par la végétation.

ENGAÎNANTE, feuille dont la base élargie et prolongée embrasse entièrement soit une autre feuille, soit la tige, qu'on appelle alors *engaînée*.

ENSIFORME, feuille longue et étroite, dont la côte ou nervure longitudinale extérieure est saillante, et lui donne un peu la forme d'une *épée*.

ENTIER, feuilles ou pétales dont les bords unis n'ont ni fente, ni crénelure, ni dent.

ENTONNOIR (en), *voyez* Infundibuliforme.

ÉPARS, feuilles ou fleurs disposées sans ordre autour des tiges et des rameaux.

ÉPERON, prolongement en forme de cornet, qui se trouve à la base de quelques corolles.

ÉPI, assemblage de fleurs sessiles ou pédonculées, attachées autour d'un axe ou réceptacle commun.

ÉPIGYNE, étamines ou corolles insérées sur le pistil ou sur l'ovaire.

ÉPILLET, petits épis partiels qui tiennent à l'épi principal.

ÉPINE, pointe dure, piquante, partant du bois et non de l'écorce.

ÉTAGÉ, rangé par étages.

ÉTALÉ, tiges ou rameaux dont l'extrémité supérieure s'écarte de la ligne perpendiculaire.

ÉTAMINE, organe mâle des plantes, composé ordinairement d'un filet et d'une petite bourse qu'on appelle anthère.

ÉTENDARD, pétale supérieur des fleurs papilionacées.

ÉTOILÉ, feuilles, fleurs ou poils, disposés en forme d'étoile.

F

Faisceau, paquet ou réunion de racines, de feuilles, de fleurs, partant d'un même point et appelées *fasciculées*.

Famille, on appelle ainsi les plantes que des caractères communs et un air de ressemblance font réunir dans un même ordre.

Fastigiées, fleurs égales en hauteur, et ramassées en faisceau.

Faucille (en), contourné comme le fer d'une faulx ou d'une faucille.

Feuillu, qui a beaucoup de feuilles.

Fibreuse, racine composée de filets déliés, simples ou ramifiés.

Filet, filament, pédicule qui soutient l'anthère dans l'étamine.

Filiforme, menu et allongé comme un fil.

Fistuleuse, tige creuse.

Flasque, pédoncule entraîné par le poids de la fleur.

Fleurons, fleurs régulières, ordinairement à tube découpé en cinq lobes; elles sont très-petites, toujours réunies en assez grand nombre dans un calice commun, et forment ce qu'on appelle les *fleurs composées*.

Flexueux, tortueux, courbé en sens différent, comme ondulé ou en zig-zag.

Florale, feuille florale, *voyez* Bractées.

Florifère, qui porte ou produit des fleurs.

Flosculeuses, fleurs composées uniquement de fleurons.

Flottante, feuille portée sur les eaux.

Fluviatiles, plantes qui croissent dans les fleuves et les eaux douces.

Folioles, petites feuilles dont la réunion forme ce qu'on appelle les feuilles composées.

Foliacé, épi feuillé, dont les fleurs sont entremêlées avec les feuilles.

Frisé, bords d'une feuille, d'un pétale, irrégulièrement ondés, crépus ou roulés.

Fusiforme, racine droite, épaisse, qui du collet à l'extrémité va toujours en s'amincissant comme un fuseau.

G

Gaîne (en), feuille dont la base forme un tuyau qui enveloppe la tige.

Géminé, anthères, feuilles et bractées, etc., partant deux à deux d'une insertion commune.

Genouillé, marqué par des nœuds ou des articulations.

Genre, réunion de plusieurs espèces sous un caractère commun, qui les distingue de toutes les autres plantes.

Glabre, feuilles, tiges ou fruits dont la superficie, unie et lisse, ne présente ni poils, ni aspérités.

Glandes, petits corps vésiculeux, situés sur différentes parties des plantes.

Glanduleux, qui porte des glandes sur les dentelures.

Glauque, ce qui est d'un vert blanchâtre et comme farineux.

Glumes, enveloppes extérieures, ordinairement au nombre de deux et inégales, qui font les fonctions de calice dans les *Graminées*.

GODET (en), calice ou corolle à base enflée et sommet rétréci.

GORGE, ouverture ou évasement de la corolle.

GOUSSE, fruit des plantes légumineuses et à fleurs papilionacées, nommé vulgairement *cosse*.

GOUTTIÈRE, enfoncement, demi-canal ou espèce de rainure, observé sur la longueur et d'un seul côté des pédoncules, etc.

GRAMINÉES, famille naturelle des plantes herbacées, à tige noueuse ou articulée, à fleurs en épis, sans corolle ni calice, mais munies de *balles* et de *glumes*.

GRAPPE, assemblage de fleurs ou de fruits disposés par étage sur un pédoncule commun et pendant.

GRÊLE, se dit de toutes les parties des plantes qui paraissent trop longues et trop déliées pour leur épaisseur.

GRIMPANT, plante qui, étant trop faible pour se soutenir d'elle-même, s'attache par des vrilles ou d'autres supports aux plantes voisines.

GUEULE (fleurs en), *voyez* labiées, personnées.

GYMNOSPERME, plantes à semences nues, non recouvertes par une enveloppe.

H

HAMPE, tige sans feuilles, qui porte les fleurs à son sommet.

HASTÉE, feuille ayant la figure d'une hallebarde, d'une pique.

HERBACÉ, plantes à tiges vertes, molles et succulentes; (—E, couleur) fleurs dont la couleur est d'un vert et d'une nature qui approchent de celle de l'herbe.

HERBIER, collection de plantes desséchées et conservées entre des feuilles de papier.

HERBORISATION, recherche que fait le botaniste des végétaux qu'il veut connaître ou qu'il cherche à découvrir. Cette recherche doit se faire dans tous les lieux où la nature les a fait naître spontanément.

HERMAPHRODITE, synonyme de bissexuel; fleurs où se trouvent les deux sexes (*étamines et pistils*). Le plus grand nombre des fleurs sont hermaphrodites.

HÉRISSÉ, partie d'une plante recouverte de poils nombreux apparents et flexibles.

HISPIDE, partie d'une plante recouverte de poils nombreux, apparents et raides.

HISPIDUSCULE, légèrement hispide.

HOUPPE, assemblage de poils paraissant avoir la même insertion et s'écartant ensuite.

HYPOCRATÉRIFORME, corolle monopétale, tubulée, dont le limbe a la forme d'une soucoupe.

HYPOGINE, étamines ou corolles insérées sous le pistil.

I

IMBRIQUÉ, se dit des feuilles ou écailles arrangées et posées les unes sur les autres, comme les tuiles sur un toit.

INDÉHISCENT, valves qui ne s'ouvrent pas naturellement.

INFÈRE, INFÉRIEUR; on dit d'un calice qu'il est infère lorsqu'il supporte l'ovaire ou le fruit. Cette dénomination se donne à l'ovaire et au fruit lorsqu'ils sont au-dessous du calice.

INFLORESCENCE, manière dont les fleurs partent de la tige, soit en anneau, en tête, en épi, en corymbe, en thyrse, en grappe ou en panicule.

INFUNDIBULIFORME, corolle monopétale, tubulée, approchant de la forme d'un entonnoir.

INVOLUCELLE, collerette des ombellules ; collerette particielle de l'ombelle générale.

INVOLUCRE, enveloppe foliacée d'où partent les pédoncules des fleurs nommées *ombellifères*.

IRRÉGULIER, corolle, pétales, bords ou filets, etc., dont les parties n'ont pas une forme symétrique.

L

LABIÉ, en forme de lèvres. On appelle corolle labiée, une corolle monopétale partagée en deux lèvres l'une supérieure que l'on nomme *casque*, et l'autre inférieure qu'on nomme *barbe*.

LACINIÉ. E, feuilles dont les découpures sont une ou plusieurs fois subdivisées.

LACTESCENT, plante laiteuse, qui donne un suc imitant le lait par sa blancheur.

LAINEUX OU LANUGINEUX, ce qui est recouvert de poils, tel qu'un tissu drapé.

LAME, partie supérieure du pétale, comme l'*onglet* est la partie inférieure.

LANCÉOLÉE, feuille d'une forme ovale, qui se rétrécit peu-à-peu vers son sommet et finit en pointe, comme un fer de *lance*.

LANGUETTE, prolongement la-téral du tube du demi-fleuron, *voyez* semi-flosculeuses.

LÉGUME, *voyez* gousse.

LÉGUMINEUSES, famille naturelle des plantes appelées aussi *papilionacées*, parce qu'on a trouvé à leurs fleurs quelque ressemblance avec les ailes d'un *papillon*.

LIBRE, ovaire n'ayant aucune adhérence avec le calice de la fleur que par sa base.

LIGNEUX, qui a la consistance du bois.

LILIACÉES, famille naturelle des plantes dont les fleurs ont de la ressemblance avec celle du *lys*.

LIMBE, bord supérieur, ou partie évasée d'une corolle monopétale.

LINÉAIRE, feuille étroite et d'une largeur égale jusqu'à son sommet, qui se termine en pointe.

LINÉAIRE-LANCÉOLÉ, qui se rapproche de la forme lancéolée.

LISSE, *voyez* glabre.

LOBES ou LOBÉES, feuilles divisées jusqu'à leur milieu en lobes ou parties écartées.

LYRE ou LYRÉE, feuille découpée profondément dans sa longueur, dont les découpures supérieures sont plus grandes, et les inférieures plus courtes et plus écartées.

M

MACULÉ, taché d'une autre couleur que celle du fond.

MASQUE, se dit des fleurs dont la corolle a la forme d'un mufle.

MÉDIAN, MÉDIANE, point ou ligne de section qui sépare en deux une partie de plante.

MEMBRANEUX. SE, parties d'une plante qui sont minces et dénuées intérieurement de substance pulpeuse.

MONOCLINE, synonyme d'Hermaphrodite.

MONOCOTYLÉDONE, plante à un seul cotylédon.

MONOÏQUE, plantes qui ont des fleurs mâles séparées des femelles, sur le même individu. Elles composent la classe *Monoécie*.

MONOPÉTALE, corolle d'une seule pièce.

MONOPHYLLE, calice d'une seule pièce, ou dont les divisions ne sont pas continuées jusqu'à sa base.

MONOSPERME, capsule ou fruit qui ne contient qu'une seule semence.

MUCRONÉE, feuille terminée par une pointe longue et très-aiguë.

MULTIFLORE, qui renferme ou soutient plusieurs fleurs.

MULTILOCULAIRE, capsule composée de plusieurs loges séparées par des cloisons.

MULTIVALVE, capsule qui renferme plusieurs valves ou panneaux.

N

NAPIFORME, racine en forme de navet.

NECTAIRE, partie des corolles qui contiennent quelque liqueur sucrée ou mielleuse.

NERVURES, élévations filamenteuses ou longitudinales, placées comme des côtes sur les feuilles, les pétales et autres parties des plantes.

NOEUDS, articulations des tiges des *graminées*.

O

OBTUS, qui se termine par une pointe émoussée.

OBTUSIUSCULE, diminutif d'obtus.

OIGNON, *voyez* bulbe.

OMBELLE, assemblage de fleurs dont les pédoncules partent d'un centre commun, et divergent comme les rayons d'un parasol.

OMBELLIFÈRES, famille naturelle de plantes dont les fleurs sont disposées en ombelles ou en parasol, et qui ont deux semences nues adossées l'une à l'autre.

OMBILIC, vestige du calice sur un fruit qui a grossi.

OMBILIQUÉ. E, feuille attachée au pétiole par son centre.

ONDULÉ. E, feuille ou pétale marqué de sinuosités arrondies.

ONGLET, partie inférieure du pétale qui s'attache au réceptacle.

ONGUICULÉ, pétales qui se terminent inférieurement par des onglets.

OPERCULÉ, capsule couverte d'une opercule.

OPPOSÉ, se dit des feuilles, des fleurs, des branches, lorsqu'elles sont placées à la même hauteur et des deux côtés de la partie d'une plante.

ORBICULAIRE, feuille dont les diamètres sont à peu près égaux.

OREILLÉES, feuilles remarquables par deux appendices en forme d'oreilles.

ORGANES, parties de la fructification qui comprennent les étamines, les pistils, la corolle et le germe.

OSSELET, noyaux durs et petits du fruit du *néflier* et de l'*aubépine*.

Osseux, enveloppes dures et ligneuses qui renferment l'amande de la *cerise* et de la *pêche*.

Ouvert, se dit des tiges, des pédoncules, des feuilles dont la direction s'éloigne beaucoup de la ligne perpendiculaire.

Ovaire, partie inférieure du pistil ; fruit proprement dit qui contient les semences.

Ovale, feuille orbiculaire allongée, d'une rondeur égale aux deux extrémités.

Ovale-cordiforme, feuille ovale, à sinus profonds à sa base, et dénués d'angles postérieurs.

Ovale-lancéolée, feuille dont la partie inférieure est ovale, et se rétrécit en avançant vers la pointe.

Ovale-oblongue, feuille dont la longueur est plus considérable que l'ovale proprement dit.

Ovoïde, graines ou fruit dont la forme imite celle d'un œuf.

P

Paillettes, petites lames membraneuses, implantées sur le réceptacle commun des fleurs *composées*.

Paléacé, se dit d'un réceptacle garni de paillettes.

Palmé, se dit des feuilles, des racines, etc., dont la disposition imite celle des doigts d'une main ouverte.

Panicule, assemblage de fleurs éparses sur des pédoncules diversement divisés et sous-divisés.

Pauciflore, qui a peu de fleurs.

Pédicelle ou Pédicule, pédoncule partiel propre aux fleurs partant d'un pédoncule commun.

Pédiculé, fleur ou fruit porté par un pédicule.

Pédoncule, queue qui soutient les fleurs, celles qui n'en ont point se nomment *sessiles* ; voyez ce mot.

Pédonculée, fleur pourvue d'un pédoncule.

Pellucide, qui est transparente.

Pelotonné, ramassé en boules ou en peloton.

Pentagone, capsule à cinq côtés.

Périanthe, enveloppes de la fécondation ; quelques auteurs nomment *périanthe simple* une enveloppe unique, de couleur verte et herbacée, un véritable calice ; et *périanthe double* le calice et la corolle pris ensemble.

Périgone, synonyme de périanthe.

Pétaloïde, qui est en forme de pétale.

Pétiole, queue ou soutien de la feuille.

Pétiolée, feuille pourvue d'un pétiole.

Pinnatifide, feuille dont les découpures opposées et symétriques ne vont pas jusqu'à la côte principale.

Pistil, organe femelle des plantes qui surmonte l'ovaire et reçoit le pollen ; il est composé de style et de stygmate.

Pivotante, c'est une racine qui s'enfonce perpendiculairement dans la terre.

Placenta, c'est le réceptacle des semences.

Plane, qui a une surface unie, égale, sans aspérités.

PLUMEUX, on le dit des aigrettes et des poils lorsqu'ils sont barbus comme une plume.

PLUMULE, partie ascendante de l'embryon qui devient plante.

POILS, petits filets déliés qui naissent sur différentes parties de la plante, et qui, plus ou moins rudes ou serrés, la rendent velue, lanugineuse ou hérissée.

POLLEN, poussière séminale, s'échappant des étamines et servant à la fécondation des plantes.

POLYPÉTALE, fleurs composées de plusieurs pétales.

POLYPHILLE, se dit du calice lorsque les divisions s'étendent jusqu'à la base.

POLYSPERME, baie, fruit, loges à plusieurs semences.

PUBESCENT. E, feuilles ou tiges chargées d'un duvet très-fin et peu serré.

PULPE, substance molle et charnue de plusieurs fruits.

PYRIFORME, qui a la forme d'une poire.

Q

QUADRANGULAIRE, nom donné aux tiges, etc., qui ont quatre angles.

QUADRIFIDE, se dit du calice ou de la corolle à quatre divisions peu profondes.

QUADRILOCULAIRE, capsules à quatre loges.

QUATERNÉ, disposé quatre par quatre, en parlant des feuilles.

QUINQUEFIDE, corolle ou calice à cinq segments peu profonds.

R

RADICAL, se dit des fleurs et des feuilles qui partent immédiatement de la racine.

RADICANTE, se dit des plantes faibles et rampantes qui s'attachent aux arbres ou à d'autres corps, par des racines qu'elles poussent sur toute la longueur de leurs tiges.

RADIÉE, fleurs dont le disque est occupé par des fleurons, et la circonférence par des demi-fleurons disposés en rayons.

RAMASSÉ, se dit des fleurs et des feuilles rassemblées comme en faisceau.

RAMIFIÉ, qui se partage en branches et en rameaux.

RAMPANTE, se dit d'une tige lorsqu'elle est couchée et qu'elle s'attache à la terre par de petites racines.

RAPE ou RAFFLE, axe auquel s'attachent les fleurs qui forment un épi.

RAYON, bord ou contour d'une fleur composée, garni de fleurons en languette.

RAYONS, pédoncules des ombelles et soies raides des aigrettes.

RÉCEPTACLE, partie ordinairement plate ou un peu bombée, plus ou moins charnue, sur laquelle est posée la fleur.

REDRESSÉE, tige d'abord dans une direction horizontale ou penchée, mais qui regagne la ligne verticale par une de ses extrémités.

RÉFLÉCHIE, tige courbée par le sommet et dont la convexité regarde le ciel, feuille courbée subitement en formant un angle de haut en bas.

RÉGULIÈRE, corolle monopétale dont le contour est symétrique.

RÉNIFORME, se dit des feuilles arrondies, plus larges que longues, échancrées à leur base, et des semences qui ont la forme d'un rein.

RÉTIFORME, racines, feuilles, ou plante même qui ont la forme d'un réseau ou d'un filet.

RHOMBOÏDALE, feuilles qui ont quatre angles, dont deux opposés plus aigus.

ROSACÉE, fleur dont la corolle est composée de plusieurs pétales égaux disposés en rose.

ROUE (fleur en), ou en rosette, se dit d'une corolle monopétale régulière, à limbe plane, sans tube.

ROULÉE EN DEDANS, feuilles naissantes formant une spirale en dedans ; — en dehors, lorsque les bords sont repliés de dessus en dessous.

RUDES, feuilles ou tiges âpres au toucher, et dont la superficie est inégale et dure.

RUGUEUX, *voyez* chagriné.

s

SAGITTÉE, feuille triangulaire, échancrée à sa base, imitant le fer d'une flèche.

SARMENTEUX, dont les tiges et les rameaux sont allongés, flexibles et ligneux, comme ceux de la *vigne*.

SCARIEUX, feuilles ou écailles sèches, blanchâtres, et souvent transparentes.

SCIE (denté en), feuille dont les dentelures sont tournées vers le sommet.

SEMI-EMBRASSANT, se dit des feuilles et des pétioles qui n'embrassent une tige qu'à moitié.

SEMI-FLOSCULEUSE, fleurs composées de corolles tubulées à leur base terminées par une languette entière ou divisée au sommet.

SESSILE, qui manque du support qui lui est propre : la feuille sans pétiole, la fleur sans pédoncule, etc., sont *sessiles*.

SÉTACÉE, on donne ce nom aux feuilles déliées comme un cheveu, ou comme une soie de porc.

SILICULE, fruits ronds ou ovales.

SILIQUE, fruits allongés, de forme presque cylindrique, ou plats et élargis, composés de deux sutures longitudinales aussi prononcées l'une que l'autre ; fruit quatre fois plus long que large.

SILLONNÉE, tiges ou feuilles marquées de cannelures larges et profondes.

SINUÉE, feuille qui a des échancrures arrondies très-ouvertes et peu découpées.

SINUS, parties saillantes ou rentrantes des bords d'un pétale, d'une feuille, etc.

SPATHE, gaîne ou membrane adhérente à la tige, qui enveloppe une ou plusieurs fleurs avant leur épanouissement, et s'ouvre ordinairement d'un seul côté.

SPATULÉE, feuille qui, linéaire à la base, s'élargit et s'arrondit à son sommet.

SPONGIEUSE, tige d'un arbrisseau remplie de cette substance

légère et très-poreuse qu'on appelle moelle.

SQUAMMIFORME, ce qui est en forme d'écailles.

STIGMATE, partie supérieure du pistil, qui reçoit le pollen pour le transmettre à l'ovaire. Les stigmates varient par leur nombre, leur forme et leur direction.

STIPULES, espèces d'écailles ou de petites feuilles qui naissent à l'insertion des pétioles.

STOLONIFÈRE, racine qui pousse des rejets qui portent racine.

STRIÉ, partie d'une plante dont la superficie est marquée de lignes parallèles.

STYLE, tuyau creux, long et délié posé sur l'ovaire, terminé par le stigmate.

SUBCILIÉ, parties d'une plante qui sont comme ciliées.

SUBPANICULÉ, fleurs disposées comme en panicule.

SUBPINNATIFIDE, feuilles qui sont comme pinnatifides ; *voyez* ce mot.

SUBPUBESCENT, chargé d'un duvet léger.

SUBMERGÉ, plantes qui viennent sous l'eau et ne flottent jamais à sa surface.

SUBULÉE, feuille qui, linéaire à sa base, se termine insensiblement en pointe.

SUPÈRE, SUPÉRIEUR, se dit du calice lorsqu'il est au-dessus du fruit, et de l'ovaire et du fruit lorsqu'ils sont au-dessus du calice.

SUPPORT, on donne ce nom à différentes parties de la plante qui servent à la soutenir et à la défendre.

T

TERMINAL, qui termine la tige ou le rameau, en parlant des fleurs, etc.

TERNÉ, disposé trois par trois, en parlant des rameaux, des feuilles, etc.

TÊTE, on appelle ainsi une disposition de fleurs réunies en un groupe globuleux.

TÉTRAGONE, nom donné aux anthères, aux pédoncules, aux siliques qui ont quatre angles et quatre côtés égaux.

TOMENTEUX, se dit des tiges et des feuilles chargées de poils serrés et entrelacés, qui leur donne un aspect blanchâtre et cotonneux.

TRAÇANT, *voyez* rampant.

TRIFIDE, corolle à trois divisions peu profondes.

TRIFURQUÉE, se dit d'une tige divisée en trois branches ou fourchons.

TRIPINNÉE, feuille trois fois ailée, *voyez* pinné.

TRONQUÉ, on le dit des parties d'une plante qui se termine brusquement, comme si on l'eût rognée.

TUBE, partie inférieure, cylindrique et creuse d'un calice ou d'une corolle.

TUBERCULÉE OU TUBERCULEUSE, racine ayant un corps charnu, arrondi, solide, d'où partent ordinairement de petites racines fibreuses.

TUBULÉE, corolle monopétale, en forme de tuyau allongé.

TURBINÉ, fruits faits en forme de toupie ou de sabot.

U

Uniflore, pédoncule qui ne porte qu'une fleur.

Unilatéral, épis dont les fleurs sont tournées d'un seul côté.

Unisexé, unisexuel, se dit des fleurs qui n'ont qu'un seul sexe, c'est-à-dire des étamines sans pistil, ou bien un pistil sans étamines, ces fleurs sont dans ce cas ou mâles ou femelles.

Univalve, capsule qui n'a qu'une valve.

Utricules, vaisseaux des végétaux qui renferment une liqueur particulière sécrétée par des glandes, comme le suc laiteux et âcre des *euphorbes*, le suc jaune de la *chélidoine*, etc.

V

Vaginées, feuilles formant à leur base un tuyau qui enveloppe la tige.

Vaisseaux, tuyaux de différentes ténuités, qui existent dans les organes des végétaux, et qui sont destinés à transmettre, d'une partie à l'autre, les différents fluides nécessaires à l'existence et à l'accroissement des plantes.

Valves, on donne ce nom aux parois ou panneaux des capsules et des siliques, qui se séparent le plus souvent à la maturité des graines pour les laisser échapper. Se dit aussi des *graminées*.

Variété, on donne ce nom à une plante qui diffère des individus de son espèce, soit par son port, soit par la forme de ses feuilles, soit par le nombre ou la couleur de ses pétales.

Veiné, feuilles recouvertes de nervures fines et superficielles.

Velu, tiges ou feuilles chargées de poils assez longs, mais séparés.

Verticille, assemblage de feuilles ou de fleurs disposées autour d'une tige ou autour de ses rameaux, comme sur un axe commun.

Visqueux, se dit des tiges et des feuilles enduites d'un suc glutineux et collant.

Vivace, on donne ce nom à une plante herbacée qui dure plusieurs années, et fournit chaque année une nouvelle tige.

Vivipare, se dit des *Graminées* dont les corolles dégénèrent en feuilles. Dans ce cas, les étamines et les pistils disparaissent entièrement et les fleurs avortent.

Volubile, c'est une tige qui s'entortille autour des corps, souvent d'un seul côté, soit à droite soit à gauche.

Vrille, c'est une production filamenteuse, ordinairement roulée en spirale, au moyen de laquelle une plante s'accroche à d'autres corps.

FIN.

TABLE DES MATIÈRES.

FIN DE LA TABLE.